Übungsbuch Makroökonomik

Von

Dr. Peter Hohenemser

R. Oldenbourg Verlag München Wien

Die Deutsche Bibliothek – CIP-Einheitsaufnahme

Hohenemser, Peter:
Übungsbuch Makroökonomik / von Peter Hohenemser. –
München ; Wien : Oldenbourg, 1993
ISBN 3-486-22068-3

Gesamtherstellung: WB-Druck, Rieden

ISBN 3-486-22068-3

Inhaltsverzeichnis

Allgemeines Vorwort

Welcher Student, der sich mit der Makroökonomie auseinandersetzt, steht nicht vor der Frage, wie er sich den Stoff auf schnellste Art und Weise sicher aneignen kann.

Für dieses Vorhaben sind Übungsaufgaben unverzichtbar. Dieses Buch ermöglicht es, erlernten Stoff an Übungsaufgaben zu überprüfen und Verständnisprobleme durch die konkrete Anwendung zu beseitigen. Daneben sei nicht verschwiegen, daß schon so mancher Student den Zugang zum makroökonomischen Grundlagenstoff einfacher durch ein Übungsbuch gefunden hat als durch ein zu langatmiges und formales Lehrbuch. Das vorliegende Buch bietet also auch eine Orientierungshilfe, um makroökonomische Zusammenhänge besser zu begreifen.

Mit diesem Buch wird in keiner Weise der Anspruch erhoben, Lehrbücher, Vorlesungen, Übungen oder Seminare ersetzen zu wollen. Allerdings dürfte die Bearbeitung von Übungsaufgaben der geeignetste Weg sein, um im stillen Kämmerlein eigene Lücken und Schwächen zu erkennen und diese schließlich durch Training anhand der unterschiedlichen Fragestellungen zu überwinden.

Die Makroökonomie hat in ihrer Geschichte viele sogenannte Revolutionen und Konterrevolutionen erlebt. Von der Klassik zu Keynes, vom Keynesianismus zum Monetarismus I, nicht zu vergessen die neueren Entwicklungen der Neokeynesianer und des Monetarismus II (Neue Klassische Makroökonomie). Es läge nahe, ein Übungsbuch an dieser "Perlenschnur" der historischen Entwicklungen aufzuziehen.

Bei der Konzipierung dieses Buches wurde aber eine eindeutige Wertung getroffen: Bestimmte Stufen der Modelldarstellung haben sich als äußerst praktikabel, sinnvoll und als Wissensbausteine erwiesen, um Vorgänge die in der Realität in Volkswirtschaften ablaufen, zu systematisieren und für die wirtschaftspolitische Analyse verwendbar zu machen. Beispiele hierfür sind das einfache keynesianische IS-LM-Modell, dessen Ergänzung um einen Angebotssektor (klassisch - neoklassische Sicht) oder die Modelle zur Phillipskurve, die die Vielzahl der dogmenhistorischen Aspekte (und ihre Auswirkungen auf die Wirtschaftspolitik) hervorragend widerspiegeln.

Im Zentrum der Analyse gegenwärtiger und zukünftiger wirtschaftspolitischer Fragestellungen wird stets als Basis das Modell der aggregierten Nachfrage und des Angebotes stehen. Mit diesem Grundmodell wird, wenn man es verstanden hat, der sinnvolle Aufbau von Argumentationsketten leichtgemacht. Denn eine Tatsache ist klar: Jede VWL Klausur steht und fällt mit den richtig angewandten Modellen und den daraus gezogenen Ergebnissen für die Realität. Die Entscheidung gegen ein Übungsbuch in historischer Orientierung fiel deshalb letztendlich leicht, da bei der Vielzahl der Klausur-Aufgaben vollständige Modellvergleiche (Klassik versus Keynes etc.) höchst selten abgefragt wurden.

In diesem Übungsbuch soll also eine Konzentration auf die grundlegenden Fragen der Makroökonomie vorgenommen werden, um ein Ausgangswissen zu fundieren und die Anwendung zu schulen.

Für wertvolle Anregungen und die erheblichen Korrekturarbeiten zu diesem Buch danke ich Herrn Diplom-Kaufmann Christian Aders und Herrn Diplom-Volkswirt Christoph Wilder, die die Entstehung und Vollendung dieses Buches mit großer Ausdauer begleiteten.

Methodologisches Vorwort

In der Praxis der Lehrveranstaltungen besteht in den meisten Fällen ein elementarer Mangel: Dem Zuhörer einen zusammenfassenden Überblick des gesamten Stoffgebietes, jenseits der Details der einzelnen Modelle und Funktionen, zu vermitteln. Diesem Ziel soll das methodologische Vorwort gerecht werden. Als Mittel hierfür werden Übersichtsgraphiken eingesetzt, die das Ineinandergreifen der einzelnen Modellvarianten und -ebenen in möglichst klarer Weise darzustellen versuchen.

Übersicht 1 stellt die gesamtwirtschaftlichen Modelle und Modellelemente der makroökonomischen Theorie in stark vereinfachter Form vor. Als Einstieg verfolgt diese Übersicht das Ziel, zu verdeutlichen, wie sich die Bausteine der Makroökonomie entwickelt haben und in welchem Verhältnis sie zueinander stehen. Daneben soll das Verständnis geweckt werden, wie sich die Einzelmodelle zu weitergehenden Modellebenen aggregieren lassen.

Ex-Post-Analyse und Kreislaufschemata

Ex post heißt lateinisch soviel wie "aus der Vergangenheit", und damit soll deutlich werden, daß durch diese Form der Analyse gewissermaßen im Rückblick eine zahlenmäßige Bestandsaufnahme und Bewertung des wirtschaftlichen Geschehens einer Volkswirtschaft vorgenommen wird. Dafür gibt es eine Reihe von Namen wie Volkswirtschaftliches Rechnungswesen oder Volkswirtschaftliche Gesamtrechnung (VGR). Wichtig ist aber, daß man sofort versteht: Über zukünftige Entwicklungen von Wirtschaftsabläufen kann mit dieser Analysemethode des reinen Registrierens von wirtschaftlichen Aktivitäten keine Prognose getroffen werden. Die Volkswirtschaftliche Gesamtrechnung erfüllt somit eine wichtige statistische Aufgabe. In der Bundesrepublik wird sie vom Statistischen Bundesamt in Wiesbaden seit Jahrzehnten mit größter Sorgfalt erfüllt. Man sollte ja schon möglichst exakt wissen, was eine reale Volkswirtschaft im Inland produziert, an Einkommen geschaffen hat, wieviel investiert und konsumiert wurde oder wie der Leistungs- und Kapitalverkehr mit dem Ausland zu bewerten ist.

Eine Aufzeichnung der Daten von Volkswirtschaften in Verbindung mit der Registratur der Interdependenzen der unterschiedlichen Aktivitäten der Vielzahl der Teilnehmer am Wirtschaftsleben bildet eine gute Basis, um aufgrund der aufgezeichneten Güter- und Dienstleistungsströme abstrakte Schemata des Wirtschaftsprozesses zu entwerfen.

Übersicht 1: Erklärungsmuster der makroökonomischen Theorie anhand der verwendeten Modelle

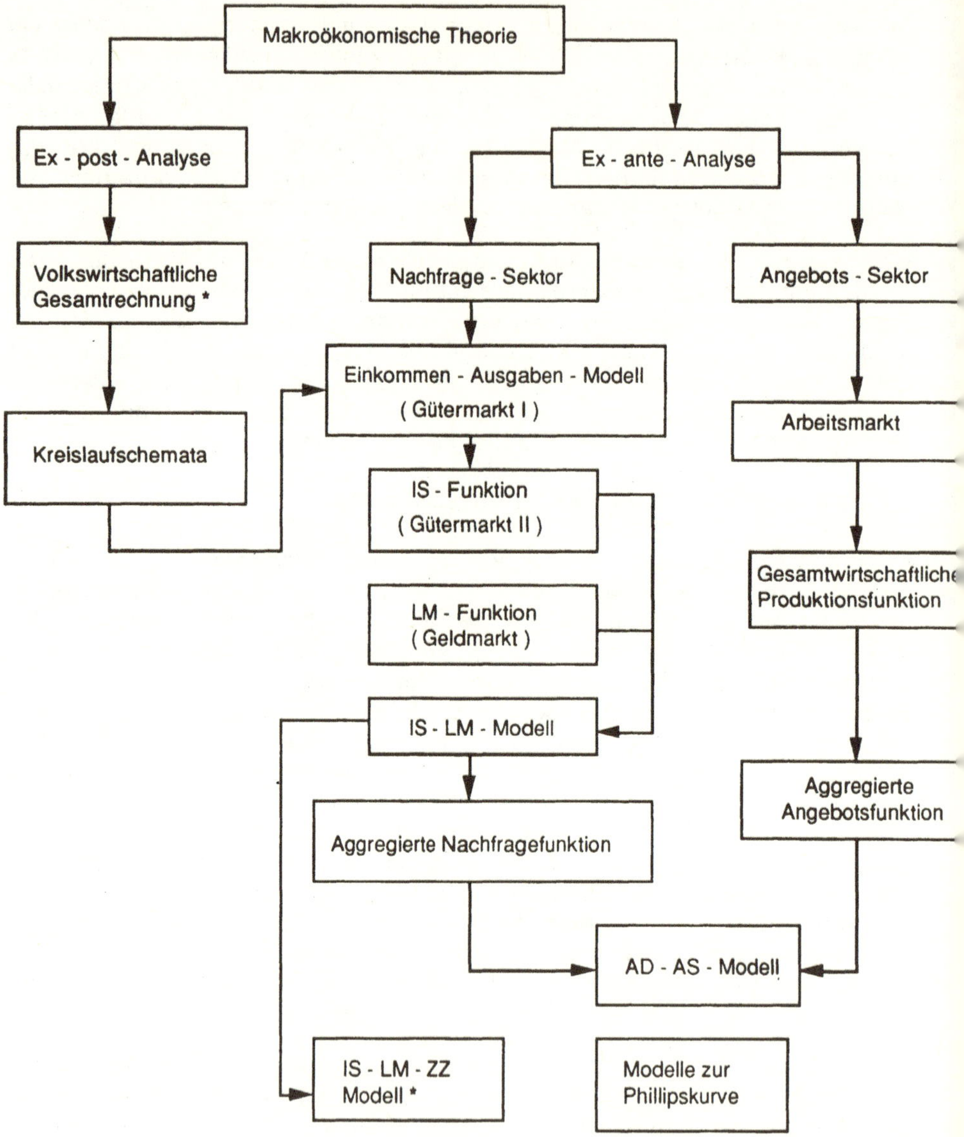

* Im Übungsbuch nicht enthalten

Derartige Kreislaufschemata sind z.B. die ganz einfache Festlegung: Haushalte konsumieren und sparen, Unternehmen investieren. So konnten die ersten Kreislaufgebilde von Volkswirtschaften in abstrakter Form schrittweise verfeinert werden und dienen heute der Veranschaulichung der Wirtschaftsabläufe in einfacher graphischer Form. VGR und die in verschiedenster Detaillierung zu entwerfenden Kreislaufschemata sind somit die geistige Basis für die Entwicklung von Modellen.

Hierzu soll einmal kurz und bündig gesagt werden, wozu volkswirtschaftliche Modelle nützlich sind: In Modellen werden Verhaltensmuster von Wirtschaftssubjekten (z.B. Konsumenten, Investoren) abgebildet, mit denen man versucht, die zukünftige wirtschaftliche Entwicklung zu beschreiben, genauer, zu prognostizieren. Dies geschieht natürlich auf hohem Abstraktionsgrad, denn man kann nicht alle Einzelentscheidungen in einer Volkswirtschaft abbilden. Modelle dienen also der Abbildung der Realität in höchst vereinfachter Form. Gute Modelle schaffen das auch ganz ordentlich und je besser die volkswirtschaftlichen Modelle geformt sind, um so genauer werden die gesamtwirtschaftlichen Prognosen über die zukünftigen Wirtschaftsdaten und -entwicklungen. Dabei sei gleich bemerkt, daß alle Institutionen wie Sachverständigenrat, Bundesbank oder die privaten Forschungsinstitute, die sich mit der Prognose der Wirtschaftsentwicklung beschäftigen, (immer) Fehler machen. Nimmt man aber den Durchschnitt der Prognosen, so kommt man meist den realen Geschehnissen in der nächsten Zeit recht nahe.

Nur eines darf nicht passieren: Exogene Schocks! Übersetzt heißt das für die Modelle, daß Variablen, die nicht durch die Modelle erklärt werden und quasi als feste Vorgabedaten in die gesamtwirtschaftlichen Modelle eingegangen sind, sich drastisch ändern. Beispiel: Ölpreisverteuerungen, internationale politische Krisen oder wie in jüngster Zeit die Wiedervereinigung mit der ehemaligen DDR. Hier müssen die Modelle, auf denen die Prognosen beruhen, versagen, denn derartige "Schocks" sind natürlich nicht vorhersehbar.

Damit sind wir, wenn das Wort "Modelle" gefallen ist, im Bereich der ex-ante - Analyse. Ex ante heißt "in die Zukunft" und das versuchen ja nun die Modelle an Aussagen zu leisten. Bei der Untersuchung der vorhandenen Paradigmen zur Analyse volkswirtschaftlicher Vorgänge ist zunächst eine klare Trennung in den Nachfragesektor und Angebotssektor der Volkswirtschaft vorzunehmen. Warum? Weil auch in der Realität die Entscheidungen der Nachfrager und der Produzenten getrennt getroffen werden.

Was sind Nachfrageentscheidungen?

Das ist zunächst der Kauf eines Mineralwassers im Supermarkt oder bei Tante Emma, also eines Produktes, das im Konsumakt seine letzte Verwendung findet. Auch der Erwerb einer Waschmaschine durch einen Privathaushalt stellt die Ausübung von Nachfrage dar. Beim Haushalt wird nicht unterschieden, ob das Gut ein dauerhaftes Gebrauchsgut ist (Waschmaschine), das längerfristig Nutzungen abgibt oder ob es sofort verwendet wird (Mineralwasser). Eine Nachfrageentscheidung liegt auch im Bereich der Unternehmen vor, wenn eine Maschine bestellt und gekauft wird. In der Periode der Bezahlung erhöht sich die volkswirtschaftliche Nachfrage, das Sozialprodukt steigt. Es sei aber sofort auf den dualen (zweiseitigen) Charakter dieser Nachfrage- oder Investitionsentscheidung hingewiesen, denn hier verbirgt sich eine Reihe von Verständnisproblemen: Bei Betrachtung der anderen Seite des Kaufes der Maschine kommt es zu einer Erhöhung des Bestandes an Produktionsanlagen in der betrachteten Unternehmung, im Fachausdruck: Der (Sach)Kapitalstock steigt. Und da durch Sachkapital (Maschinen) zukünftige Güter produziert werden können, zählt dieser Kaufvorgang einer Maschine sowohl zur Nachfrageseite (kurzfristig) als auch zur Angebotsseite (langfristig) der Volkswirtschaft.

Was ist also die Angebotsseite einer Volkswirtschaft?

Mit Angebot ist gemeint, mit welchen Einsatzfaktoren in einer Volkswirtschaft Güter und Dienstleistungen hergestellt werden können. Einsatzfaktoren sind: Arbeit, Kapital, Technischer Fortschritt und in historischer Sicht der Produktionsfaktor Boden. Konkret noch einmal zur Klarstellung: Das mögliche Produktionsvolumen in einer Volkswirtschaft (Produktionspotential) kann durch den kombinierten Einsatz von Arbeitskräften und Maschinen, die ein bestimmtes technisches Know how widerspiegeln, erstellt werden. Der Technische Fortschritt ist somit keine eigene losgelöste Komponente des Angebots, sondern er ist jeweils in der Generation (Jahrgang) der jeweilig eingesetzten Sachkapitalgüter enthalten. Im Spezialausdruck heißt das dann vintage-(Jahrgangs)Kapitalgüter, wie bei einem guten Wein, nur umgekehrt: Je älter der Jahrgang des Weines, um so wertvoller ist er. Bei den Sachkapitalgütern erhöht sich der theoretische und praktische Wert, je nachdem auf welchem Stand des technischen Fortschritts die Maschine produziert und gekauft wurde: Und hier ist meist das Neueste das Beste, in dem Sinne, daß auch die daran arbeitenden Menschen eine höhere Produktivität (Arbeitsleistung) pro Stunde haben.

Damit soll deutlich werden: Der Angebotssektor wird einerseits durch die Bedingungen auf dem Arbeitsmarkt, andererseits durch die gesamtwirtschaftliche Produktionsfunktion beschrieben. Am Arbeitsmarkt zeigt sich, zu welchem Preis (Lohnsatz, Reallohnsatz) Unternehmen die von den Haushalten angebotenen Arbeitsleistungen einzusetzen wünschen. Das "Gleichgewicht" am Arbeitsmarkt ist das Ergebnis dieser Marktverhandlungen, die in der Realität auf gesamtwirtschaftlicher Ebene durch Gewerkschaften und Arbeitgeberverbänden festgelegt wird. Die gesamtwirtschaftliche Produktionsfunktion legt im nächsten Schritt fest, mit welchen Faktorkombinationen (Arbeit, Kapital) welcher gesamtwirtschaftliche Output erzielt werden kann.

Aus dem Zusammenspiel von Arbeitsmarkt und Produktionsfunktion ergeben sich dann die aggregierten volkswirtschaftlichen Angebotsmöglichkeiten. Im aggregierten AD (aggregate demand = aggregierte Nachfrage) und AS (aggregate supply = aggregiertes Angebot) - Modell entsteht somit das Zusammenspiel zwischen den Angebots- bzw. Produktionsmöglichkeiten und der effektiven Nachfrage, die in einer Volkswirtschaft in einer Periode geäußert wird. Das AD-AS-Modell kann somit als ein zentrales Ergebnis der Modellbausteine auf der Nachfrage- und Angebotsseite gesehen werden. Es ist theoretisch auf hohem gesamtwirtschaftlichen Aggregationsniveau und trotzdem durch das Zusammenspiel der drei Märkte (Güter-, Geld- und Arbeitsmarkt) auf spezifische Verhaltensfunktionen zurückführbar. Dies hat für die Anwendung des Modells bei wirtschaftspolitischen Fragestellungen enorme Vorteile: Man kann mit einem recht einfachen Grundverständnis reale Geschehnisse in das Modell implementieren und die möglichen Auswirkungen durch die Reaktion der Modellvariablen prognostizieren.

Die relativ einfache und plausible Argumentationsweise, die im AD-AS-Modell möglich ist, soll hier beispielhaft kurz vorgeführt werden. Dies ist methodisch sinnvoll, weil es dem Leser klarmachen soll, daß das AD-AS-Modell am Ende einer relativ langen Fundierung durch andere Modellebenen steht. Die folgende Graphik zeigt die gesamtwirtschaftliche Angebots- (AS) und Nachfragefunktion (AD):

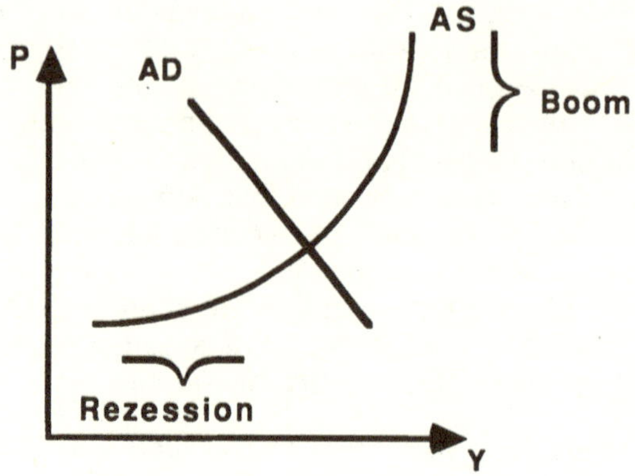

Die AS-Funktion beschreibt durch ihre Form einen äußerst realen Sachverhalt: Der flache Teil beschreibt eine unterbeschäftigte Wirtschaft mit schlecht ausgelasteten Produktionskapazitäten (Rezession). Bewegt man sich auf der AS-Funktion nun langsam nach rechts oben, ergeben sich folgende Veränderungen: Das mögliche Produktionsvolumen erhöht sich, man gelangt bei langsam steigenden Preisen und gleichzeitig besserer Auslastung des Angebotes (Produktionspotentials) in den ansteigenden Teil der AS-Funktion. Dieser Teil kann auch als Normalbereich gekennzeichnet werden, da weder Rezession noch Boomphase (Hochkonjunktur) vorliegen. Letztere ist dann erreicht, wenn man sich auf dem senkrechten Teil der AS-Funktion bewegt: Die Produktionskapazitäten sind vollständig ausgelastet.

Nochmals zur Verdeutlichung: Die AS-Funktion repräsentiert unendlich viele mögliche Produktions(=Angebots)situationen einer Volkswirtschaft: Z.B. Unterauslastung, Normalauslastung oder Vollbeschäftigung. Welches Produktionsvolumen und damit Güterangebot in der Modellvolkswirtschaft und der Betrachtungsperiode tatsächlich erstellt wird, hängt von der effektiven Nachfrage ab. Der Schnittpunkt zwischen AS- und AD-Funktion stellt somit in der Realität z.B. das tatsächliche Bruttoinlandsprodukt dar, das nachgefragt und auch produziert wird.

Der Nachfragesektor und der Aufbau der zugehörigen Modelle

Die Entwicklung der grundlegenden Elemente des Angebotssektors war relativ einfach und eindeutig. Um so komplizierter stellt sich der

Prozeß dar, der letztendlich zu der in Graphik 1 dargestellten AD-Funktion führt. Hierbei sind einige Abstraktionsstufen zu nehmen.
Basis der Überlegungen sind die oben erwähnten Kreislaufschemata : Aus den durch Ströme darstellbaren Wirtschaftsbeziehungen zwischen den verschiedenen Sektoren oder Polen der Volkswirtschaft (Haushalte, Unternehmen, Staat, Ausland) läßt sich nun zunächst ein grundlegendes Modell der volkswirtschaftlichen Analyse erstellen: Das Einkommen-Ausgaben-Modell, das aus den zugehörigen Einkommens- und Ausgabenströmen gebildet wird. Je nach Fragestellung können so die Effekte auf dem volkswirtschaftlichen Gütermarkt (hier: Stufe I) analysiert werden. Stufe I bedeutet hier die alleinige Orientierung an der Varaiblen Y (Einkommen). Konkret ausgedrückt: Nur die Konsumfunktion ist durch eine Variable (Y) erklärt.

In diesem Zusammenhang ist auf einen Aspekt der volkswirtschaftlichen Theorie hinzuweisen, der oft übergangen wird - aber trotzdem für das Verständnis von erheblicher Bedeutung sein kann: Warum wird zwischen Gütermarkt und Geldmarkt in der theoretischen Darstellung getrennt?

In der Realität besteht ja auch keine Trennung zwischen der Nachfrage nach einem Gut und seiner Bezahlung: Ein Beispiel für eine sinnvolle Aufspaltung zwischen der Güter- und der damit verbundenen Finanztransaktion wäre die Kreditfinanzierung. Die Kreditfinanzierung entfaltet zusätzliche und weitere Wirkungen als die Begleichung einer Forderung *uno actu* mit Bargeld. Aus diesem Grunde erscheint es sinnvoll, das die Gütermarkteffekte volkswirtschaftlicher Nachfrage und die damit verbundenen Geldwirkungen isoliert analysiert werden. Auf der Güterebene (hier: IS-Funktion, Gütermarkt II) werden die durch die Nachfrage ausgelösten Sozialproduktwirkungen verfolgt; auf der Geldmarktebene werden die Effekte betrachtet, die auf die Geldnachfrage (Kassenhaltung) und das Geldangebot (Geldversorgung durch die Zentralbank) ausgehen. Das mag zunächst analytisch künstlich wirken, bringt aber im Endeffekt mehr Klarheit in die Analyse der einzelnen Vorgänge, und die Wirkungen potentieller Variablenänderungen werden deutlicher sichtbar.

Wichtig ist also, stets zwischen den reinen güterorientierten Vorgängen und den Geldmarktwirkungen zu unterscheiden. Natürlich kann diese fiktive Trennung zwischen den genannten Ebenen nicht dauerhaft aufrecht erhalten werden: Ergebnis der getrennten Vorüberlegungen ist die Zusammenführung im IS-LM-Modell, das die gesamtwirtschaftliche Nachfrage im Kontext von Güter- und Geldmarkt beschreibt. Im IS-LM-

Modell werden somit Güternachfrage und die dazu notwendige monetäre Versorgung und Nachfrage zusammengeführt. Die aus dem IS-LM-Modell wiederum resultierende aggregierte Nachfragefunktion dokumentiert die in einer Volkswirtschaft effektive Nachfrage. Dies ist der tatsächlich in Gütereinheiten meßbare und monetär finanzierbare Wunsch der Wirtschaftssubjekte, Güter und Dienstleistungen zu erwerben. Unter welchen Bedingungen diese Nachfragewünsche realisierbar sind, entscheidet der Schnittpunkt der Nachfragefunktion mit der Angebotsfunktion (AD-AS-Modell). Wie oben gesehen, ist natürlich auch eine Situation denkbar (Boom), in der die Produktionskapazitäten nicht mehr stärker auszulasten sind. Nachfragesteigerungen haben hier nur inflationäre Effekte, eine Ausweitung der Produktion ist kurzfristig nicht möglich. Graphisch zeigt sich dies, wenn die AD-Funktion im senkrechten Bereich der AS-Funktion nach oben verschoben wird. In der Übersicht 1 sind noch zwei zusätzliche Modelle verzeichnet, die einer kurzen Erläuterung bedürfen.

Das IS-LM-ZZ-Modell ist eine Erweiterung des Nachfragemodells von Güter- und Geldmarkt um die Außenwirtschaftsbeziehungen. Dies betrifft die sogenannte ZZ-Funktion, die den Zahlungsbilanzzusammenhang zwischen Leistungs- und Kapitalbilanz integriert. Dadurch werden die außenwirtschaftlichen Verflechtungen in bezug auf Import, Export und die durch Zinsdifferenzen auslösbaren Kapitalbewegungen und Auf- und Abwertungen der Wechselkurse analysierbar.

Als letztes grundlegendes Modell für die Analyse einfacher volkswirtschaftlicher Probleme steht die Phillipskurve. Im Rahmen der Aufgaben und Lösungen sollen die verschiedenen Entwicklungsstufen der Phillipskurvendiskussion eingebracht werden. Dies ist für den ständig aktuellen Zielkonflikt zwischen Inflation und Arbeitslosigkeit als den beiden zentralen Herausforderungen der Wirtschaftspolitik einer modernen Volkswirtschaft von erheblicher Bedeutung. In diesem Modellrahmen können in exemplarischer Form die unterschiedlichen Positionen der einzelnen Theorieansätze und deren wirtschaftspolitisch relevanten Fortentwicklungen geschildert und nachvollzogen werden.

Übersicht 2 unternimmt dann ergänzend den Versuch, die in Übersicht 1 gerade offen gelegten Beziehungsmuster zwischen den einzelnen Modellen auf Angebots- und Nachfrageseite und den damit verbundenen Erklärungsgehalt der Modelle noch einmal zu verdeutlichen. Hierzu sind im Prinzip keine weiteren Ausführungen notwendig.

Die in der methodologischen Einleitung vorgelegten Graphiken dienen zunächst der Fundierung des Grundverständnisses makroökonomischer Zusammenhänge. Gleichzeitig sollen sich daraus die notwendigen Einsichten ergeben, in welcher Weise die in den späteren Abschnitten zu bearbeitenden Aufgabengebiete in einem Gesamtzusammenhang zu sehen sind. Daneben sollen sie während der Analyse der Fragestellungen und Lösungen stets als Nachschlagewerk zur Standortbestimmung dienen.

In diesem Sinne ist auch die **Übersicht 3** zu verstehen: Hier erfolgt eine eher technische Zuordnung der Verhaltensfunktionen zu den einzelnen Modellen, wobei die für die Funktionen bestimmenden Variablen explizit verzeichnet sind. Insbesondere Übersicht 3 sollte am Ende der einzelnen Aufgabenblöcke zur Verbesserung des Gesamtverständnisses immer wieder nachgeschlagen werden.

Übersicht 2: Realer Erklärungsgehalt der Modelle

Nachfragesektor	Erklärungsgehalt
Einkommen - Ausgaben - Modell (Gütermarkt I)	Bestimmung der Güternachfrage in einer Volkswirtschaft = Bruttosozialprodukt. Umsetzung der Kreislaufschemata in ein erstes einfaches gesamtwirtschaftliches Modell.
IS - Funktion (Gütermarkt II)	Bestimmung von Gütermarktgleichgewichten bei einkommensabhängigen Konsum und zinsabhängiger Investition.
LM - Funktion (Geldmarkt)	Bestimmung von Geldmarktgleichgewichten bei Identität des Geldangebots der Zentralbank und Geldnachfrage der privaten Wirtschaftssubjekte.
IS - LM - Modell (Güter- und Geldmarkt)	Zusammenführung der fiktiven Trennung von Güternachfrage und monetärer Nachfrage zum gesamtwirtschaftlichen Nachfragegleichgewicht.
Aggregierte Nachfrage (Güter- und Geldmarkt)	Umwandlung der möglichen IS - LM - Gleichgewichtspunkte in eine Nachfragefunktion, die den Zusammenhang zwischen Preisniveau und Sozialproduktentwicklung erklärt. Die AD - Funktion repräsentiert die effektive Nachfrage in einer Volkswirtschaft in einer bestimmten konjunkturellen Situation.

Angebotssektor	Erklärungsgehalt
Arbeitsmarkt	Bestimmung der Dispositionen von Arbeitsanbietern (Haushalte) und Arbeitsnachfragern (Unternehmen) zu einen bestimmten Lohnsatz und Festlegung eines Gleichgewichts.
Gesamtwirtschaftliche Produktionsfunktion	Gesamtwirtschaftliche Abbildung der Produktionsmöglichkeiten in einer Modellvolkswirtschaft auf der Basis der Inputfaktoren (Sachkapital, Arbeit und Technischer Fortschritt).
Aggregiertes Angebot	Zusammenfassung der Dispositionen am Arbeitsmarkt und der Produktionsbedingungen zu einer Funktion, die das gesamtwirtschaftliche Angebot (Output) des Unternehmenssektors zum Preisniveau ins Verhältnis setzt. Bestimmung der Produktionsmöglichkeiten einer Volkswirtschaft = Produktionspotential.

Aggregation der Modellebenen	Erklärungsgehalt
AD - AS - Modell	Zusammenführung des Nachfrage- und Angebotssektors einer Volkswirtschaft und damit Festlegung eines definitiven Outputs, der aufgrund der effektiven Nachfrage auch produziert wird; Bestimmung dieses Outputniveaus bei einem bestimmten gesamtwirtschaftlichen Preisniveau.
IS - LM - ZZ - Modell	Integration der Zahlungsbilanz (ZZ) in das IS - LM - Nachfragemodell zur Analyse außenwirtschaftlicher Anpassungen und Politikmaßnahmen.
Modelle zur Phillipskurve	Modellrahmen zur Diskussion der gegenseitigen Abhängigkeit der zentralen wirtschaftspolitischen Zielgrößen Inflation und Arbeitslosigkeit. Das Modell beinhaltet sowohl Aspekte der Nachfrageseite als auch der Angebotsseite.

Übersicht 3: Verhaltensfunktionen in den Modellen nach Variablenstruktur

Nachfragesektor		Angebotssektor
Gütermarkt Stufe I	Einkommen - Ausgaben - Modell Konsumfunktion (Y) Investitionsfunktion (aut.)	
Staat	Staatliche Ausgaben (aut.) Staatliche Einnahmen (Y)	Arbeitsmarkt Arbeitsangebotsfunktion (w; w/P) Arbeitsnachfragefunktion (w/P)
Außenwirtschaft Stufe I	Export (aut.) Import (Y)	
Gütermarkt Stufe II	IS - Funktion Konsumfunktion (Y) Investitionsfunktion (i)	Gesamtwirtschaftliche Allokationsbedingungen Gesamtwirtschaftliche Produktionsfunktion Output = f (K, A, TF)
Geldmarkt	LM - Funktion Geldnachfragefunktion (Y, i) Geldangebotsfunktion (aut., i)	
Aggregation	IS - LM - Modell (i, Y)	
Aggregation	Aggregierte Nachfrage (P, Y)	Aggregiertes Angebot (P, Y)
Außenwirtschaft Stufe II	IS - LM - ZZ - Modell (i, Y)	Modelle zur Phillipskurve (π, u)

Variablen:

aut. = autonome Variable
Y = Sozialprodukt
i = Marktzins
w = Nominallohn
w/P = Reallohn
P = Preisniveau
K = Kapitalstock
A = Arbeit
TF = Techn. Fortschritt
π = Inflationsrate
u = Arbeitslosenquote

I Darstellung und Analyse volkswirtschaftlicher Zusammenhänge in Kreislaufschemata

Lernziel

* Kenntnis, daß die Darstellung volkswirtschaftlicher Kreisläufe in unterschiedlichen Ebenen und Abstraktionsgraden möglich und sinnvoll ist

* Aufbau von Kreislaufschemata entsprechend den einzelnen notwendigen Analyseebenen: Geschlossene Volkswirtschaft ohne Vermögensbildung, Integration der Vermögensbildung, Integration der staatlichen Aktivitäten und Entwicklung des Gesamtschemas der offenen Volkswirtschaft mit Staat

* Verständnis der Bedingungen für eine stationäre und eine wachsende Volkswirtschaft aufgrund des Investitionsverhaltens und der Kapitalstockentwicklung

* Darstellung und Analyse der Kapitalmarktgleichung für die offene Volkswirtschaft mit Staat unter Berücksichtigung der Möglichkeit eines Staatsdefizites bzw -überschusses und eines Leistungsbilanzdefizits bzw. -überschusses

Aufgabe 1

Aufgabenstellung:

Beschreiben Sie einen elementaren volkswirtschaftlichen Kreislauf ohne Berücksichtigung des Aspektes der Vermögensbildung der staatlichen Aktivität und internationaler Wirtschaftsbeziehungen!

Lösung:

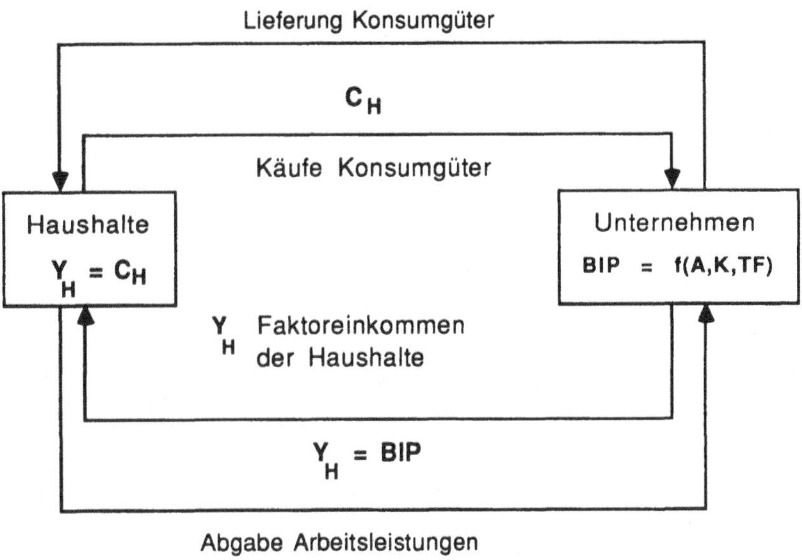

Symbole: Y_H = Faktoreinkommen der Haushalte
C_H = Konsumausgaben der Haushalte
BIP = realisiertes Produktionsergebnis der betrachteten Periode
A = Faktor Arbeit
K = Faktor Kapital
TF = Faktor Technischer Fortschritt

Das einfachste Kreislaufmodell umfaßt nur zwei Sektoren, die Haushalte und die Unternehmen. Die Haushalte erzielen ihr Einkommen (Y_H) durch die Abgabe von Arbeitsleistungen an den Unternehmenssektor und verwenden es in voller Höhe zum Kauf (C_H) von Gütern und Dienstleistungen von den Unternehmen. In den Unternehmen wird das gesamt–

wirtschaftliche Angebot in Höhe des Bruttoinlandsproduktes (BIP) in Abhängigkeit von den eingesetzten Produktionsfaktoren erwirtschaftet. Wie für jeden Kreislauf ist das Axiom der Wertgleichheit von hineinfließenden und abfließenden Strömen erfüllt. Die Pfeilspitzen zeigen die monetären Ströme, denen in umgekehrter Richtung ein Güterstrom zuzuordnen ist. In den zukünftigen Darstellungen wird deshalb auf die Abbildung der Güter- bzw. Leistungsströme verzichtet.

Aufgabe 2

Aufgabenstellung:

Sieht man von der Prämisse der fehlenden staatlichen Aktivität und der internationalen Wirtschaftsbeziehungen ab, stellt dann das in Aufgabe 1 beschriebene Modell eine sinnvolle Darstellung der realen Bedingungen volkswirtschaftlichen Geschehens dar?

Lösung:

Die Antwort lautet natürlich: Nein!
Begründung: In dieser beschriebenen Wirtschaft, in der die Werte von Einkommensverwendung (C_H) und Einkommensentstehung im Rahmen des Produktionsprozesses (BIP) übereinstimmen, wäre die Wirtschaft stationär, das heißt, es gäbe keine Wachstumsprozesse, da kein Kapital für Investitionen zur Verfügung steht. Die Möglichkeit wachsender Wirtschaften wird nun durch die Integration des Poles "Vermögensänderung" oder "Vermögensbildung" erfaßt. Man kann sich darunter auch einen funktionierenden Kapitalmarkt einer Volkswirtschaft vorstellen. Die folgende Graphik, ergänzt das Modell um zwei realistischere Bedingungen:

1. Die Konsumausgaben entsprechen nicht in voller Höhe dem gesamten Einkommen, gesamtwirtschaftlich gesprochen, dem Volkseinkommen. Ein Teil der Faktoreinkommen wird nun gespart und damit dem Pol Vermögensbildung zugeführt.

2. In gleichem Maße wäre es rein zufällig, wenn das gesamte Produktionsergebnis des Unternehmenssektors der Periode verkauft würde. Da gemäß Ziffer 1. gezeigt wurde, daß nicht das gesamte Einkommen in den Konsum fließt, muß ein Teil der Gesamtproduktion bzw. die im Produktionsprozeß nicht verbrauchten Vorprodukte der Unternehmen auf Lager genommen werden. Dies wäre

die sog. Lagerinvestition der Unternehmen (Nicht verbrauchte Vorprodukte, Mehrbestand an Halb- und Fertigfabrikaten). Gleichzeitig erscheint es plausibel, daß Unternehmen im Laufe der Wirtschaftsperiode neue Anlagen zur Produktion kaufen bzw. auch Anlagen selbst erstellen. Dies sind die sog. Bruttoanlageinvestitionen. Zieht man hiervon den Wert des Verschleisses des Produktionsapparates ab, gilt:

Lagerinvestition + Bruttoanlageinvestition - Abschreibungen = Nettoinvestion.

Die Finanzierung der Nettoinvestition erfolgt über den Pol "Vermögensbildung" durch die dem Pol zufließende Ersparnis der Haushalte:

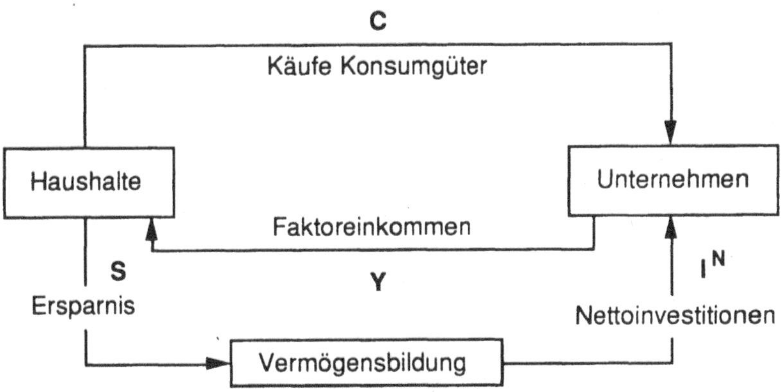

Die Vorstellung des Vermögensbildungs-Sektors als Kapitalmarkt kann schon auf diesem Entwicklungsstand des Kreislaufschemas sinnvoll interpretiert werden: Über den Kapitalmarkt werden in der Realität durch unterschiedliche Komponenten - hier bis jetzt nur durch die Ersparnis der Haushalte - die Nettoinvestitionen der Unternehmen finanziert. Daß dies der Realität nahe kommt, zeigt die Tatsache, daß die Unternehmen institutionell am Kapitalmarkt als Nachfrager von Finanzierungsmitteln (u.a.) zum Aufbau ihrer Sachkapazitäten auftreten. Der Aktienmarkt in einer Volkswirtschaft dient ebenfalls der Zurverfügungstellung von Kapital für den Unternehmenssektor in Form einer direkten Beteiligung.

Eine sinnvolle Abbildung der geschilderten Beziehungen kann auf dieser Stufe erreicht werden, wenn der Vermögens-Sektor integriert wird. Als vorläufige Funktionalisierung für das Kreislaufschema ergibt sich:

Haushalte: $Y = C + S$

Das Einkommen wird zum Konsum und zur Ersparnis verwendet.

Volkswirtschaftliches Angebot: (Index S = supply = Angebot) $BIP = Y^S = C + I$

Die im Unternehmenssektor produzierten Güter sind entweder Konsumgüter oder Investitionsgüter

Volkswirtschaftliche Nachfrage: (Index D = demand = Nachfrage) $Y^N = C + I$

Die in der Volkswirtschaft nachgefragten Güter sind die Konsumgüter. Die Konsumgüter werden von den Haushalten, die Investitionsgüter von den Unternehmen gekauft (nachgefragt). Die Unternehmen kaufen sich gegenseitig Investitonsgüter (Anlagegüter) ab.

Gleichgewichtslage der Modellvolkswirtschaft: $Y^S = Y^N$

Das Gleichungsergebnis ergibt sich auf einen Blick aus den beiden vorangegangenen Gleichungen. Es bedeutet: Volkswirtschaftliches Angebot und Nachfrage (an und nach) Gütern sind in der betrachteten Periode gleich groß.

Wichtige Anmerkung:
Die elementaren Modelle zur Beschreibung gesamtwirtschaftlicher Beziehungen von Angebot und Nachfrage setzen eine vereinfachende Annahme: Das Angebot, also die Produktion im Unternehmenssektor passt sich definitionsgemäß immer und sofort richtig der gewünschten Nachfrage an. Entscheidende Größe in den Modellen ist dann zunächst stets die Nachfrage. Dieser Anpassungsprozeß der Produktion an die Nachfrage wird stets mit dem Begriff "unendlich elastisches Angebot" beschrieben, d.h. jede Ausdehnung der Nachfrage kann durch zusätzliche Produktion auch gedeckt werden. Hintergrund ist hier die keynesianische Sicht des Wirtschaftsprozesses, nämlich eine Unterauslastung des

Produktionsapparates (ausführlich hierzu der Abschnitt zum AD/AS-Modell).

Unter Berücksichtigung der beiden Gleichungen:

$Y = C + S \qquad Y = C + I$

ergibt sich als Gleichgewichtsbedingung für die Modellvolkswirtschaft $I = S$
Aus der Graphik kann entnommen werden, daß demgemäß die Gleichung für den Vermögenssektor (einfließende Ströme = ausfließende Ströme) erfüllt ist. Die Bedingung $I = S$ gilt stets für die geschlossene Volkswirtschaft ohne Staat.

Vermögensbildungs-sektor: $I = S$ (Ausdruck des Gleichgewichtes)

Die Nettoinvestition der Unternehmen wird durch die Ersparnis der Haushalte finanziert.

Aufgabe 3

Aufgabenstellung:

Entspricht die Darstellung des Vermögens-Sektors in Aufgabe 2 durch den einfließenden Strom "Ersparnis der Haushalte" und durch den ausfließenden Strom "Nettoinvestitionen der Unternehmen" einer realitätsnahen Beschreibung volkswirtschaftlicher Zusammenhänge?

Lösung:

Diese Frage wird bewußt auf dem einfachen Kreislaufschema-Stand ohne Staat und Außenwirtschaft nochmals präzisiert. Hinter der Vermögensbildung verbergen sich bei einer etwas realitätsnaheren Darstellung zusätzliche Komponenten - immer noch im Modell der zwei Sektoren Haushalte und Unternehmen. Als Ausschnitt aus dem Gesamtdiagramm kann dargestellt werden:

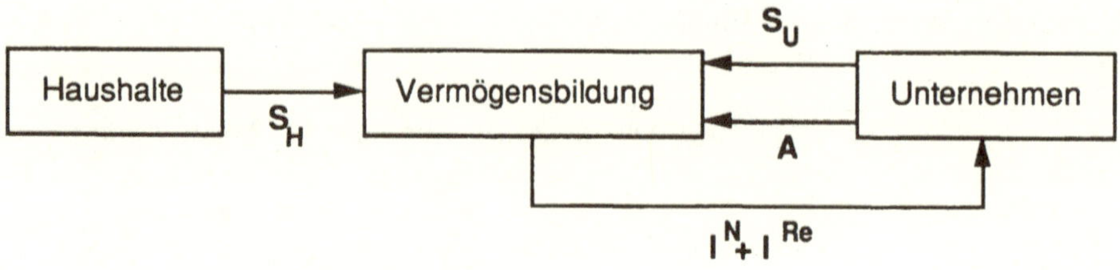

S_H = Ersparnis der Haushalte
S_U = Ersparnis der Unternehmen
I^N = Nettoinvestition
I^{Re} = Re-Investition
A = Abschreibungen

Zu - und Abflüsse des Vermögensbildungssektors:
$S_H + S_U + A = I^N + I^{Re}$

Zunächst ist nicht davon auszugehen, daß alle Unternehmen in jeder Periode Finanzbedarf für Investitionen haben oder die gesamten Gewinne investieren. Im Normalfall schreibt ein Unternehmen schwarze Zahlen und es entstehen Gewinne. Wenn diese nicht vollständig an die Aktionäre und/oder Teilhaber ausgeschüttet werden oder der unternehmensinternen Investition zugeführt werden, dienen sie am Kapitalmarkt als Finanzierungsmittel. Denn die Unternehmen legen das überschüssige Kapital am Kapitalmarkt renditeorientiert an. Dies ist die Ersparnis der Unternehmen. Realitätsnah kann also festgestellt werden: Einige Unternehmen sparen in einer Periode und investieren diese Summe nicht wieder sofort zur Erhöhung des Sachkapitalbestandes. Diese Summe ist die Ersparnis des Unternehmenssektors.

Neben der Ersparnis der Privathaushalte und der Ersparnis einzelner Unternehmen fließen dem Vermögensbildungs-Sektor noch die Abschreibungen zu: Sie stellen die (fiktive) Wertminderung des Produktionsapparates pro Periode dar und sind stets in allen Graphiken ein hypothetischer Strom. Aufgrund der steuerlichen Bewertung als Kostengröße im Unternehmen sind sie faktisch Liquidität, die im Unternehmen entsteht und dort verwendet wird. Volkswirtschaftlich ist es aber richtig sie als grundsätzliche Finanzierungsquelle für Investitionen zu addieren, da sie ja nur aus diesem Zwecke in den Unternehmen als Kostenfaktor kalkuliert werden. Sie entsprechen theoretisch also exakt den notwendigen Re-Investitionen, die zur Aufrechterhaltung der Produktionskapazitäten vorgenommen werden müßten. Re-Investition und Abschreibungen werden hier als synonyme

Begriffe verwendet, wobei jeweils etwas anderes gemeint ist: Abschreibungen = volkswirtschaftlicher Wertverlust des Produktionsapparates bewertet in der steuerlichen Kostengröße Abschreibung. Re-Investition = Ersatzinvestitionen in Höhe der Abschreibungen zur Erhaltung des Produktionsapparates zu Beginn der Periode. Damit ist die Gesamt–Investition definiert:

Netto-Investition + Re-Investition = Gesamt(Brutto)-Investition.

Diese Unterscheidung zwischen Netto-Investition und Re-Investition hat gleichzeitig eine tiefere Bedeutung für die Analyse und Bewertung der Sachkapitalbildung in der Volkswirtschaft: Eine Volkswirtschaft, in der nur soviel investiert wird, wie auch gerade der Produktionsapparat (gesamtwirtschaftlich: Sachkapitalbestand) während des Produktionsprozeßes abgenutzt wird, wächst nicht, da der Bestand an Sachkapital konstant bleibt. Dementsprechend wäre für die stationäre Volkswirtschaft die Bedingung gegeben:

$$I^B = I^{Re} \qquad \text{mit: } I^N = 0.$$

Für eine wachsende Wirtschaft gilt dann:

$$I^N + I^{Re} = I^B \qquad \text{mit: } I^N > 0.$$

"Stationäre Wirtschaft" (Nettoinvestition = 0) | **"Wachsende Wirtschaft"** (Nettoinvestition > 0)

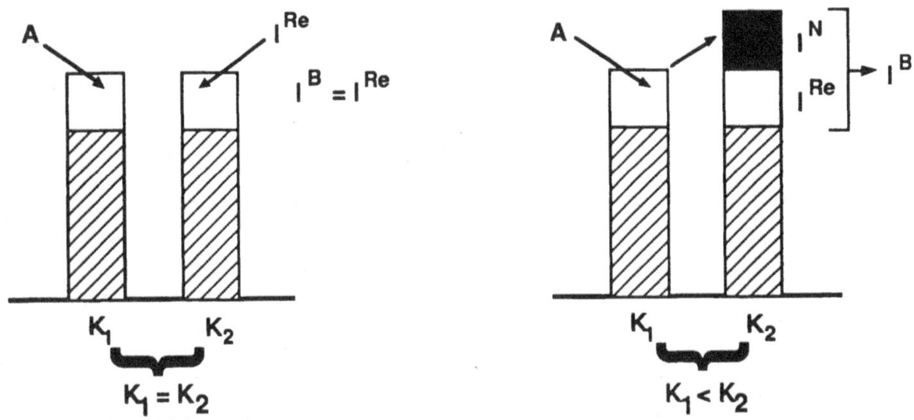

(Kapitalstock konstant) | (Kapitalstock hat sich erhöht)

Das Schaubild zeigt, daß in der stationären Wirtschaft exakt die alte Höhe des Sachkapitalbestandes aufgrund der Re-Investition erreicht wird. $K_1 = K_2$. Ein Wachstum der Wirtschaft kann somit nur durch eine Erhöhung des Sachkapitalbestandes hervorgerufen werden. Es muß ein größeres Volumen in der betrachteten Periode investiert werden, als zur reinen Re-Investition, also zum Ersatz des Verschleißes des Produktionsapparates, notwendig wäre. Damit sind zwei Voraussetzungen festgelegt, die eine wachsende Wirtschaft beschreiben und die sich gegenseitig bedingen: $I^N > 0$ mit: $K_1 < K_2$ (wachsender Kapitalstock durch positive Nettoinvestitionen). Der Zusammenhang zwischen der Stromgröße Investition und der Bestandsgröße Kapitalstock ist somit durch die Gleichung $I_t = K_t - K_{t-1}$ gegeben.
I_t = Investition der Periode t; K_t, K_{t-1} = Kapitalstock der Perioden t, t-1.

Aufgabe 4

Aufgabenstellung:

Erweitern Sie das einfache Kreislaufschema um die Aktivität des Staates in einer Volkswirtschaft. Welche zusätzlichen Ströme wären in vereinfachter Weise zu verzeichnen, um den vielfältigen Beziehungen zwischen den privaten Wirtschaftssubjekten und dem Staat Rechnung zu tragen? Welche Konsequenzen ergeben sich daraus für den Pol "Vermögensbildung"?

Lösung:

Der Staat tritt nun durch die Berücksichtigung folgender Aktivitäten in das Kreislaufschema ein:

* Der Staat versorgt die Volkswirtschaft mit einer Vielfalt von Gütern. Da meist von den Haushalten und Unternehmen wegen der Nichtexistenz von Marktpreisen für diese staatlichen Güter und Dienste keine direkte Bezahlung erfolgt, wird diese Leistungsabgabe als Staatsverbrauch bezeichnet. Die Deckung der Kosten des Staates hierfür erfolgt im wesentlichen durch die Steuereinnahmen. Im folgenden Kreislaufschema wird zur Vereinfachung unterstellt, daß der Staat diese Güter und Dienste nur an den Unternehmenssektor abgibt (CS).
* Der Staat zahlt Subventionen an den Unternehmenssektor: Z_U
* Die Unternehmen zahlen an den Staat indirekte und direkte Steuern: T_U^{ind}, T_U^{dir}

* Die Haushalte erhalten vom Staat Transferleistungen: TR_H
* Die Haushalte zahlen an den Staat direkte Steuern: T_H^{dir}
* Die Haushalte erhalten für ihre Arbeitsleistungen vom Staat Einkommenszahlungen: Y_H^{St}

In der Realität kann in einfacher Definition unter Staat institutionell die Summe aller Gebietskörperschaften (Bund, Länder, Gemeinden) verstanden werden.

Nach Integration der neuen Kreislaufbeziehungen ergibt sich folgendes Bild:

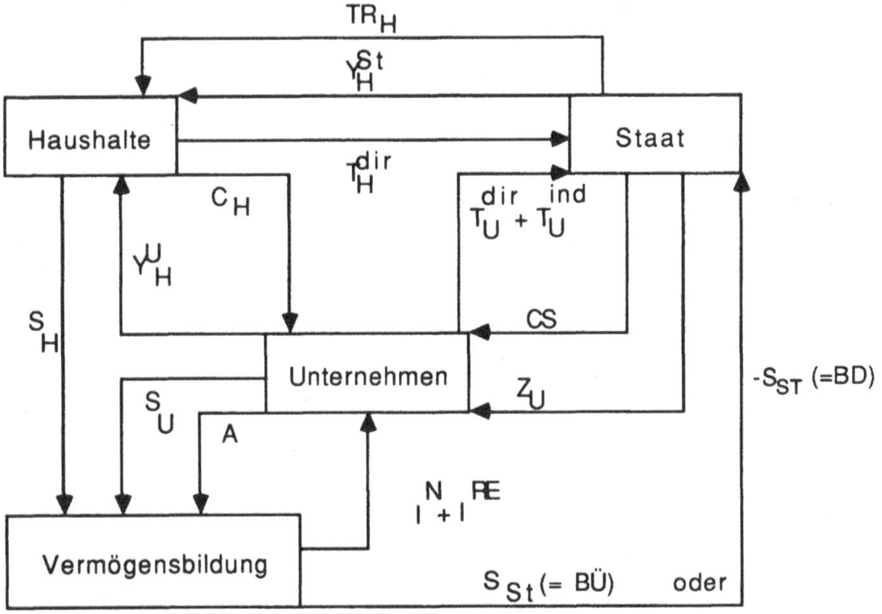

Für den Staat gilt damit die Budgetgleichung:

$$T_U^{dir} + T_U^{ind} + T_H^{dir} = CS + Z_U + TR_H + Y_H^{St}$$

In der Realität ist nicht davon auszugehen, daß der Staatshaushalt ausgeglichen ist, d.h., daß sich Staatseinnahmen (ohne Verschuldung) und Staatsausgaben in einer Periode exakt entsprechen. Zwei Situationen sind hierbei grundsätzlich möglich:

1) Der Staat gibt weniger aus als er einnimmt: In diesem Falle spart er (S_{St}) und führt dem Kapitalmarkt (Vermögensbildungssektor) die Budgetüberschüsse (BÜ) zu.

$$S_{St} = BÜ = (T^{dir} + T^{ind}) - (CS + Z_U + TR_H + Y_H{}^{St}) > 0$$

2) Der Staat gibt mehr aus, als er einnimmt: Zur Deckung des Budgetdefizits (BD) verschuldet er sich in der jeweiligen Haushaltsperiode und entnimmt dem Kapitalmarkt (Vermögensbildungssektor) Finanzmittel ($-S_{ST}$), um die durch Steuern und sonstige Einnahmen nicht gedeckten Ausgaben zu finanzieren:

$$BD = -S_{St} = (T^{dir} + T^{ind}) - (CS + Z_U + TR_H + Y_H{}^{St}) < 0$$

Für die beiden dargestellten Fälle verändert sich jeweils die Gleichung für den Pol "Vermögensbildung", bzw. die Kapitalmarktgleichung:

1) $S_{St}\,(=BÜ) + S_H + S_U + A = I^N + I^{Re}$ vereinfacht: $BÜ + S = I$
2) $S_H + S_U + A = I^N + I^{Re} + BD\ (= -S_{ST})$ vereinfacht: $I + BD$

In der Realität ist meist die zweite Gleichung eine sachgerechte Beschreibung. Dies bedeutet für die bisher erreichte Analyseebene, daß die private Ersparnis die Nettoinvestitionen und die Nettoneuverschuldung des Staates zu in der jeweiligen Betrachtungsperiode zu finanzieren hat.

Aufgabe 5

Aufgabenstellung:

Vervollständigen Sie das volkswirtschaftliche Kreislaufschema durch die Einbeziehung des "Auslands" in die gesamtwirtschaftlichen Aktivitäten! Erläutern Sie insbesondere die Konsequenzen eines Leistungsbilanzüberschusses oder -defizits für die nationale Vermögensbildung.

Lösung:

Die internationale Verflechtung mit vielen Ländern dieser Erde wird im einfachen Kreislaufschema sehr einfach dargestellt: Alle anderen Staaten werden zum Sektor "Ausland" zusammengefaßt. Es entsteht so der vereinfachte Zwei-Länder-Fall (Inland-Ausland). Als zentrale Aktivitäten können hier systematisiert werden:

* Das Inland bezieht aus dem Ausland Importe; zur Vereinfachung wird hier vom Import von Gütern durch die Haushalte abstrahiert. Im Schema wird unterstellt, daß die Unternehmen diese Importgüter (Rohstoffe, Halbfabrikate, Fertigprodukte) verwenden und verkaufen. Somit erfolgt die Zuordnung des Importstroms (M) bei den Unternehmen:

* Das Ausland bezieht vom Inland in analoger Weise Exportprodukte (X)

* Zwischen Inland und Ausland werden jeweils unentgeltliche Einkommensübertragungen (Ü) vorgenommen (z.B Überweisungen der Gastarbeiter, Rentenzahlungen, Leistungen an internationale Organisationen Schenkungen etc.). Hierbei kann ebenfalls eine Nettoposition, d.h. Verrechnung der Salden vorgenommen werden:

  $Ü_{IA} - Ü_{AI} > 0$. Für $Ü_{IA}{}^{N}$ (netto) > 0 gilt: Die Übertragungen vom Inland an das Ausland überwiegen. (Der Index IA bedeutet jeweils eine Übertragung von Inland in das Ausland, der Index AI die entgegengesetzte Richtung).

* Zwischen Inland und Ausland erfolgt ein Austausch von Dienstleistungen (Y). Dies betrifft im wesentlichen im Falle der Bundesrepublik Deutschland die im Ausland getätigten Reiseverkehrsausgaben und Kapitalertragseinnahmen. Diese werden den Haushalten zugeordnet. Die hierdurch entstehenden Einkommens- bzw. Zahlungsströme können auch saldiert werden:

  $Y_{IA} - Y_{AI} > 0$ mit $Y^{N}{}_{IA}{}^{H} > 0$

Die vereinfachte Kreislaufdarstellung einer Volkswirtschaft mit dem Sektor Staat und aussenwirtschaftlichen Beziehungen ergibt sich durch folgendes Schema:

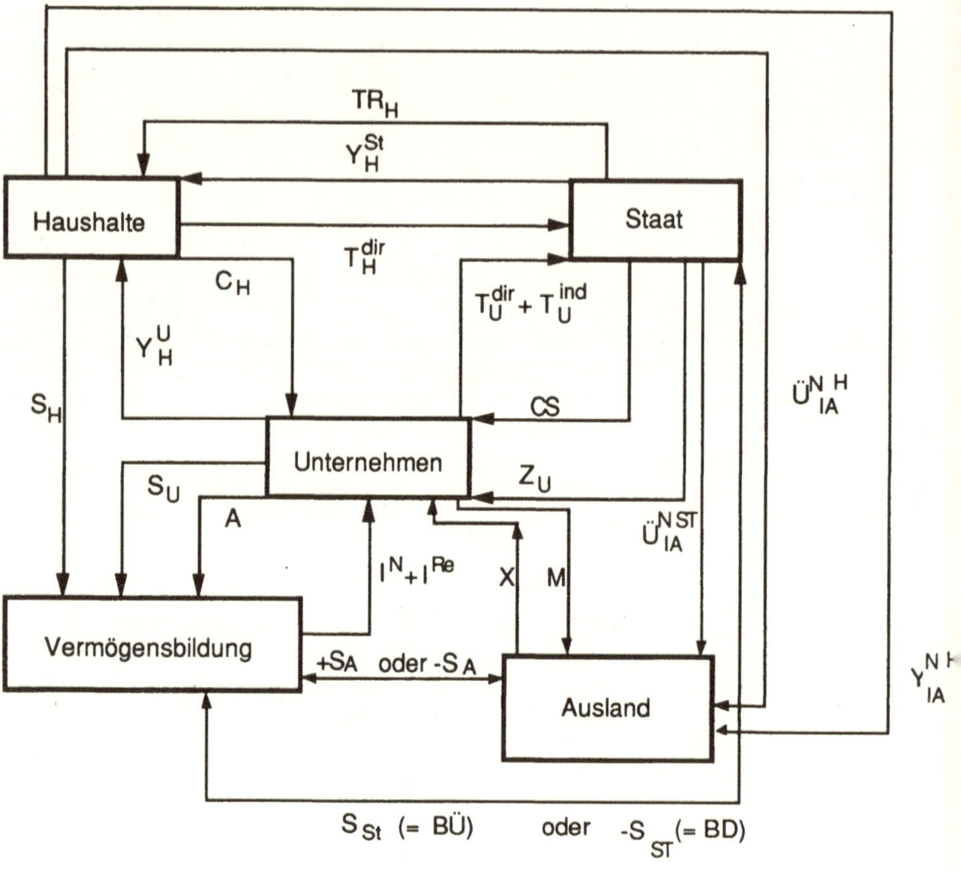

Die Zuströme und Abflüsse des Sektors "Ausland" können in Form der Leistungsbilanzgleichung (als Teilbilanz der Zahlungsbilanz) dargestellt werden:

$(M + Y^N_{IA} + Ü^N_{IA}) = X$ (mit $Ü^N_{IA} = Ü^N_{IA}{}^H + Ü^N_{IA}{}^S$)

Gemäß der Systematik der Zahlungsbilanz spiegeln folgende Symbole die Unterbilanzen der Leistungsbilanz wieder:

X, M : Handelsbilanz
Y^N_{IA} : Saldo Dienstleistungsbilanz
$Ü^N_{IA}$: Saldo Übertragungsbilanz

Auch für die Betrachtung der Auslandsbeziehungen ist es nicht realitätsgerecht, grundsätzlich von einem Ausgleich von Zu- und Abflüssen auszugehen (ausgeglichene Leistungsbilanz). Es können wiederum zwei Fälle unterschieden werden:

1) Leistungsbilanzüberschuß des Inlands: $S_A < 0$

   Der Sektor Ausland hat eine negative Ersparnis, d.h., das Inland erwirbt in der betrachteten Wirtschaftsperiode Nettoforderungen gegenüber dem Ausland. Ursache hierfür kann, wie im Falle der BRD, ein Leistungsbilanzüberschuß (X > M) sein.

   Leistungsbilanzüberschuß (LÜ): $X > M + Y^N_{IA} + Ü^N_{IA}$
   Aus dem inländischen Pol "Vermögensbildung" fließt Kapital an das Ausland (Leistungsbilanzüberschuß = Nettokapitalexport).

2) Leistungsbilanzdefizit des Inlands: $S_A > 0$

   Das Ausland hat in Bezug auf den inländischen Pol "Vermögensbildung" einen positiven Betrag erwirtschaftet. Die Ersparnis des Auslands ist positiv, d.h., das Ausland stellt dem Inland Kapital zur Verfügung (Leistungsbilanzdefizit = Nettokapitalimport):

   Leistungsbilanzdefizit des Inlands (LBD): $X < M + Y^N_{IA} + Ü^N_{IÄ}$

Diese Situation hat sich für die BRD nach den Ölpreisschock und im Zuge der Wiedervereingigung ergeben. Für einige Jahre (1980/81 und ab 1991/92) konnten die Exporte gegenüber den Importen keinen ausreichend hohen Saldo in der Handelsbilanz erzielen, so daß die traditionell negativen Salden von Übertragungs- und Dienstleistungsgsbilanz nicht überkompensiert wurden.

II Einkommen - Ausgaben - Analyse

Lernziele

* Umsetzung der Kreislaufschemata in ein erstes grundlegendes Modell zur Beschreibung des Gütermarktes (Einkommen-Ausgaben-Modell).

* Verständnis der elementaren Bedingungen zum Aufbau eines Modells zur Beschreibung der Nachfrageseite einer Volkswirtschaft

* Kenntnis der statischen, dynamischen und komparativ-statischen Analyseformen im Modellzusammenhang

* Verständnis des Gleichgewichtsgedankens und davon ausgehend Darstellung der Multiplikatortheorie

* Durchführung unterschiedlicher Rechenaufgaben im Einkommen-Ausgaben-Modell mit den Schwerpunkten: Bestimmung von Existenz und Eindeutigkeit eines Gleichgewichtes und Analyse ungleichgewichtiger Parameterentwicklungen (Stabilitätsanalyse)

Aufgabe 1

Aufgabenstellung:

Formulieren Sie ein elementares statisches Einkommen-Ausgaben-Modell.

a) Erläutern Sie die Hypothesen über das Ausgabenverhalten, die diesem Modell zugrundeliegen.
b) Auf welche Weise wird der Kreislaufaspekt in diesem Modell berücksichtigt?
c) Bestimmmen Sie graphisch das Gleichgewichtseinkommen!
d) Warum heißt das Modell Einkommen-Ausgaben-Modell?

Lösung:

a) Statisches Einkommen-Ausgaben-Modell:

Der Begriff "statisch" bezieht sich auf die Art der Analysemethode im betrachteten Modell. Unter dem statischen Blickwinkel beziehen sich sämtliche Relationen auf denselben Zeitpunkt bzw. dieselbe Zeitperiode. Das Modell hat demgemäß keine unterschiedlichen zeitlichen Dimensionen und man kann nur die Kompatibilität der die Verhaltensweisen beschreibenden Gleichungen überprüfen (Gleichgewichtsbestimmung). Basis ist demgemäß eine Ausgabenfunktion, die sich mit allen Variablen auf die Periode t bezieht, wobei der Zeitindex auch fehlen kann.

Ausgaben (= Nachfrage): $A_t = a + b \cdot Y_t$

Die Ausgaben erfolgen in der gleichen Periode, in der das Einkommen erzielt wird. Die die Funktion bestimmende Varialbe ist somit das laufende Einkommen (Y_t). Die Größe a repräsentiert algebraisch die sogenannten autonomen (einkommensunabhängigen) Ausgaben. Der Gesamtwert der einkommensunabhängigen Ausgaben ($b \cdot Y_t$) ergibt sich durch die Multiplikation der Grenzausgabenneigung b mit dem Wert des laufenden Einkommens.

b) Die Umsetzung des Kreislaufaspektes erfolgt in mehreren Schritten. Graphische Darstellung des elementaren Kreislaufes:

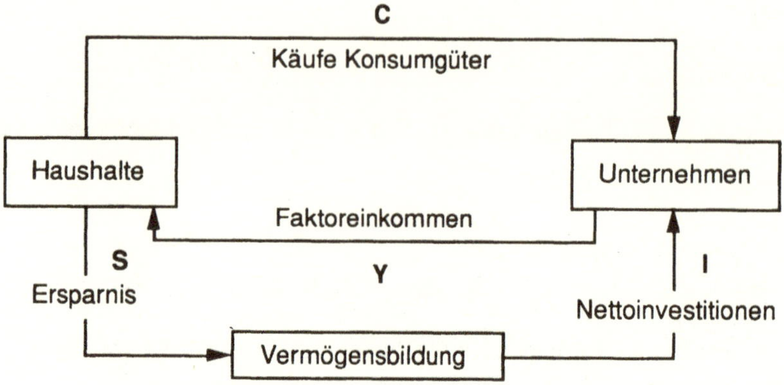

Das einfache Kreislaufmodell für den Gütermarkt einer Volkswirtschaft ergibt sich durch die Abbildung der Sektoren bzw. Pole "Haushalte", "Unternehmen" und "Vermögensbildung". In der Graphik sind elementare und für die weitere Modellanalyse wichtige Hypothesen enthalten:

Das Gütermarktgleichgewicht ergibt sich aus dem Zusammenwirken der Entscheidungen von Konsumenten, Produzenten/Investoren. Die Haushalte sind institutionell mit den Konsumenten gleichzusetzen, die Unternehmen mit den Produzenten und Investoren. Beginnen wir mit dem Kreislauf an einer beliebigen Stelle:

* Konsumenten und Investoren üben zusammen die geplante gesamtwirtschaftliche Nachfrage nach Konsum- und Investitionsgütern aus:

Nachfrage = Konsum + Investitionen: ---> $Y^N = C + I$

* Die Produzenten planen aufgrund ihrer Absatzerwartungen ein Güterangebot herzustellen, das der Nachfrage entspricht; in diesem Produktionsprozeß entsteht das Volkseinkommen (Faktoreinkommen), das an die Haushalte fließt:

Güterangebot = Volkseinkommen: ---> $Y^S = Y$

* Die Haushalte verwenden das Volkseinkommen zum Konsum oder zur Ersparnis:

Volkseinkommen = Konsum + Ersparnis: ---> $Y = C + S$

* Die gesamte geplante Nachfrage der Volkswirtschaft (Konsum und Investitionen) trifft auf das von den Produzenten geplante Güterangebot:

Gleichgewichtsbedingung: Angebot = Nachfrage: $Y^A = Y^N$

c) Die graphische Umsetzung dieser elementaren Überlegungen zur Bestimmung eines makroökonomischen Gleichgewichts geschieht in der folgenden Graphik:

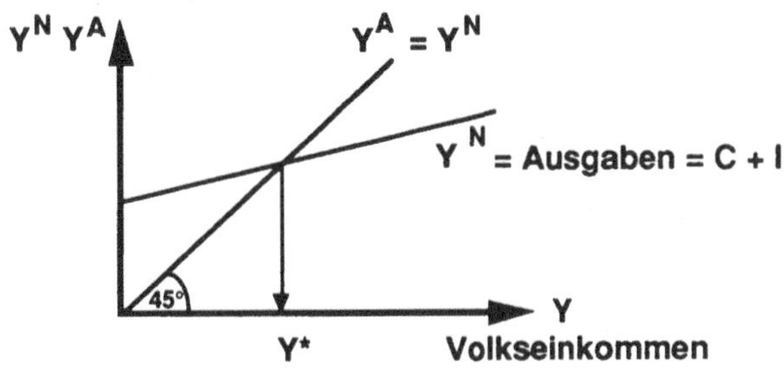

Auf der Ordinate wird die von den Konsumenten und Investoren geplante Nachfrage abgetragen: $Y^N = C + I$.
Die Nachfrage nach diesen Gütern äußert sich in den dazu notwendigen Ausgaben. Im folgenden wird Y^N stets durch den Paramenter A (= Ausgaben) ersetzt.

Die Identität von Güterangebot und -nachfrage wird durch die 45°-Linie dargestellt. Die 45°-Linie repräsentiert graphisch stets das genannte Gleichgewicht, da jeder Punkt dieser Linie identische Werte für die auf Ordinate und Abszisse aufgetragenen Werte von Y^N (Volkseinkommen = Ausgaben) und Güterangebot (Y^A) bedingt.

Die Gleichgewichtslösung des Modells ergibt sich graphisch im Schnittpunkt von Güterangebot und geplanten Ausgaben für Konsum- und Investitionsgüter. Graphisch: Schnittpunkt der Ausgabenfunktion mit der Gleichgewichtslinie und Projektion dieses Wertes auf die Abszisse.

d) Der vorgestellte Modellzusammenhang stellt ein zentrales Grundelement einer makroökonomischen Analyse dar. Er wird Einkommen-Ausgaben-Modell genannt, da das realisierte Gleichgewichts–

sozialprodukt (Y^*) von den Ausgabenentscheidungen der Konsumenten und Investoren, also von der Nachfrageseite festgelegt ist.

Ein Gleichgewicht stellt sich in der betrachteten Periode dann ein, wenn gerade soviel Nachfrage ausgeübt wird, wie die Anbieter ihren Plänen zugrunde gelegt haben. Dahinter steht die wichtige Annahme, daß sich das Angebot jederzeit an die gewünschte Nachfragemenge anpassen kann, also keine Kapazitätsgrenzen für die Produktion bestehen.

Aufgabe 2

Aufgabenstellung:

Gegeben ist eine geschlossene Volkswirtschaft ohne staatliche Aktivität. Das Gütermarktgleichgewicht ist durch die Gleichung $Y_t = C_t + I_t$ determiniert.

a) Welche grundsätzlichen Annahmen werden im Rahmen der Einkommen-Ausgaben-Analyse für die Betrachtung der Modellwirtschaft getroffen? Spezifizieren Sie die Verhaltensfunktion und leiten Sie abstrakt ein Modellgleichgewicht ab!

b) In welcher Weise muß das Modell bzw. die zugrundeliegende Konsumfunktion modifiziert werden, damit eine dynamische Verlaufsanalyse ungleichgewichtiger Parameterentwicklungen des Sozialproduktes dargestellt werden kann?

c) Zeigen Sie für die Wertspezifikation $Y_0 = 500$, $C_0 = 430$ und $I_0 = 70$, $a = 30$, $b = 0{,}8$ wie im Modell ein expansiver Multiplikatorprozeß entsteht, wenn

   c1) die autonomen Investitionen einmalig

   c2) bzw. dauerhaft um 20 Einheiten steigen.

   Erläutern Sie den Multiplikatorprozeß ökonomisch und stellen Sie für alle Größen die Wertänderung in einer Tabelle dar!

Lösung:

a) Grundsätzliche Annahmen, die für die Einkommen-Ausgaben-Analyse vorgegeben sind:

   * Vollkommene Elastizität des gesamtwirtschaftlichen Angebots, d.h. die Produzenten können sich jederzeit der veränderten Nachfragemenge anpassen (keine Kapazitätsgrenzen).

Diese Annahme ist das wichtige (keynesianische) Fundament des Modells, da später für die Multiplikatoranalyse eine rezessive Situation unausgelasteter Kapazitäten vorausgesetzt wird. Keynesianisch wird die vorliegende Modellstruktur bezeichnet, da durch J. M. Keynes bei der Entwicklung des Modells nur die Nachfrageseite der Volkswirtschaft explizit in den Mittelpunkt der Überlegungen gestellt wurde.

* Konstanz des Standes der Technik, der Bevölkerungszahl und Nichtberücksichtigung des Kapazitätseffektes der Investitionen. Auch hier ist die keynesiansche Sichtweise der Dominanz der Nachfrage von Bedeutung. Die Variablen, die das gesamtwirtschaftliche Angebot bestimmen (Arbeit, Kapitalstock, Technischer Fortschritt) sind kurz- und mittelfristig als konstant vorausgesetzt. Die Investitionen werden hier nur in ihrem Einkommenseffekt (= Steigerung der Nachfrage und damit des Sozialproduktes) berücksichtigt. Der Kapazitätseffekt der Investitionen, der für die langfristige Entwicklung in einer Volkswirtschaft wichtig ist (= Erhöhung des volkswirtschaftlichen Kapitalstockes), wird deshalb in der kurzfristigen Modellbetrachtung ausgeschlossen.

* Das Preisniveau wird konstant gesetzt. Dies bedeutet, daß es sich beim Einkommen-Ausgaben-Modell um ein Mengenanpassungsmodell handelt. Die Produzenten passen demgemäß ihr Angebot nicht über Preisvariationen der Nachfrage an, sondern reagieren entweder mit Mehrproduktion oder Erhöhung der Lagerbestände. Preisniveauveränderungen (=Inflation) können somit in diesem Modell nicht erläutert werden.

Spezifikation der Verhaltensfunktionen und Bestimmung eines Modellgleichgewichtes:

Nachfrage: $Y_t = C_t + I_t$ mit: $C_t = a + b \cdot Y_t$
$I_t = I_t^a$

Gesamtwirtschaftliche Ausgabenfunktion: $A_t = C_t + I_t$

Gleichgewichtsbedingung: $Y^N = Y^A$ (Nachfrage = Angebot)

Ausgaben (Nachfrage) = Angebot: $A_t = Y_t$

Es gilt dann:

$$Y_t = a + b \cdot Y_t + I_t^a$$
$$Y_t - b \cdot Y_t = a + I_t^a$$
$$Y_t \cdot (1 - b) = a + I_t^a$$

$$Y^* = \frac{a + I_t^a}{1 - b}$$

Im Gleichgewicht gilt : $Y_t = Y^*$

b) Zur Bestimmung von ungleichgewichtigen Sozialproduktwerten dient die Verlaufs- bzw. Sequenzanalyse (dynamische Analyse). Hierdurch kann deutlich gemacht werden, wie sich aus einer Gleichgewichtssituation heraus die Einkommens- bzw. die Sozialproduktwerte aufgrund von exogenen Parametervariationen oder wirtschaftspolitischen Maßnahmen verändern. Dabei kann z.B. gezeigt werden, ob und in welcher Form neue Modellgleichgewichte entstehen und wie bestimmte Variablenänderungen hierfür verantwortlich sind.
Notwendig für diese Art der dynamischen Analyse ist eine Modifikation der Konsumfunktion. Sie verliert ihren statischen zeitpunktbezogenen Charakter und wird durch die sog. Robertson-Verzögerung dynamisiert:

Konsumfunktion mit Robertson-lag: $C_t = a + b \cdot Y_{t-1}$

Ökonomisch bedeutet dies eine Reaktionsverzögerung zwischen Einkommensempfang (Y_{t-1}) und der Verausgabung für Konsumausgaben (C_t). In bezug auf die beschriebene Reaktion der Konsumenten ist dies eine sinnvolle Modifikation, die als ökonomische Aussage bedeutet, daß diese ihre Konsumausgaben am Einkommen der Vorperiode ausrichten.

c1) Für die einmalige Investitionserhöhung um 20 Einheiten lassen sich auf Basis der Anfangswerte für die Periode t = 0 (Gleichgewichtslage) mit $C_t = 30 + 0{,}8 \cdot Y_{t-1}$ folgende Werte berechnen:

Gesamtwirtschaftliche Variablen	**Periode**								
	0	**1**	**2**	**3**	**4**	**5**	**6**	...	∞
Investition der Ausgangssituation	70	70	70	70	70	70	70	...	70
Zusätzliche Investition im Verhältnis zur Ausgangslage	-	20	-	-	-	-	-	...	-
Gesamte Investition	70	90	70	70	70	70	70	...	70

Konsum der Ausgangssituation	430	430	430	430	430	430	430	...	430
Induzierte Konsumerhöhung	-	-	16	12,8	10,2	8,2	6,6	...	-
Gesamter Konsum	430	430	446	442,8	440,2	438,2	436,6	...	430
Sozialprodukt $Y = C + I$	500	520	516	512,8	510,2	508,2	506,6	...	500
Sozialproduktänderung	-	20	16	12,8	10,2	8,2	6,6	...	0

Die Sozialproduktentwicklung bei einem einmaligen Investitionsimpuls in Periode 1 verläuft folgendermaßen:

Periode (1): Erhöhung des Sozialproduktes auf der Nachfrageseite um den Betrag $\Delta I_1 = 20$. Die Investoren fragen um 20 Einheiten mehr Investitionsgüter nach. Dadurch erhöht sich das Sozialprodukt (=Einkommen) der Periode 1.

Periode (2): Die Investition geht auf ihr ursprüngliches Niveau zurück ($\Delta I_2 = 0$). Die Einkommenserhöhung aus Periode 1 veranlasst jedoch die Haushalte in höherem Umfang ($b \cdot Y_1$) Konsumgüter nachzufragen. Der "Rest" des erhöhten Einkommens wird aufgrund der zusätzlichen Ersparnis ($s \cdot \Delta Y_1$) der Haushalte nicht nachfragewirksam, d.h. um diesen Betrag steigt das Sozialprodukt nicht.
Es wird hier deutlich, daß die induzierte Zunahme des Konsums um so höher ausfällt, je höher die Konsumneigung (b) ist und je niedriger die Sparneigung ist (s). Durch einen einmaligen Investitionsimpuls entstehen in den nächsten Perioden weitere positive induzierte Konsumeffekte, die das Sozialprodukt noch über dem alten Gleichgewichtsniveau halten. Die Einkommenserhöhungen werden jedoch nach Periode 1 sukzessiv kleiner, da sie über den Parameter b (mit $0 < b < 1$) über den Konsum nicht zu 100% immer wieder zu neuer Nachfrage werden. Als Ergebnis zeigt sich langfristig eine Absenkung der ungleichgewichtigen Sozialproduktwerte.

Nach unendlich vielen Perioden pendelt sich beim Investitionsimpuls (einmalige Investitionserhöhung) das alte Ausgangsniveau des Sozialproduktes wieder ein, da die zusätzlichen Nachfrageimpulse immer schwächer werden. Dieses Ergebnis gilt für **alle** einmaligen Veränderungen der autonomen Variablen.

c2) Im Falle der dauerhaften Erhöhung der Investitionen auf das neue Niveau I^a = 90 ergibt sich folgendes verändertes Entwicklungsmuster der Parameterwerte:

Gesamtwirtschaftliche Variablen	**Periode**								
	0	**1**	**2**	**3**	**4**	**5**	**6**	...	∞
Investition der Ausgangssituation	70	70	70	70	70	70	70	...	70
Zusätzliche Investition im Verhältnis zur Ausgangslage	-	20	20	20	20	20	20	...	20
Gesamte Investition	70	90	90	90	90	90	90	...	90
Konsum der Ausgangssituation	430	430	430	430	430	430	430	...	430
Konsumerhöhung, induziert durch ΔI 1	-	-	16	12,8	10,2	8,2	6,6	...	•
... durch ΔI 2	-	-	-	16,0	12,8	10,2	8,2	...	•
... durch ΔI 3	-	-	-	-	16,0	12,8	10,2	...	•
... durch ΔI 4	-	-	-	-	-	16,0	12,8	...	•
... durch ΔI 5	-	-	-	-	-	-	16,0	...	•
•	•	•	•	•	•	•	•	...	•
•	•	•	•	•	•	•	•	...	•
Gesamter Konsum	430	430	446	458,8	469	477,2	483,8	...	510
Sozialprodukt $Y = C + I$	500	520	536	548,8	559	567,2	573,8	...	600
Sozialproduktänderung	-	20	36	48,8	59	67,2	73,8	...	100

Im Gegensatz zum einmaligen Investitionsimpuls bewirkt die dauerhafte Erhöhung der Investitionen auf ein neues Niveau die Steigerung des Sozialproduktes auf einen langfristig höheren Gleichgewichtswert. In der Tabelle wird der Mechanismus dieser Entwicklung durch die kumulativen induzierten Konsumeffekte deutlich. Die absoluten Zuwächse der Sozialproduktwerte pro Periode werden nach der ersten Periode zwar immer kleiner, nach unendlich vielen Perioden streben die Modellwerte aber einem neuen erhöhten Gleichgewichtswert zu.
Die Berechnung des neuen Gleichgewichtswertes kann in komparativ-statischer Analyse über den sogenannten Multiplikator geschehen:

$$\Delta Y = 1 / (1 - b) \cdot \Delta I^a$$
$$100 = 1 / (1 - 0{,}8) \cdot 20$$

Der gesamte Multiplikator wird durch die rechte Seite der Gleichung beschrieben. Zu unterscheiden sind hierbei:

* Der Wert des Multiplikators, stets beeinflußt durch Zähler und Nenner des Bruches. Hier: 1/1 - b

* Der Wert der Veränderung der autonomen Nachfragegröße. Hier: ΔI^a

  Erst die Multikplikation des Bruches mit dem Wert der Veränderung der Nachfragegröße ergibt den Gesamtwert des Multiplikators.

Der Multiplikatorprozeß läßt sich allgemein als Expansions- oder Kontraktionsprozeß des Sozialproduktes als Folge der Änderung einer autonomen Komponente der gesamtwirtschaftlichen Nachfrage beschreiben. Im vorliegenden Modell könnten als Auslöser für eine derartige Entwicklung die Faktoren a (autonomer Konsum) oder I^a (autonome Investition) fungieren.

Der Multiplikatorprozeß entsteht aufgrund der Sekundärwirkung des ausgelösten Nachfrageimpulses. Nach Ablauf der interdependenten Reaktionsmuster (ΔNachfrage —> ΔEinkommen —> ΔNachfrage) verändert sich der Gesamteffekt des Anstieges des Sozialproduktes zu einem Vielfachen der auslösenden Wirkung. Die Vervielfachung wird über den Multiplikatorwert (hier: 1 / 1-b) gemessen.

Im Falle der dauerhaften Änderung einer autonomen Nachfragegröße ($\Delta a, \Delta I$) muß jedoch beachtet werden, daß der Aufstieg der autonomen Nachfragegröße auf das höhere Niveau in jeder Periode finanziert werden muß. Der eintretende Multiplikatoreffekt in bezug auf das Sozialprodukt ist in Relation zum "Aufwand" zu sehen

Beispiel: Nach 4 Perioden der Erhöhung der Investitionen müssen die Unternehmen bereits 80 Einheiten zusätzlicher Nachfrage finanzieren. Das Sozialprodukt hat sich (siehe Tabelle) bis zu diesem zeitpunkt mit nur 48,8 Einheiten erhöht.

Der Multiplikatoransatz stellt demgemäß kein "Wundermittel" zur dauerhaften Erhöhung des Sozialproduktes dar.

Aufgabe 3

Aufgabenstellung:

Die Konsumfunktion einer Wirtschaft sei $C = 50 + 0{,}8 \cdot Y$.

a) Die Investitionen seien zunächst autonom in Höhe von 30. Bestimmen Sie algebraisch und graphisch das Gleichgewichtseinkommen! Angenommen, die Sparneigung steigt um 50%; wie ändert sich das gesamte Sparvolumen?

b) Die Konsumfunktion sei die oben angegebene, die Investitionsfunktion laute nun $I = 10 + 0{,}1 \cdot Y$. Bestimmen Sie algebraisch und graphisch das Gleichgewichtseinkommen! Wie ändert sich in diesem Fall das Sparvolumen, wenn die Sparneigung um 50% steigt?

c) Was besagt der Begriff "Sparparadox" ökonomisch?

Lösung:

a) Allgemeine Spezifizierung der Ausgabenfunktion:

$$
\begin{aligned}
A &= a + b \cdot Y + I^a \\
A &= 50 + 0{,}8 \cdot Y + 30 \\
A &= Y \quad \text{im Gleichgewicht gilt: } Y = A\text{, deshalb:} \\
Y &= 50 + 0{,}8 \cdot Y + 30 \\
0{,}2 \cdot Y &= 80 \\
Y^* &= \underline{400}
\end{aligned}
$$

Graphisch:

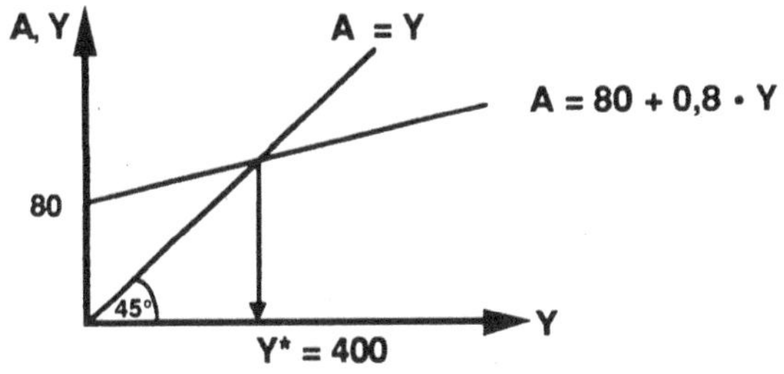

Sparvolumen im Gleichgewicht:	S^*	$= -50 + 0{,}2 \cdot 400 = \underline{30}$
Sparneigung in der Ausgangslage	s	$= 0{,}2$

Erhöhung um 50 % = 0,1

Neue Sparneigung	s	$= 0{,}3$
Neue Konsumneigung	b	$= 0{,}7$

Die neuen Funktionen lauten nun:	C	$= 50 + 0{,}7 \cdot Y$
	S	$= -50 + 0{,}3 \cdot Y$

Gleichgewicht:	Y	$= 50 + 0{,}7 \cdot Y + 30$
	$0{,}3 \cdot Y$	$= 80$
	Y^*	$= 80 / 0{,}3 = \underline{266{,}66}$
	S^*	$= -50 + 0{,}3 \cdot 266{,}6 = 29{,}99 = \underline{30}$

Das Sparvolumen bleibt konstant, obwohl sich die Sparneigung um 50% erhöht hat. Dieser Effekt ergibt sich, da das gesamtwirtschaftliche Einkommensgleichgewicht wegen der gleichzeitigen Verminderung des Konsums gesunken ist.
Der Hintergrund dieser Ergebnisse ist wie folgt zu beschreiben: Das Sparvolumen hängt durch die Funktion $S_t = -a + s \cdot Y_t$ stets von der Höhe des Einkommens (=Sozialprodukt) ab. Wenn die Sparneigung (s) erhöht wird, sinkt analog die Konsumneigung (b). Durch eine geringere Konsumneigung ergibt sich aber ein geringeres Sozialprodukt, das wiederum Basis für die Höhe des Sparvolumens ist. Somit kann trotz erhöhter Sparneigung das Sparvolumen insgesamt konstant bleiben.

b) Aufgrund der Abhängigkeit des Investitionsvolumens vom Sozialprodukt ergibt sich eine neue Modellstruktur.

A	$= 50 + 0,8 \cdot Y + 10 + 0,1 \cdot Y$
Y	$= A$
$Y - 0,9 \cdot Y$	$= 60$
$0,1 \cdot Y$	$= 60$
Y^*	$= 60 / 0,1 = \underline{600}$

Graphisch:

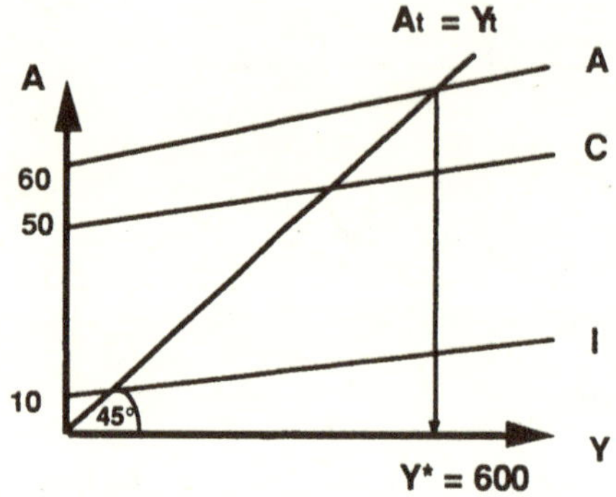

Sparvolumen: $S^* = -50 + 0,2 \cdot 600 = \underline{70}$

$I^* = 10 + 0,1 \cdot 600 = \underline{70}$

Exkurs:

Aufgrund der Interdependenz von Investition und Ersparnis (siehe Aufgaben zur Kreislaufanalyse) durch den Vermögenspol gilt stets als gleichwertige Gleichgewichtsbedingung (neben $Y^A = Y^N$) die Beziehung $I = S$. Dies gilt aber nur für ein Modell, das eine geschlossene Volkswirtschaft ohne Staat abbildet.
Graphisch bedeutet dies:

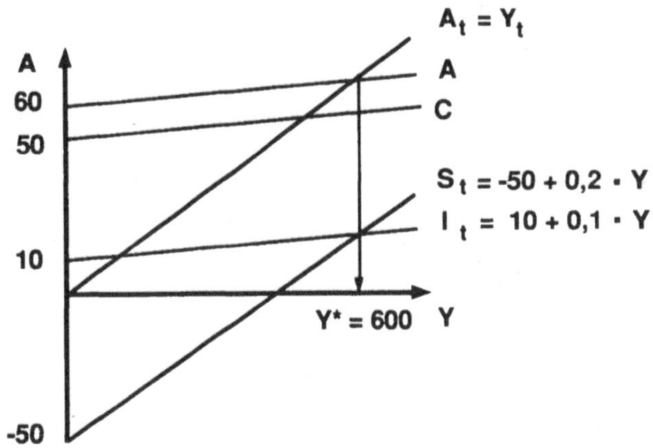

Beim Gleichgewichtswert Y* = 600 gilt:

$S = -50 + 0{,}2 \cdot 600 = 70$
$I = 10 + 0{,}1 \cdot 600 = 70$

Spar- und Investitionsfunktion müssen sich hier schneiden.

Erhöhung der Sparneigung von s = 0,2 auf s = 0,3 bzw. Senkung der Konsumneigung b von 0,8 auf 0,7:

$$Y = 50 + 0{,}7 \cdot Y + 10 + 0{,}1 \cdot Y$$
$$0{,}2 \cdot Y^* = 60$$
$$Y^* = 60 / 0{,}2 = \underline{300}$$

$$S^* = -50 + 0{,}3 \cdot 300 = \underline{40}$$

Die Erhöhung der Sparneigung führt bei einer einkommensabhängigen Investitionsfunktion zu einer noch stärkeren Reduktion des Gleichgewichtseinkommens. Der absolute Wert der Ersparnis sinkt, obwohl sich die Sparneigung erhöht hat. Ursache dafür ist das von 600 auf 300 gesunkene Gleichgewichtseinkommen. Die allgemeine Erklärung dieses Beispiels liefert Ziffer c).

c) <u>Sparparadox</u>

Der Begriff entstand aufgrund der Tatsache, daß einzelwirtschaftlich sinnvolles Verhalten zu makroökonomisch negativen

Effekten auf das Nachfrageniveau und damit Sozialproduktniveau der Volkswirtschaft führt.

Einzelwirtschaftliches Verhalten: Der einzelne Haushalt erhöht in einer Periode seine Sparneigung gemäß der Sparfunktion $S = -a + (1-b) \cdot Y$ und wird dadurch "reicher" (Erhöhung von $s = 1-b$).

Makroökonomische Konsequenz: Wenn alle Haushalte in einer Volkswirtschaft ihre laufende Ersparnis der Periode erhöhen, sinkt gleichzeitig der Konsum. Ein geringerer gesamtwirtschaftlicher Konsum bedeutet aber eine geringere Gesamtnachfrage nach Gütern, also Nachfrageausfall. Gemäß der Gleichung $Y = C + I$ sinkt zunächst C, dann Y und daraus resultieren negative Effekte auf die Investition, da Investitionen bei sinkender Nachfrage und damit sinkender Kapazitätsauslastung nicht mehr sinnvoll sind. Es entstehen somit negative Effekte auf die Produktionsentscheidungen der Investoren und die Beschäftigungslage der gesamten Volkswirtschaft kann in Mitleidenschaft gezogen werden. Dies führt zu dem möglichen Endergebnis, daß der Einzelhaushalt, der mehr gespart hat, ein geringeres Einkommen bezieht, das durch die individuell höhere Ersparnis nicht kompensiert wird.

Paradox ist also der Aspekt, daß ceteris paribus durch einzelwirtschaftliches Sparen ein Sinken des Sozialproduktes herbeigeführt werden kann, obwohl der einzelne Haushalt kurzfristig ein höheres Vermögen als kumulierte Ersparnis realisiert.Umsetzung der Modellüberlegungen auf die Realität: Entscheidend ist natürlich, was mit der zusätzlichen privaten Ersparnis geschieht und ob aufgrund des höheren Kapitalangebotes nicht andere Aggregate (I, CS) den drohenden Abfall des Sozialproduktes aufgrund der Zinssenkung kompensieren. Insbesondere im Falle der offenen Volkswirtschaft kann das Sparparadox durch einen Exportanstieg (Nachfrage des Auslands) außer Kraft gesetzt werden.

Aufgabe 4

Aufgabenstellung:

Die Konsumfunktion einer Volkswirtschaft A sei $C = 50 + 0{,}8 \cdot Y$ und die Investition sei $I = I^a = 30$. Die Konsumfunktion einer Volkswirtschaft B sei gleich der von A; die Investitionsfunktion laute aber $I = 10 + 0{,}1 \cdot Y$. Bestimmen Sie für A und B die Gleichgewichtseinkommen und stellen Sie die Lösung graphisch dar!

Lösung:

Bestimmung der Gleichgewichtseinkommen

Volkswirtschaft A

Nachfrage (=Ausgaben) : $A = C + I = 50 + 0{,}8 \cdot Y + 30$

Gleichgewichtsbedingung : Nachfrage = Angebot, d.h. $A = Y$

$$Y = 50 + 0{,}8 \cdot Y + 30$$
$$Y - 0{,}8 \cdot Y = 80$$
$$0{,}2 \cdot Y = 80$$
$$Y^* = 80 / 0{,}2 = \underline{400}$$

<u>Volkswirtschaft B</u>

Nachfrage (=Ausgaben) : $A = C + I = 50 + 0{,}8 \cdot Y + 10 + 0{,}1 \cdot Y$

Angebot : Y

Gleichgewichtsbedingung : Nachfrage = Angebot, d.h. $A = Y$

$$Y = 50 + 0{,}8 \cdot Y + 10 + 0{,}1 \cdot Y$$
$$Y - 0{,}8 \cdot Y - 0{,}1 \cdot Y = 60$$
$$0{,}1 \cdot Y = 60$$
$$Y^* = 60 / 0{,}1 = \underline{600}$$

<u>Graphisch:</u>

<u>Volkswirtschaft A</u>

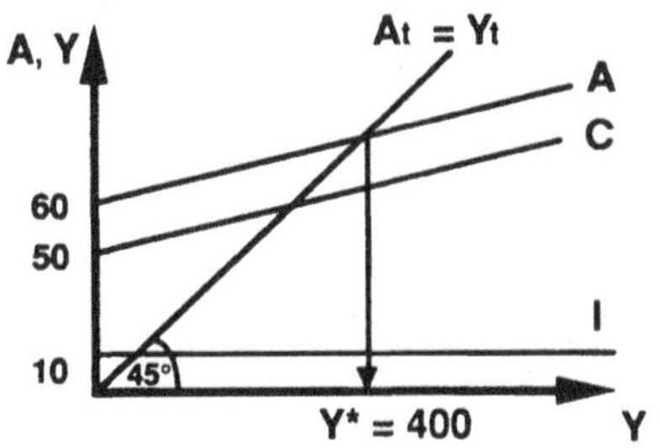

<u>Volkswirtschaft B</u>

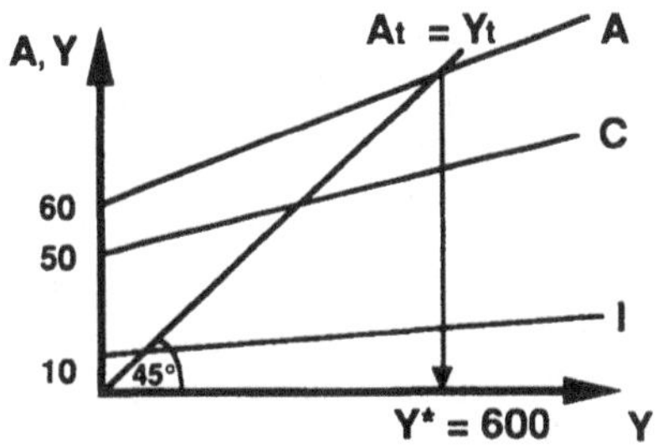

<u>Volkswirtschaft A</u>

Die aggregierte Nachfrage (= Ausgaben) ergibt sich durch die Addition der autonomen Investitionen zur Konsumfunktion: $A = 80 + 0{,}8 \cdot Y$. Die Investitionen sind autonom, also <u>nicht</u> einkommensabhängig; so-

<u>Volkswirtschaft B</u>

Die aggregierte Nachfrage (= Ausgaben) ergibt sich durch die Addition von Investitionsfunktion und Konsumfunktion: $A = 50 + 0{,}8 \cdot Y + 10 + 0{,}1 \cdot Y$. Die Investitionen sind einkom-

mit ergibt sich bei der Aggregation eine Parallelverschiebung der Konsumfunktion nach oben.

mensabhängig; somit erfolgt bei der Aggregation sowohl eine Erhöhung der autonomen Ausgabenkomponenten als auch eine Veränderung der Steigung der aggregierten Ausgabenfunktion; die gesamte Nachfragefunktion wird steiler.

Vergleich der beiden Situationen: Volkswirtschaft B erreicht ein höheres Gleichgewichtseinkommen, da zusätzlich von jedem Einkommen 10% mehr in die Investitionen als gesamtwirtschaftliche Nachfrage (= Ausgaben) fließen.

Aufgabe 5

Aufgabenstellung:

Es sei angenommen, daß die Konsumfunktion durch $C = 100 + 0{,}8 \cdot Y$ gegeben ist, und die Investitionen eine Höhe von $I = 50$ aufweisen.

a) Wie hoch ist das Gleichgewichtsniveau des Einkommens in diesem Falle?

b) Wie hoch sind die Ersparnisse?

c) Wie groß wäre das Niveau der unfreiwilligen Lagerkumulation, wenn aus irgendeinem Grund der Output das Niveau 800 annähme?

d) Wie wäre der Effekt auf das Gleichgewichtseinkommen, wenn sich I auf 100 erhöhen sollte?

e) Wie groß ist hier der Multiplikator?

f) Man zeichne ein Diagramm und gebe die Gleichgewichte für a) und d) an.

Lösung:

a) Verhaltensgleichungen: $C = 100 + 0{,}8 \cdot Y$

$I^a = 50$

Definitionsgleichung: $A = C + I$

Gleichgewichtsbedingung: $Y = A$

$$Y = 100 + 0{,}8 \cdot Y + 50$$
$$0{,}8 \cdot Y - Y = 150$$
$$0{,}2 \cdot Y = 150$$
$$Y^* = 150 / 0{,}2$$

Y^* = $\underline{750}$ (Gleichgewichtseinkommen)

b) Methode (1): Im Gleichgewicht gilt stets I = S (ex post).
Demgemäß gilt: $S^* = \underline{50}$ und $I^* = \underline{50}$.

Methode (2): Es gilt für beide Verhaltensfunktionen stets:
$C = a + b \cdot Y$ sowie $S = -a + (1 - b) \cdot Y$
Demgemäß gilt: $C^* = 100 + 0{,}8 \cdot 750 = \underline{700}$
$S^* = -100 + 0{,}2 \cdot 750 = \underline{50}$
$I^* = \underline{50}$

c) Unfreiwillige Lagerakkumulation entsteht, wenn die Unternehmen ihren Lagerbestand um den Wert $I_{ungeplant}$ erhöhen müssen, weil sich die Wirtschaftspläne nicht im geplanten Umfang realisieren. Basisgleichung hiefür ist: $I_{geplant} + I_{ungeplant} = S_{geplant} + S_{ungeplant}$

Das Konsumniveau mit $C = 100 + 0{,}8 \cdot Y^*$ bleibt bei 700. Die Investitionen und auch die Ersparnis steigen um 50 Einheiten auf 100. Die ungeplante Lagerakkumulation beträgt somit 50 Einheiten.

In der neuen Situation gilt: $Y = 800 = 100 + 0{,}8 \cdot 750 + 100$
$\underline{800 = 800}$

d) $\Delta I = 50$, wenn $I^a = 50$ um 50 Einheiten steigt.

Methode (1). Multiplikatoranalyse:
$\Delta Y = 1 / (1 - b) \cdot \Delta I^a$
$\Delta Y = 1 / (1 - 0{,}8) \cdot 50 = 250$
$Y^* + \Delta Y = Y^{**} = \underline{1000}$

Methode (2): Neue Bestimmungsgleichung für das Sozialprodukt:
$Y^{**} = 100 + 0{,}8 \cdot Y^{**} + 100$
$0{,}2 \cdot Y^{**} = 200$
$Y^{**} = \underline{1000}$

e) Der Multiplikator ist, wie bei Methode (1) gezeigt, aus der Bestimmungsgleichung ableitbar.

Allgemein:
$Y = a + b \cdot Y + I^a$
$Y - b \cdot Y = a + I^a$
$Y \cdot (1 - b) = a + I^a$
$Y^* = a + I^a / (1 - b)$

Wenn sich nun eine der beiden autonomen Größen (a, I^a) ändert, erfolgt die Bestimmung des Zuwachses des Sozialproduktes (ΔY) über die partielle Ableitung nach der sich verändernden Variablen:

$\Delta Y^* / \Delta I^a = 1 / (1 - b)$ bzw. $\Delta Y = 1 / (1 - b) \cdot \Delta I^a$

Im Modellbeispiel: $\Delta Y = (1 / 0{,}2) \cdot 50 = \underline{250}$

Zu unterscheiden wäre hier begrifflich noch zwischen dem Gesamtwert des Multiplikators 1 / (1 - b) und der Änderung der auslösenden Variable (ΔI^a). Für den Multiplikatorgesamtwert (ΔY) gilt, daß er die dauerhafte Veränderung einer Modellvariablen in ihrer Wirkung auf das Einkommens- bzw. Gleichgewichtsniveau darstellt. Das Gleichgewichtsniveau erhöht sich demgemäß bei einer dauerhaften Erhöhung der autonomen Investitionen um $\Delta I = 50$ von 750 auf 1000 Einheiten. Der Multiplikatorwert 1 / (1 - b), hier mit dem Wert 5 für b = 0,8, zeigt an, wie sich durch die Kreislaufeffekte von Periode zu Periode ein steigender Wert für das Gleichgewichtseinkommen ergibt. Dabei werden die Zuwächse immer geringer, bis schließlich ein maximaler Grenzwert für den Zuwachs - hier 250 - erreicht wird und sich ein neues Gleichgewichtsniveau ergibt (Y^{**} = 1000)

f) Graphische Darstellung:

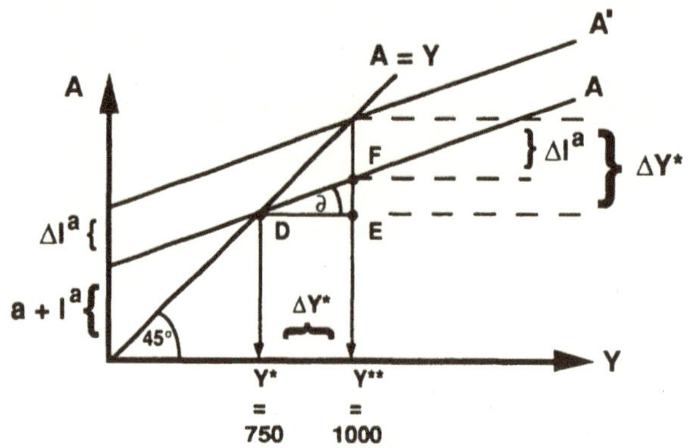

$A = C + I^a = 100 + 0{,}8 \cdot Y + 50$

$A' = C + I^a + \Delta I^a = 100 + 0{,}8 \cdot Y + 100$

Es gilt für die multiplikative Veränderung des Gleichgewichtseinkommens in Folge einer dauerhaften Veränderung der autonomen Ausgaben:

1) Die ursprüngliche Ausgabenfunktion A führt zum Gleichgewichtseinkommen $Y^* = 750$.

2) Durch die Erhöhung der autonomen Investitionen um ΔI^a verschiebt sich die Ausgabenfunktion parallel zur Funktion A. Hieraus entsteht in komparativ-statischer Betrachtung das neue Gleichgewichtseinkommen $Y^{**} = 1000$.
Es gilt: $Y^* + \Delta Y = Y^{**}$ hier: $750 + 250 = 1000$

3) Der Multiplikatorwert ist ableitbar aus der gegebenen Definition der Steigung b der Funktion:

$$b = \frac{EF}{DE} = \frac{\text{Gegenkathete}}{\text{Ankathete}} = \tan \partial$$

Durch die Graphik ergibt sich: $\frac{EF}{DE} = \frac{\Delta Y^* - \Delta Ia}{\Delta Y^*} = b$

$$\begin{aligned}
\text{bzw. } \Delta Y^* - b &= \Delta Y - \Delta I^a \\
\Delta Y^* - \Delta Y^* \cdot b &= \Delta I^a \\
\Delta Y^* \cdot (1 - b) &= \Delta I^a \\
\Delta Y^* &= 1 / (1 - b) \cdot \Delta I^a
\end{aligned}$$

Der dargestellte Multiplikatorprozeß kann auch auf Basis des I = S - Gleichgewichtes dargestellt werden:

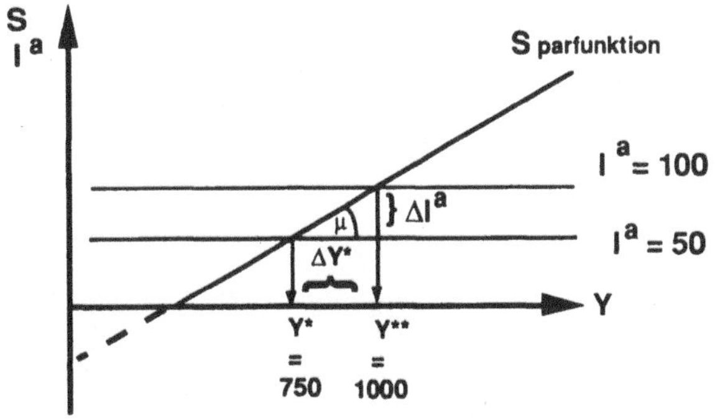

In $Y^* = 750$ gilt: $S^* = -100 + 0{,}2 \cdot 750 = 50$
$I^a = I^* = 50$

In $Y^{**} = 1000$ gilt: $S^* = -100 + 0{,}2 \cdot 1000 = 100$
$I^a = I^* = 50 + 50 = 100$

Es gilt für die Steigung der Sparfunktion: $s = (1 - b)$

$s = \tan \mu = \Delta I^a / \Delta Y = 50 / 250 = \underline{0{,}2}$

$s = 0{,}2; \qquad b = 0{,}8; \qquad s + b = 1$

Aufgabe 6

Aufgabenstellung:

Gehen Sie aus von einer Konsumfunktion $C = C^a + b \cdot Y$ und einer Investitionsfunktion $I = I^a + c \cdot Y$ mit: $C^a = 100$, $b = 0{,}8$, $I^a = 35$ und $c = 0{,}1$. Stellen Sie graphisch, einmal mit Hilfe der Konsumfunktion, einmal mit Hilfe der Sparfunktion das Gleichgewichtseinkommen dar! Zeigen Sie, wie sich das Gleichgewichtseinkommen ändert, wenn

a) I^a auf 20 sinkt,
b) C^a auf 150 steigt und
c) b auf 0,6 sinkt!

Lösung:

Konstruktion des Modells: Ausgaben- bzw. Nachfragefunktion

$A = C^a + b \cdot Y + I^a + c \cdot Y$

Spezifizierung der Werte: $A = 100 + 0{,}8 \cdot Y + 35 + 0{,}1 \cdot Y$

$A = 135 + 0{,}9 \cdot Y$

Graphische Bestimmung des Gleichgewichtseinkommens:

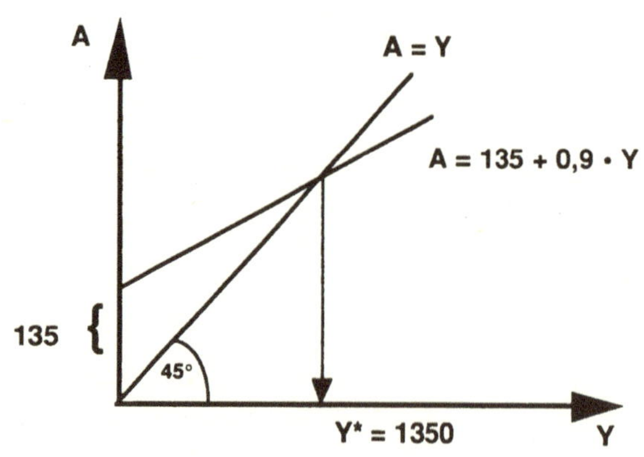

Algebraische Bestimmung des Gleichgewichtseinkommens:

Unter Verwendung der Definitionsgleichung A = Y gilt:

$$Y = 135 + 0.9 \cdot Y$$
$$Y - 0{,}9 \cdot Y = 135$$
$$0{,}1 \cdot Y = 135$$
$$Y^* = 135 / 0{,}1 = \underline{1350}$$

Unter alleiniger Verwendung der Konsumfunktion kann das Gleichgewichtseinkommen graphisch nicht dargestellt werden; es muß vorher eine Aggregation mit der Investitionsfunktion zur gesamtwirtschaftlichen Ausgabenfunktion vorgenommen werden (siehe Graphik). Auf Basis der Sparfunktion läßt sich im Zusammenspiel mit der Investitionsfunktion das Gleichgewichtseinkommen darstellen. Als Prämissen hierfür sind folgende Umsetzungen und Definitionen notwendig:

1) Ableitung der Sparfunktion aus der Konsumfunktion
   $C = 100 + 0{,}8 \cdot Y \longrightarrow S = -100 + 0{,}2 \cdot Y$
2) Berücksichtigung der Gleichgewichtsbedingung I = S (ex post!)

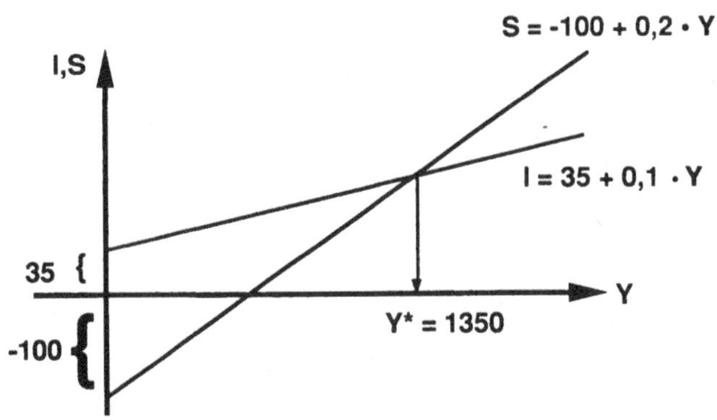

$$I = 35 + 0{,}1 \cdot Y^* = S = -100 + 0{,}2 \cdot Y^*$$
$$0{,}1 \cdot Y^* - 0{,}2 \cdot Y^* = -135$$
$$-0{,}1 \cdot Y^* = -135$$
$$Y^* = 135 / 0{,}1 = \underline{1350}$$

Veränderung des Gleichgewichtseinkommens:

a) I^a sinkt von 35 auf 20 ($\Delta I = -15$)

Methode (1); über den Multiplikator:

$dY = 1 / (1 - 0{,}9) \cdot (-15) = -150$

neues Gleichgewicht: $Y^{**} = Y^{*} - \Delta Y = \underline{1200}$

Methode (2); über die I = S - Bedingung:

$$I = 20 + 0{,}1 \cdot Y^{**} = S = -100 + 0{,}2 \cdot Y^{**}$$
$$-0{,}1 \cdot Y^{**} = -120$$
$$Y^{**} = 120 / 0{,}1 = \underline{1200}$$

Methode (3); über die gesamtwirtschaftliche Ausgabenfunktion:

$$Y^{**} = 100 + 0{,}8 \cdot Y^{**} + 20 + 0{,}1 \cdot Y^{**}$$
$$0{,}1 \cdot Y^{**} = 120$$
$$Y^{**} = \underline{1200}$$

b) C^a steigt von 100 auf 150 (ΔC = 50). Anwendbar wären hier die Methoden 1 und 3.

Methode 1: $\Delta Y = 1 / (1 - 0{,}9) \cdot 50 = 500$

Das Gleichgewichtseinkommen steigt auf: $Y^{**} = Y^{*} + \Delta Y = 1850$

Methode 3: $Y^{**} = 150 + 0{,}8 \; Y^{**} + 354 \times 0{,}1 \; Y^{**}$

$0{,}1Y^{**} = 185 \; Y^{**} = 1850$

c) Veränderung der Grenzkonsumneigung von 0,8 auf 0,6.

Nach Methode 3 gilt:

$$Y^{**} = 100 + 0{,}6 \cdot Y^{**} + 35 + 0{,}1 \cdot Y^{**}$$
$$0{,}3 \cdot Y^{**} = 135$$
$$Y^{**} = 135 / 0{,}3 = \underline{450}$$

<u>Ökonomische Interpretation</u> der Parameteränderungen:

a) Bei einer Senkung der autonomen Investitionen sinkt die gesamtwirtschaftliche Nachfrage; der Modellgleichgewichtswert für das Gleichgewichtseinkommen muß sich ebenfalls verringern (1200).

b) Bei einer Erhöhung der autonomen Konsumausgaben entsteht zusätzliche Nachfrage; das Modellgleichgewichtseinkommen muß sich erhöhen (1850).

c) Bei einer Senkung der Konsumneigung wird weniger Konsumnachfrage gesamtwirtschaftlich wirksam, da aus jeder Einkommenserhöhung relativ weniger (0,6) konsumiert wird. Das neue Gleichgewicht im Modell verringert sich (450).

Aufgabe 7

Aufgabenstellung:

Folgendes Modell sei gegeben:

(1) $Y_t = A_t$ (2) $A_t = a + b \cdot Y_{t-1}$ mit: $a = -10$; $b = 1{,}5$; $Y_0 = 40$

a) Befindet sich das Modell im Zeitpunkt t = 0 im Gleichgewicht?

b) Liegen in diesem Modell Eindeutigkeit und Stabilität des Gleichgewichtes vor? (Begründen Sie Ihre Antwort!)

c) Die autonomen Ausgaben erhöhen sich nun in der Periode t = 1 einmalig um 10 Einheiten. Berechnen Sie das Volkseinkommen ausgehend vom Wert t = 0 für die nächsten drei Perioden.

Lösung:

a) Die Modellösung für den Zeitpunkt t = 0 lautet: $Y_0 = a + b \cdot Y_0$
Spezifiziert mit den Werten: $Y_0 = -10 + 1{,}5 \cdot Y_0$
Ein Gleichgewicht ergibt sich mit: $-0{,}5 \cdot Y^* = -10$
$Y^* = -10 / -0{,}5 = \underline{20}$
Bei einem Wert von $Y_0 = 40$ existiert <u>kein</u> Gleichgewicht.

b) Eindeutigkeit eines Gleichgewichtes
Definition: Wenn sich <u>ein</u> positiver Gleichgewichtswert bei der gegebenen Parameterkonstellation ermitteln läßt.
Graphische Überprüfung:

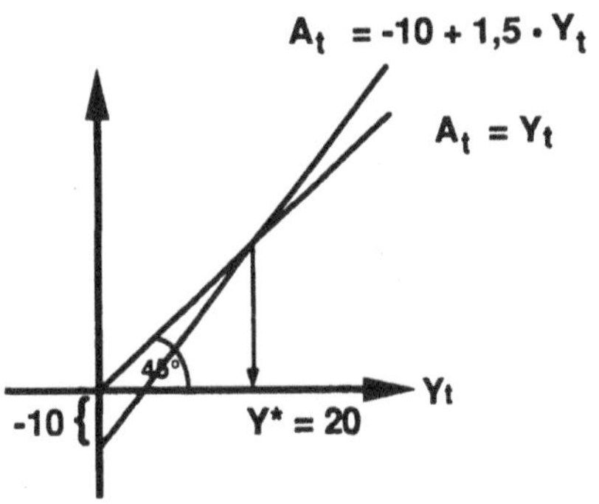

Trotz des anomalen Verlaufes der Ausgabenfunktion ergibt sich ein Gleichgewichtseinkommen bei $Y^* = 20$.

Warum ist der Verlauf der Ausgabenfunktion bei der Wertekonstellation (a = - 10, b = 1,5) anormal, d.h. ökonomisch nicht sinnvoll? Der Wert a = -10 impliziert, daß es negative absolute Ausgaben gibt. Eine für die Realität sinnlose Annahme. Der Wert b = 1,5 hat als ökonomische Folge, daß bei jeder Einkommenssteigerung um eine Einheit, das Ausgabenniveau um das 1,5fache zunimmt. Eine Annahme die dauerhaft ebenfall ökonomisch unsinnig ist.

<u>Stabilität eines Gleichgewichtes</u>

Definition: Wenn die zuletzt errechneten Werte des Einkommens sich an das alte Gleichgewichtseinkommen annähern.

Algebraisch: $Y_{t-1} - Y^* < Y_t - Y^*$

In Differenzen formuliert: $y_{t-1} < y_t$

Berechnung von Ungleichgewichtswerten zur Bestimmung der Stabilität des Modells:

$$Y^* = 20 \cdot Y_0 = 40$$
$$Y_1 = -10 + 1{,}5 \cdot Y_0 = 50$$
$$Y_2 = -10 + 1{,}5 \cdot Y_1 = 80$$
$$Y_2 = -10 + 1{,}5 \cdot Y_2 = 110$$

Für eine stabile Entwicklung müßte gelten: $Y_3 - Y^* < Y_2 - Y^*$

Modellwerte: 110 - 20 <(?) 80 - 20

Ergebnis: 90 < 60 nicht erfüllt!

Aufgrund der Modellparameter der Ausgabenfunktion liegt keine stabile Entwicklung der Einkommmenswerte vor. Die zuletzt berechneten Werte entfernen sich vom Ausgangsgleichgewicht.

Graphisch:

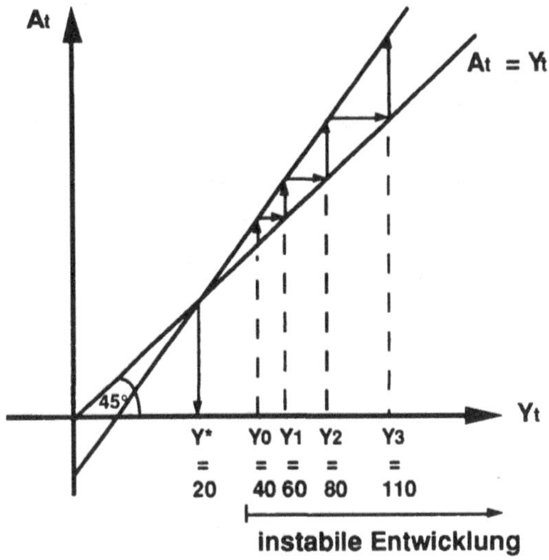

Verantwortlich für die instabile Parameterentwicklung ist der Wert der Grenzausgabenneigung b = 1,5. Auf der Basis dieses Wertes wird von jeder zusätzlichen Einkommenseinheit das 1,5-fache ausgegeben. Dies ist ökonomisch langfristig nicht sinnvoll und möglich.

c) $Y_1 = -10 + 10 + 1{,}5 \cdot Y_0\ (= 40) = 60$
$Y_2 = -10 + 1{,}5 \cdot 60 = 80$
$Y_3 = -10 + 1{,}5 \cdot 80 = 110$

Neuer Gleichgewichtswert: Dieser Wert wäre nur über den komparativ-statischen Multiplikator berechenbar. Dem Prinzip des Multiplikators liegt aber eine Veränderung der autonomen Ausgaben auf ein erhöhtes dauerhaftes Niveau zugrunde. Ein neuer oder alter Gleichgewichtswert ist bei der vorliegenden Modellspezifikation nicht bestimmbar, da eine einmalige Veränderung der autonomen Ausgaben hier keine Rückkehr zum alten Gleichgewicht bewirkt.

Aufgabe 8

Aufgabenstellung:

a) Bei einer dauerhaften Erhöhung der Investitionsausgaben ist, abgesehen von der ersten Periode, der Einkommenszuwachs verglichen mit der Ausgangslage stets größer als die zusätzlichen Investitionsausgaben. Erklären Sie warum dies so ist!

b) Warum fällt bei einem einmaligen Investitionsstoß das Einkommen nicht sofort nach dem Rückgang der Investitionen auf sein ursprüngliches Niveau zurück?

Lösung:

a) Die dauerhafte Erhöhung einer autonomen Größe - hier als Beispiel die Investitionen - bewirkt ceteris paribus eine Veränderung der gleichgewichtigen Ausgangslage Y^*:

$Y^* = C^* + I^*$
mit: $C^* = a + b \cdot Y^*$ und
$I^* = I^a$

Graphisch:

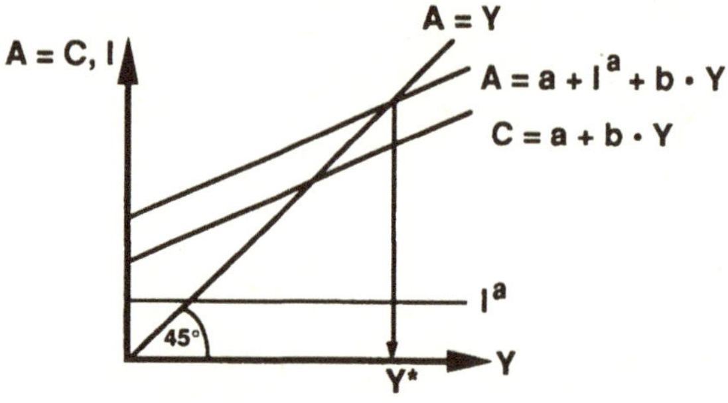

Algebraisch: $Y = a + b \cdot Y + I^a$
$Y^* = A / 1 - b$; Gleichgewichtswert
mit: $a + I^a = A$

Auswirkungen einer dauerhaften Erhöhung der Investitionen um den Betrag ΔI^a. Die Analyse kann komparativ-statisch oder sequenzanalytisch vorgenommen werden.

Sequenzanalytisch:

Gleichgewichtslage: $Y^* = I^a + b \cdot Y^*$

Erhöhung um ΔI^a: $Y_1 = I^a + \Delta I^a + b \cdot Y^*$

$Y_2 = I^a + \Delta I^a + b \cdot Y_1$

$Y_3 = I^a + \Delta I^a + b \cdot Y_2$

•

•

$Y_t = I^a + \Delta I^a + b \cdot Y_{t-1}$

Grenzwertbildung über Summenformel der Zuwächse:

$\Delta Y_1 = \Delta I^a$

$\Delta Y_2 = \Delta I^a + b \cdot \Delta I^a$

$\Delta Y_3 = \Delta I^a + b \cdot \Delta I^a + b^2 \cdot \Delta I^a$

•

•

$$\Delta Y_t = \frac{1 - b}{1 - b} \cdot \Delta Ia$$

$$\lim \Delta Y_t = \frac{1 - b}{1 - b} \cdot \Delta I^a = \frac{1}{1 - b} \cdot \Delta I^a$$

mit: $b^t \longrightarrow 0$ für $0 < b < 1$

Ökonomisches Ergebnis:

In der ersten Periode ist der Einkommenszuwachs ebenso hoch wie die zusätzliche Erhöhung der Investitionen: $\Delta Y_1 = \Delta I^a$. Durch die dauerhafte Erhöhung der Investitionen auf das neue Niveau ($I^a + \Delta I^a$) erhöht sich langfristig das Sozialprodukt multiplikativ in Höhe des Grenzwertes: $\Delta Y_t = 1 / (1 - b) \cdot \Delta I^a$.

Vorsicht: Nach unendlich vielen Perioden erhöht sich das Einkommen um den Gesamtwert ΔY, die Erhöhung der Investitionen muß aber dauerhaft Perode für Periode auf dem Niveau $I^a + \Delta I^a$ gehalten werden.

Komparativ - statische Lösung:

$\Delta Y = 1 / (1 - b) \cdot \Delta I^a$

b) Das Ergebnis zeigt wiederum die Sequenzanalyse des **einmaligen** Investitionsimpulses bzw. Investitionsstoßes.

Gleichgewichtslage: $Y^* = I^a + b \cdot Y^*$

Einmalige Erhöhung um ΔI^a: $Y_1 = I^a + \Delta I^a + b \cdot Y^*$

Rückkehr des Investitionswertes auf den Ausgangswert:

$$Y_2 = I^a + b \cdot Y_1$$

$$Y_3 = I^a + b \cdot Y_2$$

In Zuwächsen berechnet:

$$\Delta Y_1 = \Delta I^a$$

$$\Delta Y_2 = b \cdot \Delta I^a$$

$$\Delta Y_3 = b^2 \cdot \Delta I^a$$

$$\Delta Y_t = b^{t-1} \cdot \Delta I^a$$

$$\cdot$$

$$\cdot$$

$$\lim_{t \longrightarrow \infty} \Delta Y_t = 0 \cdot \Delta I^a, \qquad \text{da } b^t \longrightarrow 0 \text{ für } 0 < b < 1$$

Nach unendlich vielen Perioden wirkt der Investitionsimpuls nicht mehr auf das Einkommen. Das alte Gleichgewicht pendelt sich ceteris paribus ein. Der einmalige Investitionsimpuls erhöht aber kurzfristig das Einkommensniveau.

Graphisch:

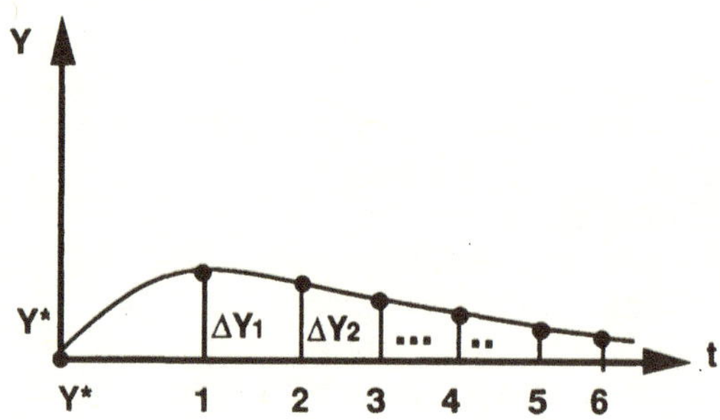

Ökonomische Interpretation:

Die einmalige Erhöhung der Investitionen induziert über den kurzfristigen Einkommmensanstieg in Höhe von $b \cdot \Delta Y_1$ bzw. $b^2 \cdot \Delta Y_2$ etc. die Konsumnachfrage. Dies führt kurzfristig zu einer Steigerung der gesamtwirtschaftlichen Nachfrage bzw. des Einkommens. Der Effekt der einmaligen Investitionserhöhung in Periode 1 ebbt dann langfristig ab, da die induzierten Einkommenssteigerungen immer kleiner werden.

Aufgabe 9

Aufgabenstellung:

In einer geschlossenen Volkswirtschaft ohne Staat setzen sich sowohl der Konsum als auch die Investitionen aus einer konstanten einkommensunabhängigen als auch einer einkommensabhängigen Komponente zusammmen. Die einkommensabhängige Komponente ist ein konstanter Bruchteil des jeweiligen Einkommens. Schreiben Sie dieses Modell in Form eines Gleichungssystems nieder! Wie groß sind die Multiplikatoren der autonomen Nachfragekomponenten?

Lösung:

Bestimmungsgleichung: $Y = C + I$

Spezifizierung der gesamtwirtschaftlichen Nachfragefunktion:

Konsum:	$C = a + b \cdot Y$
Investition:	$I = c + d \cdot Y$
Einkommensunabhängige Komponenten:	a; c
Einkommensabhängige Komponenten:	$b \cdot Y$; $d \cdot Y$

Graphische Umsetzung im Einkommen-Ausgaben-Modell:

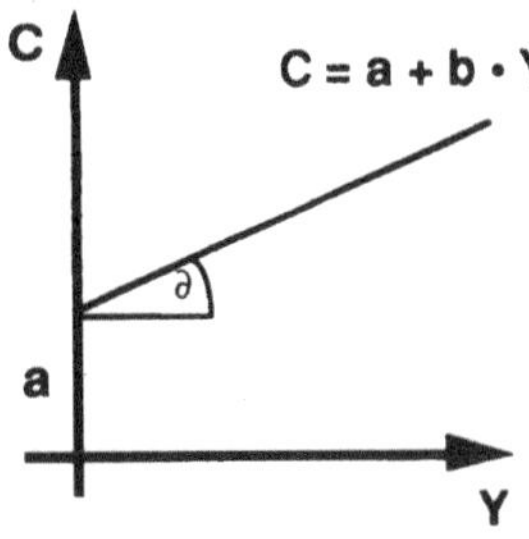

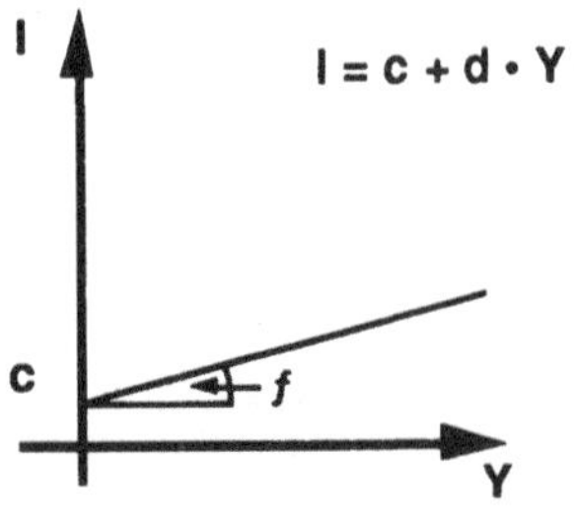

Addition der Konsumfunktion und der Investitionsfunktion zur gesamtwirtschaftlichen Ausgabenfunktion:

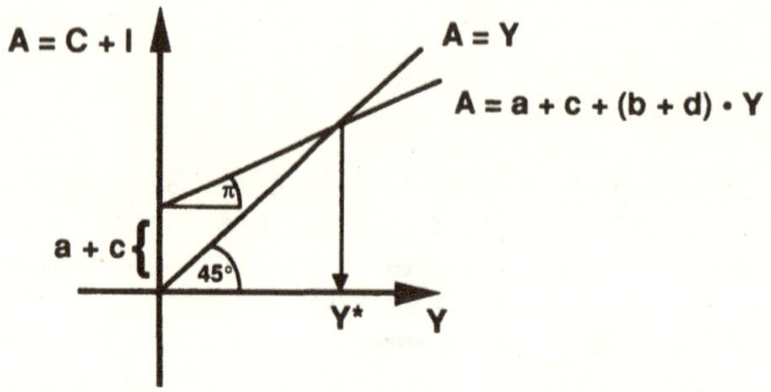

Durch Zusammenfassung der autonomen Komponenten (a + c) und der jeweiligen Anstiegswinkel der Konsum- und der Investitionsfunktion ($\partial + f = \pi$) ergibt sich die gesamtwirtschaftliche Ausgaben- bzw. Nachfagefunktion. Im Schnittpunkt zwischen der Gleichgewichtsbedingung des Modells: A = Y (Ausgaben = Einkommen) und der tatsächlichen Ausgabenfunktion ergibt sich die Gleichgewichtslösung Y* (abgetragen auf der Abszisse).

Das Gleichungssystem im Überblick:

$C = a + b \cdot Y$

$I = c + d \cdot Y$

Ausgabenfunktion: $A = (a + c) + (b + d) \cdot Y$

Gleichgewichtsbedingung: $A = Y$

Als Gleichgewichtswert ergibt sich:

$$Y = (a + c) + (b + d) \cdot Y$$

$$Y - (b + d) \cdot Y = (a + c)$$

$$Y \cdot \{1 - (b + d)\} = (a + c)$$

$$Y^* = \frac{(a + c)}{1 - (b + d)}$$

Bestimmung der Multiplikatoren der autonomen Nachfragekomponenten durch partielle Ableitung:

$$\frac{dY^*}{da} = \frac{1}{1 - (b + d)} \quad \text{bzw.} \quad \frac{dY^*}{dc} = \frac{1}{1 - (b + d)}$$

Aufgabe 10

Aufgabenstellung:

Die Konsumpläne einer Volkswirtschaft werden durch die Funktion $C_t = 50 + 0,9 \cdot Y_{t-1}$ [Robertson - Verzögerung] beschrieben, die Investitionen sind autonom in Höhe von 150.

a) Wie hoch ist das Gleichgewichtseinkommen?

b) Zeigen Sie in einer Zahlentabelle die zeitliche Entwicklung des Sozialproduktes, wenn die autonomen Investitionen auf 250 ansteigen und auf dem neuen Niveau verharren. Welche Verhaltensannahmen liegen Ihrer Tabelle zugrunde?

c) Weisen Sie anhand der Tabelle nach, daß stets ex-post die Ersparnis gleich der Investition ist!

d) Welche Möglichkeiten zur Herstellung der ex-post-Gleichheit kennen Sie?

Lösung:

a) Für $Y_{t-1} = Y^* = Y_t$ gilt:

$Y^* = 50 + 0,9 \cdot Y + 150$

$0,1 \cdot Y^* = 200$

$Y^* = \underline{2000}$ (Gleichgewichtseinkommen)

b) $Y^* = 2000$ als Ausgangsbasis

	Y	a	I^a	b	S
Y*	2000	50	150	0,9	150
1	2100	50	250	0,9	150
2	2190	50	250	0,9	160
3	2271	50	250	0,9	169
4	2344	50	250	0,9	177
.					
.					
Y**	3000	50	250	0,9	250

Die Werte der Tabelle ergeben sich auf der Basis der Gleichungen:

$Y_t = a + I^a + b \cdot Y_{t-1}$ und $S_t = -a + (1 - b) \cdot Y_{t-1}$

Verhaltensannahmen:

$a = 50$ $\qquad C = a + b \cdot Y_{t-1}$
$b = 0{,}9 = \text{konstant}$ $\qquad S = -a + (1 - b) \cdot Y_{t-1}$
Erhöhung der Investition von 150 auf 250 dauerhaft

Das neue Gleichgewicht stabilisiert sich auf dem Niveau 3000. Bestimmbar durch die Gleichungen:

$Y^{**} = 50 + 250 + 0{,}9 \cdot 3000 \; (=Y^{**})$
bzw. $\Delta Y = 1 \,/\, (1 - b) \cdot 100 \; (= \Delta I)$
$\Delta Y = 100 \,/\, 0{,}1 = 1000$ mit: $Y^{*} + \Delta Y = Y^{**}$

c) Die Identität von $I = S$ (ex-post) ergibt sich aus:
$Y = C + S$ und $Y = C + I$
Beispiel: $Y^{**} = 3000 = 50 + 0{,}9 \cdot 3000 + 250$
$Y^{**} = C^{**} + I^{**}$
$Y^{**} = 3000 = 50 + 0{,}9 \cdot 3000 - 50 + 0{,}1 \cdot 3000$
$Y^{**} = C^{**} + S^{**}$

d) Es gilt allgemein: $I_{geplant} + I_{ungeplant} = S_{geplant} + S_{ungeplant}$
Eine Anpassung kann stets über ungeplante Investitionen oder ungeplante Ersparnis erfolgen. Die ungeplanten Größen können sowohl positiv als auch negativ sein.

Aufgabe 11

Aufgabenstellung:

In einer Modellwirtschaft wird ein Rückgang der autonomen Ausgaben befürchtet. Nehmen wir an, daß der Rückgang tatsächlich 20 Mrd. DM betragen wird. Bisher hatten wir autonome Ausgaben von 400 Mrd. DM.

a) Stellen Sie für die Analyse dieses Problems ein einfaches allgemeines statisches Modell mit Definitions- und Verhaltensgleichungen auf! Erläutern Sie die Gleichungen. Ermitteln Sie allgemein das Gleichgewichtseinkommen.

b) Berechnen Sie den Rückgang des Volkseinkommens für die oben beschriebene Situation unter der Annahme, daß die Grenzausgabenneigung 0,8 beträgt!

c) Wie läßt sich das Ergebnis graphisch herleiten? Kurze verbale Erläuterung der Graphik bitte hinzufügen.

Lösung:

a) (1) $A_t = Y_t$ Definitionsgleichung: Ausgaben = Einkommen

(2) $A_t = a + b \cdot Y_t$ Verhaltensgleichung: Gesamtwirtschaftliche Ausgabenfunktion

(1) in (2):

$$Y(t) = a + b \cdot Y_t \qquad Y^* = Y_t = Y_{t-1}$$
$$Y^* = a + b \cdot Y^*$$
$$Y^* \cdot (1 - b) = a$$
$$Y^* = \underline{1/(1 - b) \cdot a}$$

b) $a = 400$ $a_{neu} = 380$ $b = 0{,}8$ $\Delta a = 20$

$Y^* = 1 / (1 - 0{,}8) \cdot 400 = 2000$
$Y^{**} = 1 / (1 - 0{,}8) \cdot 380 = 1900$
Reduktion des Volkseinkommens um 100 Einheiten von 2000 auf 1900 ($\Delta Y = 1 / (1 - 0{,}8) \cdot 20 = 100$).

c) Graphik

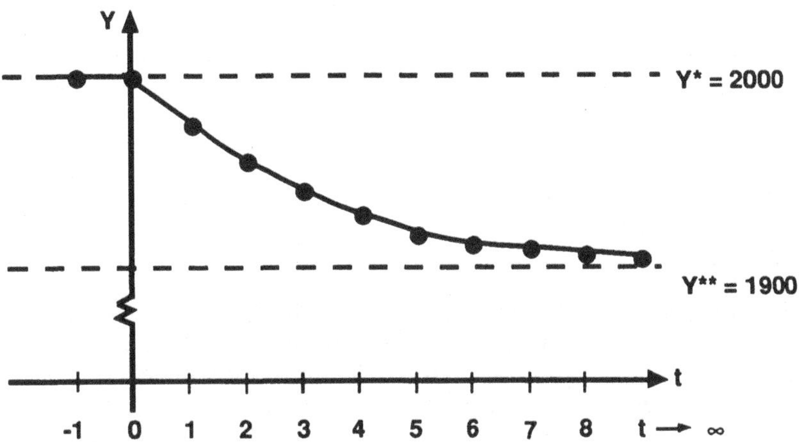

Anpassungspfad von Y in dynamischer Analyse unter der Annahme, daß die autonomen Ausgaben dauerhaft auf 380 absinken.

Aufgabe 12

Aufgabenstellung:

Gegeben sei folgendes Modell:

(1) $Y_t = A_t$ (2) $A_t = I_t + C_t$

(3) $I_t = IGA$ (4) $C_t = CPA + b \cdot Y_t$

a) Ergänzen Sie dieses Modell um eine Gleichungsbedingung.

b) Welche Modifikationen müßte man vornehmen, um auch Ungleichgewichtssituationen betrachten zu können.

c) Begründen Sie Ihre Antwort zu b)!

d) Formulieren Sie für das modifizierte Modell Bedingungen für die Existenz und Eindeutigkeit des Gleichgewichtes!

e) Welche Frage beantwortet die Stabilitätsanalyse?

Lösung:

a) $A_t = A_t$; geplante Ausgaben = realisierte Ausgaben
Diese Annahme gilt stets im Gleichgewicht.

Daneben gilt zur Bestimmung des Gleichgewichtseinkommens stets:
$Y_t = Y_{t-1} = Y^*$

b) Integration von Zeitverzögerungen in das Modell (time lags).

c) Mit Hilfe der Zeitverzögerungen können ungleichgewichtige Entwicklungspfade analysiert werden (Sequenzanalyse).
Beispiel: $C_t = CPA + b \cdot Y_{t-1}$

d) Das modifizierte Modell mit time lag in der Konsumfunktion muß für die Bestimmungen der Existenz und der Eindeutigkeit eines Gleichgewichtes um die Zeitverzögerungen bereinigt werden; dies geschieht durch die Gleichgewichtsbedingung: $Y_t = Y_t^* = Y_{t-1}$

<u>Definitionen:</u>

Existenz: Wenn sich die Ausgabenfunktion und die 45° - Linie schneiden.

Eindeutigkeit: Wenn <u>ein</u> Schnittpunkt zwischen der Ausgabenfunktion und der 45° - Linie existiert.

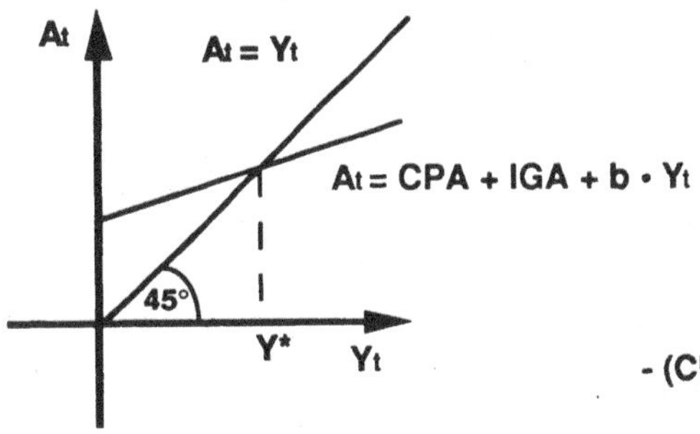

Normalfall

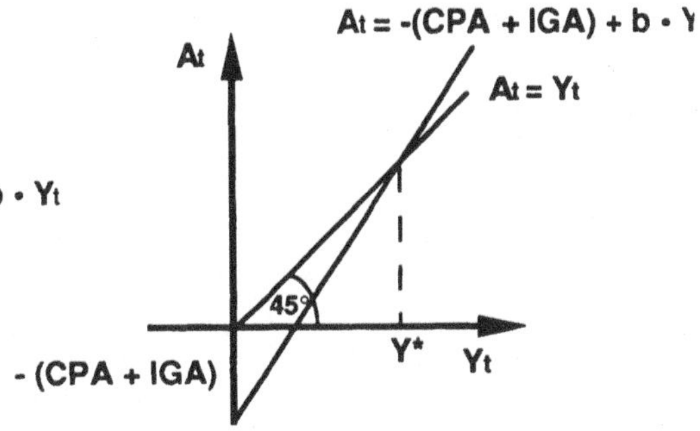

Ausnahmefall

Normalfall: CPA + IGA > 0 wobei 0 < b < 1
Ausnahmefall: CPA + IGA < 0 wobei b > 1

e) Die Stabilitätsanalyse zeigt durch die Analyse der ungleichgewichtigen Entwicklungspfade des Einkommens, ob die Modellwerte nach einem Impuls zum alten Gleichgewicht zurückkehren, oder ob eine Entfernung vom alten Gleichgewicht stattfindet.

Aufgabe 13

Aufgabenstellung:

Gegeben sei folgendes Einkommen-Ausgaben-Modell: $A_t = Y_t$
mit: $A_t = b \cdot Y_t$ und $b = 0{,}9$ sowie $Y_0 = 100$

a1) Berechnen Sie den Wert des Gleichgewichtseinkommens!

a2) Für welches b>0 wäre ein Gleichgewichtseinkommen $Y_0 = 100$ denkbar?

b) Unterstellen Sie nun, ab der Periode 1 fließe pro Periode ein Strom autonomer Ausgaben in Höhe von a = 10

b1) Formulieren Sie die neue Ausgabenfunktion!

b2) Berechnen Sie das neue Gleichgewichtseinkommen und den Wert des Multiplikators.

c) Angenommen, in Periode 1 fände nur ein <u>einmaliger</u> Ausgabenstoß in Höhe von a = 10 statt, anschließend gelte wieder a = 0. Berechnen Sie, ausgehend von $Y_0 = 100$ den Wert des Volkseinkommens in der Periode 3, Y_3.

Lösung:

a1) $A_t = 0{,}9 \cdot Y_{t-1}$

Im Gleichgewicht gilt:

$A_t = Y_t$ sowie $Y_t = Y^* = Y_{t-1}$

$Y^* = 0{,}9 \cdot Y^*$

$Y^* - 0{,}9 \cdot Y^* = 0$

$0{,}1 \cdot Y^* = 0$

$Y^* = 0$ Das Gleichgewicht liegt mathematisch im Nullpunkt

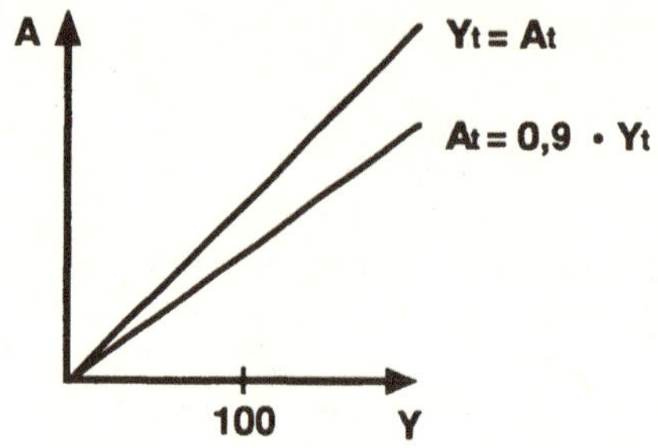

a2) $A(t) = b \cdot Y(t)$

$Y^* = b \cdot Y^*$

$100 = b \cdot 100$

$b = 100 / 100$

$b = \underline{1}$

<u>Aber</u> es existieren unendlich viele Gleichgewichte! Die Ausgangsfunktion lautet dann wie die Gleichgewichtsbedingung: $A_t = Y_t$.

b2) $A(t) = 10 + 0{,}9 \cdot Y_{t-1}$

b2) $Y^{**} = 10 + 0{,}9 \cdot Y^{**}$

$0{,}1 \cdot Y^{**} = 10$

$Y^{**} = 100$

$\underline{\Delta Y = 100}$ weil:

$\Delta Y = 1 / (1 - b) \cdot \Delta a$

$\Delta Y = 1 / (1 - 0{,}9) \cdot 10$

$\Delta Y = 10 / 0{,}1 = 100$

c) $Y_1 = 10 + 0{,}9 \cdot Y_0 \; (= 100) = \underline{100}$

$Y_2 = 0{,}9 \cdot 100 = \underline{90}$

$Y_3 = 0{,}9 \cdot 90 = \underline{81}$

<u>einmaliger Ausgabenstoß!</u>

Man erkennt die Tendenz zur Rückkehr zum Ausgangsgleichgewicht $Y^* = 0$, da die Werte sukzessiv abnehmen. Nach dem einmaligen Ausgabenstoß ergibt sich demgemäß eine Rückkehr zum Ausgangsgleichgewicht $Y^* = 0$ nach unendlich vielen Perioden..

Aufgabe 14

Aufgabenstellung

Das Ausgabenverhalten einer Volkswirtschaft läßt sich durch eine Funktion folgender Art beschreiben: $A_t = a + b \cdot Y_{t-1}$
Gehen Sie davon aus, daß die autonomen Ausgaben a = 50 sind und die marginale Ausgabenneigung b = 0,8 ist.

a) Bestimmen Sie das Gleichgewichtseinkommen!

b) Welche Konsequenzen ergeben sich, wenn sich die autonomen Ausgaben auf 10 verdoppeln?

c) Zeigen Sie sequenzanalytisch, wie eine einmalige Erhöhung der autonomen Ausgaben auf 100 und dann eine Absenkung auf 50 bezüglich der Werte Y_1 bis Y_4 wirkt! Wohin bewegen sich die ungleichgewichtigen Werte des Sozialproduktes in diesem Falle?

d) Skizzieren Sie die Einkommensverläufe unter b) und c) graphisch!

Lösung:

a) $A_t = 50 + 0{,}8 \cdot Y_{t-1}$
$Y_t = 50 + 0{,}8 \cdot Y_{t-1}$
$Y^* = 50 / (1 - 0{,}2) = 50 / 0{,}2 = \underline{250}$

b)
$$Y(t) = 100 + 0{,}8 \cdot Y(t)$$
$$Y^{**} = 100 + 0{,}8 \cdot Y^{**}$$
$$0{,}2 \cdot Y^{**} = 100$$
$$Y^{**} = \underline{500}$$

c) $Y_1 = 50 + 50 + 0{,}8 \cdot Y(0) = 100 + 200 = \underline{300}$ — Einmalige Erhöhung der autonomen Ausgaben in der ersten Periode.
$Y_2 = 50 + 0{,}8 \cdot 300 = \underline{290}$
$Y_3 = 50 + 0{,}8 \cdot 290 = \underline{282}$
$Y_4 = 50 + 0{,}8 \cdot 282 = \underline{275{,}6}$

Ergebnis: Rückkehr zum alten Ausgangsgleichgewicht $Y^* = 250$ nach unendlich vielen Perioden.

d) Graphische Umsetzung:

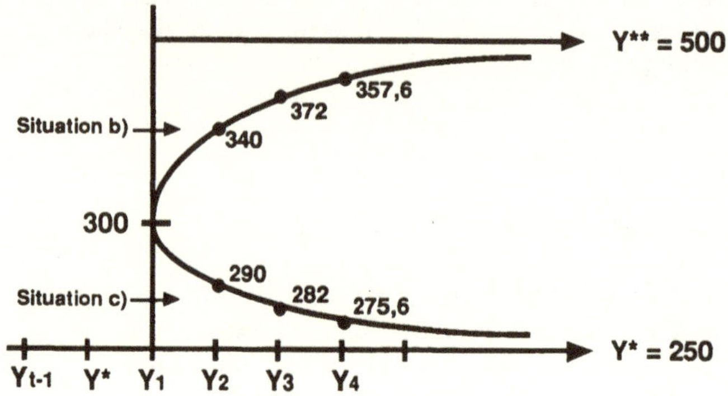

Aufgabe 15

Aufgabenstellung:

Gegeben sind die dynamischen Ausgabenfunktionen:

$A1_t = 60 + 0{,}4 \cdot Y_{t-1}$

$A2_t = 10 + 0{,}9 \cdot Y_{t-1}$

a) Zeigen Sie, daß für beide Funktionen ein Gleichgewichtseinkommen von $Y^* = 100$ existiert!

b) Ist dieses Gleichgewicht jeweils eindeutig?

c) Ermitteln Sie sequenzanalytisch bis zur dritten Periode, ob Funktion A_1 ausgehend von $Y_0 = 250$ ein stabiles Verhalten zeigt! Überprüfen Sie die ermittelten Werte anhand des Stabilitätskriteriums $y_t < y_{t-1}$!

d) Untersuchen Sie ebenfalls die Stabilitätseigenschaften von Funktion A_2, wenn ausgehend von Y^* die autonomen Ausgaben einmalig um 40 Einheiten sinken (Berechnung bis zur vierten Periode)!

Lösung:

a) $A1_t = 60 + 0{,}4 \cdot Y_{t-1}$

$A1_t = Y^* = Y_t = Y_{t-1}$

$Y^* = 60 + 0{,}4 \cdot Y^*$

$0{,}6 \cdot Y^* = 60$

$\underline{Y^*} = 60 / 0{,}6 = \underline{100}$

$A2_t = 10 + 0{,}9 \cdot Y_{t-1}$
$Y^* = 10 + 0{,}9 \cdot Y^*$
$0{,}1 \cdot Y^* = 10$
$\underline{Y^*} = 10 / 0{,}1 = \underline{100}$

Für beide Ausgabenfunktionen existiert ein Gleichgewichtseinkommen von $Y^* = 100$.

b) Überprüfung der Eindeutigkeit durch eine graphische Analyse der Verläufe der Funktionen:

$A1_t = 60 + 0{,}4 \cdot Y_{t-1}$ $(=Y^*)$

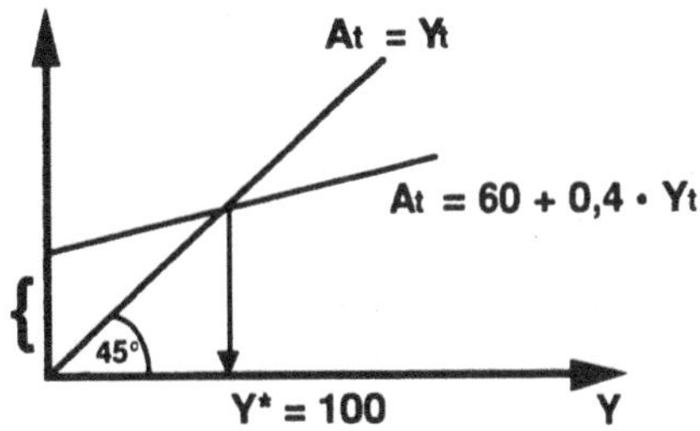

$A2_t = 10 + 0{,}9 \cdot Y_{t-1}$ $(=Y^*)$

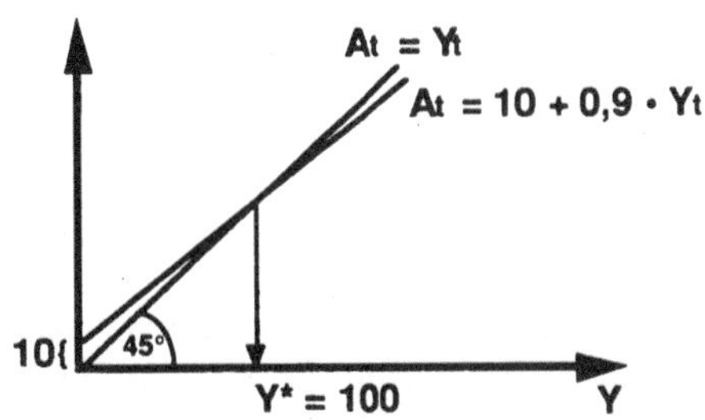

Beide Ausgabenfunktionen zeigen graphisch das eindeutige Gleichgewichtseinkommen von $Y^* = 100$.

c) Stabilität von Funktion $A1_t = 60 + 0{,}4 \cdot Y_{t-1}$

Im Rahmen der Stabilitätsanalyse ist die dynamische Form der Ausgabenfunktion zugrunde zu legen:

Periode (1): $Y_1 = 60 + 0{,}4 \cdot Y_0 (= 250)$
$Y_1 = 60 + 100 = \underline{160}$

Periode (2): $Y_2 = 60 + 0{,}4 \cdot Y_1 (= 160)$
$Y_2 = 60 + 64 = \underline{124}$

Periode (3): $Y_3 = 60 + 0{,}4 \cdot Y_2 (= 124)$
$Y_3 = 60 + 49{,}6 = \underline{109{,}6}$

Die Erhöhung der Periodeneinkommen zeigt, ausgehend von einem ungleichgewichtigen Starteinkommen $Y_0 = 250$, eine Tendenz zur Rückkehr zur Ausgangslage.

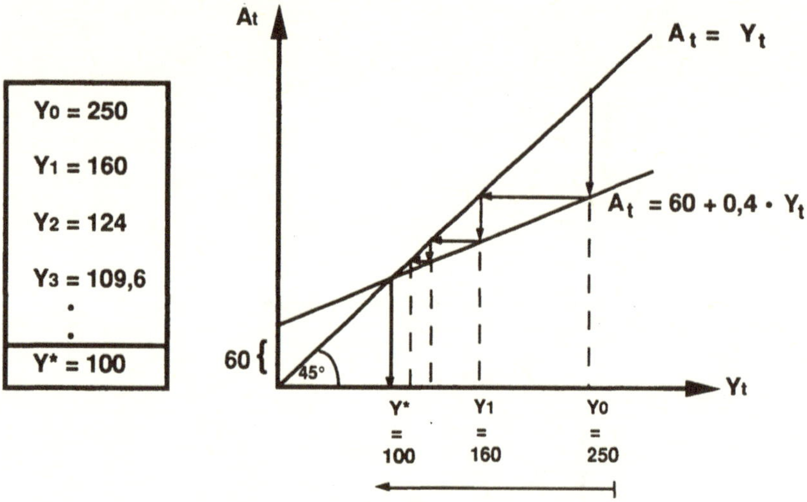

Der Wertentwicklung entspricht auch die abstrakte Anforderung an eine stabile Entwicklung zurück zum Gleichgewicht: $y_t < y_{t-1}$.

Die gerade dargestellte mathematische Formulierung besagt, daß die jeweiligen Differenzen zwischen einer ungleichgewichtigen Lösung in den jeweiligen Perioden und den Gleichgewichtseinkommen so geartet sein müssen, daß die Differenzen kleiner werden. Dies indiziert, daß eine Wertentwicklung zurück zum Ausgangsgleichgewicht gegeben ist. In diesem Falle ist die Entwicklung also "stabil".

Hier: $Y_3 - Y^* < Y_2 - Y^* = 9{,}6 < 24$
unter der Parameterkonstellation: $0 < b < 1$

Allgemein kann hierzu festgehalten werden:

Für jede Ausgabenfunktion, deren Grenzausgabenneigung b zwischen 0 und 1 liegt, ist ein stabile Entwicklung der Parameterwerte für die ungleichgewichtigen Einkommensgrößen mit Sicherheit zu prognostizieren.

d) Stabilitätseigenschaft von Funktion $A2_t$

Periode (1): $Y_1 = 10 + 0{,}9 \cdot Y^*\ (=100) = \underline{100}$

Periode (2): $Y_2 = 10 - 40 + 0{,}9 \cdot Y_1\ (=100) = -30 + 90 = \underline{60}$

Periode (3): $Y_3 = 10 + 0{,}9 \cdot 60 = \underline{64}$

Periode (4): $Y_4 = 10 + 0{,}9 \cdot 64 = \underline{67{,}6}$

Durch die einmalige Veränderung der autonomen Ausgaben sinkt der Einkommenswert im Modell kurzfristig, paßt sich aber dann wieder dem alten Gleichgewicht ($Y^* = 100$) an.

$Y_1 = 100$
$Y_2 = 60$
$Y_3 = 64$
$Y_4 = 67{,}6$
•
•
$Y^* = 100$

Auch Funktion $A2_t$ genügt dem Stabilitätskriterium $y_t < y_{t-1}$. Hier: $Y_4 - Y^* < Y_3 - Y^* = 32{,}4 < 36$. Die Stabilitätsbedingung $0 < b < 1$ ist mit $b = 0{,}9$ gewährleistet.

Aufgabe 16

Aufgabenstellung:

Gegeben sei folgendes Modell:

(1) $C_t = 10 + 0{,}8 \cdot Y_{t-1}$ (2) $I_t = 10$

(3) $Y_t = C_t + I_t$ (4) $C_t = C_t$

a) Errechnen Sie, ausgehend von einem Einkommen $Y_0 = 60$ die Periodeneinkommen Y_1 und Y_2!

b) Definieren Sie in obigem Modell die geplante Ersparnis! Errechnen Sie S in den Perioden t = 1 und t = 2!

c) Ermitteln Sie den Gleichgewichtswert des Einkommens!

Lösung:

a)
$Y_t = C_t + I_t$
$Y_t = 10 + 0{,}8 \cdot Y_{t-1}$
$Y_1 = 20 + 0{,}8 \cdot Y_0\ (=60) = \underline{68}$
$Y_2 = 20 + 0{,}8 \cdot Y_1\ (=68) = \underline{74{,}4}$

b)
$S = -10 + 0{,}2 \cdot Y_{t-1}$ (geplante Ersparnis); $C = 10 + 0{,}8 \cdot Y_{t-1}$
$S_1 = -10 + 0{,}2 \cdot Y_0 = -10 + 0{,}2 \cdot 60 = 2$
$S_2 = -10 + 0{,}2 \cdot Y_1 = -10 + 0{,}2 \cdot 68 = 3{,}6$

c)
$Y^* = 10 + 0{,}8 \cdot Y^* + 10$
$Y^* - 0{,}8 \cdot Y^* = 20$
$0{,}2 \cdot Y^* = 20$
$Y^* = 100$

Im Gleichgewicht gilt dann: $Y^* = C^* + I^*$ und $Y^* = C^* + S^*$

$C^* = 10 + 0{,}8 \cdot 100 = 90$ $\quad I^* = \underline{10}$
$S^* = -10 + 0{,}2 \cdot 100 = 10$ $\quad Y^* = \underline{100}$

Aufgabe 17

Aufgabenstellung:

Zur Beschreibung des Ausgabenverhaltens einer Wirtschaft stehen Ihnen drei Hypothesen zur Verfügung:

(1) $A1_t = 40 + 0{,}8 \cdot Y_t$
(2) $A2_t = 90 + 0{,}8 \cdot Y_{t-1}$
(3) $A3_t = -30 + 1{,}4 \cdot Y_{t-1}$

a) Prüfen Sie für diese Hypothesen, ob ein Einkommen von $Y_0 = 200$ als Gleichgewichtseinkommen zu betrachten ist!

b) Beurteilen Sie mit Hilfe der entsprechenden Werte die Stabilität der Gleichgewichte der beiden dynamischen Ausgabenfunktionen!

Lösung:

a) (1) $Y^* = 1 / 0{,}2 \cdot 40 = 200$
(2) $Y^* = 1 / 0{,}2 \cdot 90 = 450$
(3) $Y^* = 1 / -0{,}4 \cdot (-30) = 75$

Die Aussage $Y_0 = Y^* = 200$ ist nur für (1) erfüllt.

b) (1) Es gilt zu prüfen: $y_t < y_{t-1}$ mit $0 < b < 1$. Bei Stabilität der Ausgabenfunktion nehmen die Differenzen zum Gleichgewichtseinkommen ab, es gilt dann:. $y_t < y_{t-1}$; bzw. $Y^* - Y_t < Y^* - Y_{t-1}$;
Dynamische Ausgabenfunktionen sind wegen der time-lags nur die Funktionen (2) und (3):

Die Werte ergeben sich durch Einsetzen in die dynamischen Ausgangsgleichungen:

(2) $Y_t = 90 + 0{,}8\ Y_{t-1}$ (3) $Y_t = -30 + 1{,}4\ Y_{t-1}$

Es gilt nun gemäß der Stabilitätsprüfung für Funktion (2):

$Y_0 = 200$
$Y_1 = 90 + 0{,}8 \cdot 200 = 250$
$Y_2 = 90 + 0{,}8 \cdot 250 = 290$
$Y_3 = 90 + 0{,}8 \cdot 290 = 322$

$450 - 322 < 450 - 290$
$128 < 160$

Die Differenzen nehmen ab, Funktion (2) führt zu einem konvergenten Verlauf der Einkommenswerte. Langfristig ergibt sich bei Vorgabe eines ungleichgewichtigen Starteinkommens ($Y_0 = 200$) eine Rückkehr zum Gleichgewicht von 450.

Für Funktion (3) ergibt sich:

$Y_0 = 200$
$Y_1 = -30 + 1{,}4 \cdot 200 = 250$
$Y_2 = -30 + 1{,}4 \cdot 250 = 320$
$Y_3 = -30 + 1{,}4 \cdot 320 = 418$

$|75 - 418| < |75 - 320|$
$343 < 245$ (nicht erfüllt) !

Die Stabilitätsbedingung ist nicht erfüllt, da die Differenzen zum Ausgangsgleichgewicht zunehmen. Es zeigt sich eine laufende Entfernung vom Gleichgewicht ($Y^* = 75$) bei Vorgabe eines ungleichgewichtigen Starteinkommens ($Y_0 = 200$).

III Konsum

Lernziel

* Kenntnis des grundlegenden Zusammenhangs zwischen Konsum und Ersparnis

* Analyse des Konsum- und Sparverhaltens der Haushalte aufgrund der Größen Konsumneigung, Sparneigung, Konsumquote und Sparquote

* Kenntnis der verschiedenen Ansätze der Konsumtheorie und Berücksichtigung dieser verschiedenen Ansätze bei wirtschaftspolitischen Fragestellungen

* Verständnis der gesamtwirtschaftlichen Rolle des Konsums als volkswirtschaftgliches Nachfrageaggregat und der Auswirkungen auf die Konjunkturentwicklung.

Aufgabe 1

Aufgabenstellung:

a) Gegeben ist eine keynesianische Konsumfunktion von Typ: $C = a + b \cdot Y$.
Zeigen Sie graphisch und algebraisch, wie die zugehörige Sparfunktion aus der Konsumfunktion entwickelt werden kann!

b) Was versteht man unter der "Sparschwelle"? Bestimmen Sie deren Wert, wenn die makroökonomische Konsumfunktion $C_t = 20 + 0{,}8 \cdot Y_t$ lautet!

Lösung:

a) Graphisch:

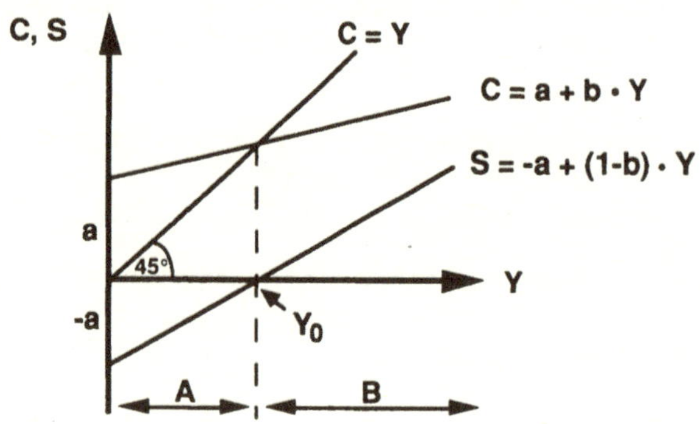

Die graphische Konstruktion der Sparfunktion erfolgt durch die beiden Punkte, die aus der Struktur der Konsumfunktion stets ableitbar sind:

1) Dem positiven Ordinatenabschnitt der Konsumfunktion (a) entspricht stets ein gleich hoher negativer (-a) Abschnitt bei der Sparfunktion, da bei einem (fiktiven) Einkommen von Null die Ersparnis in Höhe des Konsums negativ sein muß. Vorstellbar: Auflösung von Vermögen.

2) Wenn die Konsumfunktion die Winkelhalbierende schneidet, also gilt: $C = Y$ wird das gesamte Einkommen verkonsumiert. Dann muß für die Ersparnis gelten: $S = 0$

Aufgrund dieser beiden elementaren Aspekte ist die Sparfunktion graphisch sehr einfach abzuleiten.

Zur ökonomischen Kennzeichnung der Bereich A und B in bezug auf die Konsequenzen aus Konsum- und Sparverhalten sei festgehalten:

Im Bereich A ist der gesamtwirtschaftliche Konsum höher als das Einkommen. Zur Finanzierung dieses Konsumverhaltens müßten die Haushalte ständig Vermögen auflösen; es besteht langfristig nur die Möglichkeit, sich gegenüber dem Ausland zu verschulden. Insgesamt eine Modellsituation, die kurzfristig ökonomisch möglich ist, langfristig aber nicht tragbar.

Im Bereich B wird die Modellsituation ökonomisch sinnvoller, da die erzielten Einkommen die Konsumsumme übersteigen und auch private Ersparnis erzielt wird. Empirisch ist dieser Beitrag der privaten Haushalte zur volkswirtschaftlichen Kapitalbildung notwendig und konstitutiv für eine langfristig auch ökonomisch sinnvolle Modellbeschreibung.

<u>Allgebraische Ableitung der Sparfunktion:</u>

$$Y = C + S$$
$$C = a + b \cdot Y$$
$$Y = a + b \cdot Y + S$$
$$Y - b \cdot Y = a + S$$
$$(1-b) \cdot Y - a = S$$

Daraus ergibt sich als Sparfunktion:

$$S = -a + (1-b) \cdot Y$$
$$S = -a + s \cdot Y$$
$$C = a + b \cdot Y$$

Hierbei handelt es sich um einen stets gültigen Zusammenhang im Falle der einfachen keynesianischen Konsumfunktion; ebenso gilt stets: $b + s = 1$

b) Die Sparschwelle bezeichnet das Einkommensniveau, bei dem die Haushalte ihr gesamtes Einkommen für Konsumzwecke verwenden. Positiv formuliert: Bei einem weiteren Anstieg des Einkommens wird die Ersparnis positiv und das Einkommen wird nicht mehr vollständig konsumiert.

Graphisch: Die Sparschwelle liegt am Schnittpunkt der Sparfunktion mit der Einkommensachse (Abszisse). An dieser Stelle ist die Ersparnis weder positiv noch negativ, sondern gleich Null.

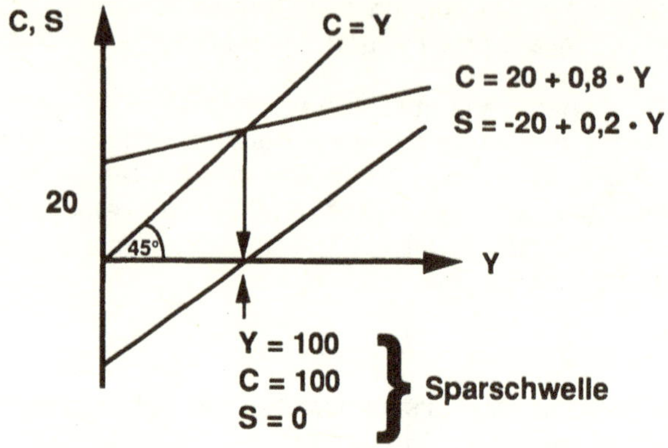

Algebraische Bestimmung der Sparschwelle:

$C_t \quad = 20 + 0{,}8 \cdot Y_t$

$C_t \quad = Y_t$ wegen: $S_t = 0$

$Y_t \quad = 20 + 0{,}8 \cdot Y$

$0{,}2 \cdot Y = 20$

$Y \quad = \underline{100}$

Aufgabe 2

Aufgabenstellung:

a) Definieren Sie die Begriffe Konsum- und Sparquote anhand einer keynesianischen Konsumfunktion! Zeigen Sie, daß beide Größen Funktionen darstellen und bilden Sie die Funktionen graphisch ab! Wie werden die Quoten gemessen?

b) Leiten Sie aus einer keynesianischen Konsumfunktion die dazugehörige Sparfunktion ab! Definieren Sie die Konsum- und Sparneigung ökonomisch und algebraisch!

c) Zeigen Sie, daß die Konsumquote nie unter die Konsumneigung fallen kann und die Sparquote die Sparneigung niemals übersteigt. (Graphische Darstellung!)

Lösung:

a) $C = a + b \cdot Y$ $\qquad$ $S = -a + s \cdot Y$

$$\frac{C}{Y} = \frac{a}{Y} + b \qquad \frac{S}{Y} = \frac{-a}{Y} + s$$

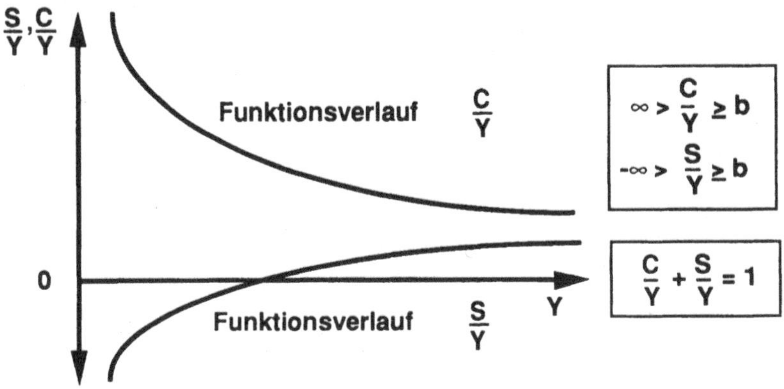

C / Y und S / Y sind hier vorgegebene bzw. empirische Werte, nämlich die jeweiligen absoluten Anteile des Konsums bzw. der Ersparnis am Gesamteinkommen. Die Messung erfolgt graphisch durch den Fahrstrahl vom Ursprung, d.h. durch den Schnittpunkt des Fahrstrahls mit einem bestimmten Punkt der Konsum- bzw. Sparfunktion:

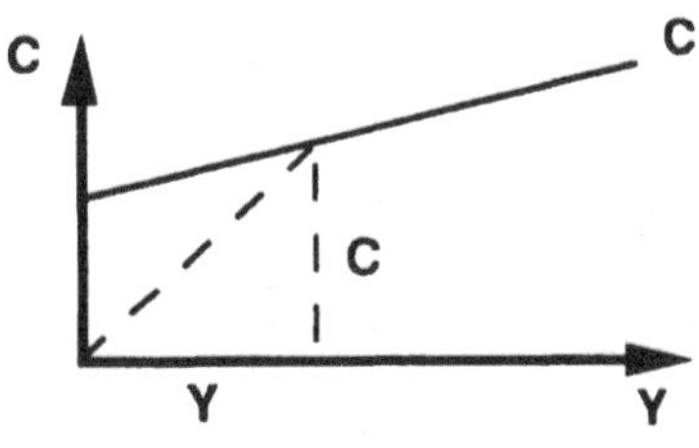

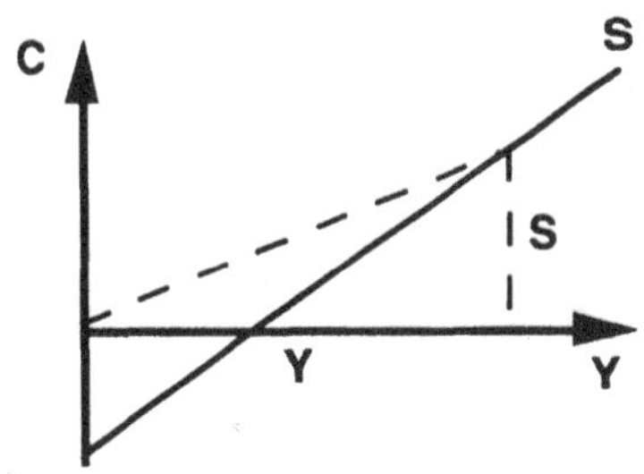

b) $C = a + b \cdot Y$ $\quad$ führt zu: $\quad$ $S = -a + s \cdot Y$

Konsumneigung: $dC / dY = b$ $\quad$ Sparneigung: $\quad$ $dS / dY = s$

$b + s = 1$ $\quad$ ——> $\quad$ Konsum- und Sparneigung addieren sich ebenfalls zu 1

Ökonomische Interpretation:

Veränderung der Konsumausgaben als Reaktion auf eine Einkommensveränderung um ein Einheit bzw. Veränderung der Ersparnis als Reaktion auf eine Einkommensveränderung.

Bei der empirischen Betrachtung der Daten von Volkswirtschaften wird stets in weitaus höherem Maße mit den oben beschriebenen Quoten zur Kennzeichnung ökonomischer Sachverhalte und Situationen gearbeitet.

c) Unter der Annahme, daß b und s konstante Größen sind, also selbst keine Funktionalverläufe annehmen, gilt folgender Zusammenhang:

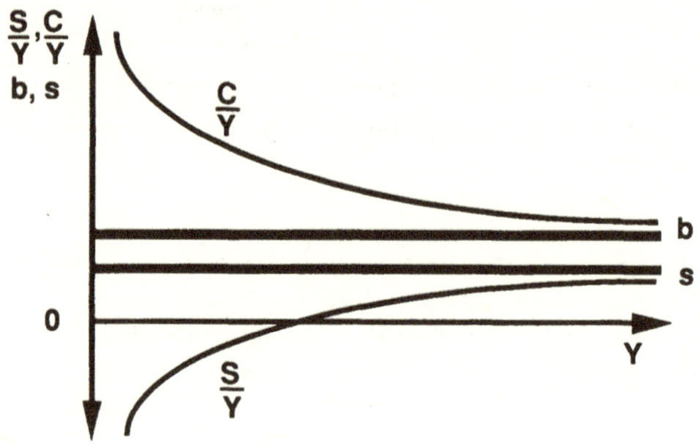

Aufgabe 3

Aufgabenstellung:

a) Unter welchen Voraussetzungen verlaufen gesamtwirtschaftliche Konsum- und Sparfunktionen in der graphischen Darstellung parallel?

b) Von welchen Größen ist dabei der Abstand zwischen den beiden Funktionen bestimmt?

c) Wie ist der Verlauf der Sparfunktion zu zeichnen, wenn für die gesamtwirtschaftliche Konsumfunktion gilt: $C = b \cdot Y$?
Nehmen Sie dabei alternativ an, daß $b = 1$ bzw. $b = 0{,}8$. Wie groß sind jeweils die Sparquoten bei $Y = 100$?

Lösung:

a) Ein paralleler Verlauf von Konsum- bzw. Sparfunktion bedeutet, daß die Steigungsmaße beider Kurven gleich sind. Das Steigungsmaß der Konsumfunktion wird durch den Verhaltensparameter Konsumneigung (b), das der Sparfunktion durch die zugehörige Sparneigung (s) bestimmt. Da zusätzliches Einkommen nur für zusätzliche Konsumgüternachfrage oder zusätzliche Ersparnis verwendet werden kann, ergänzen sich die Grenzneigung zum Konsum und zum Sparen notwendig zu 1. Daher verlaufen Konsum- und Sparfunktion parallel, wenn der Wert der marginalen Konsum- bzw. Sparneigung 0,5 beträgt, also für beide Funktionen gleich ist.

Graphisch: $b = s = 0{,}5$

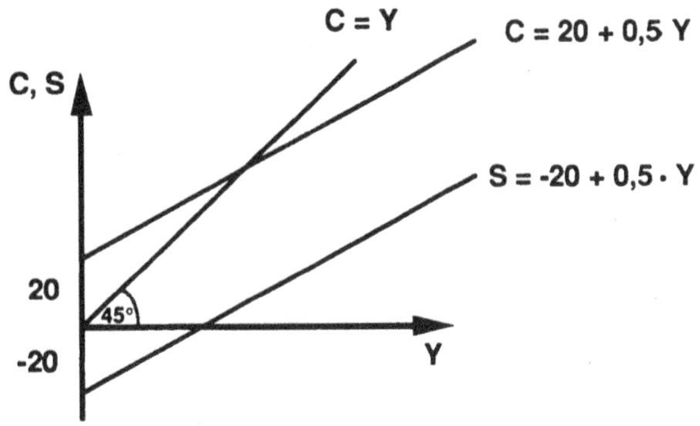

b) Die Lage der Konsum- bzw. Sparfunktion im Koordinatenfeld wird durch die Höhe der einkommensunabhängigen (autonomen) Konsumgüternachfrage ($C^{aut} = a$) bzw. Ersparnis ($S^{aut} = -a$) bestimmt. Der Wert des Absolutgliedes der Sparfunktion entspricht -mit umgekehrtem Vorzeichen- dem des Absolutgliedes der Konsumfunktion. Der Ordinatenwertabstand zwischen jeder Konsum- bzw. Sparfunktion ist folglich doppelt so groß wie der absolute Wert des autonomen Konsums (der autonomen Ersparnis).

c) Für $C = b \cdot Y$ gilt allgemein: $S = (1 - b) \cdot Y$

Bei $b = 1$ ist die Ersparnis stets gleich Null
Bei $b = 0{,}8$ hat die Sparfunktion die Form: $S = 0{,}2 \cdot Y$

Graphisch:

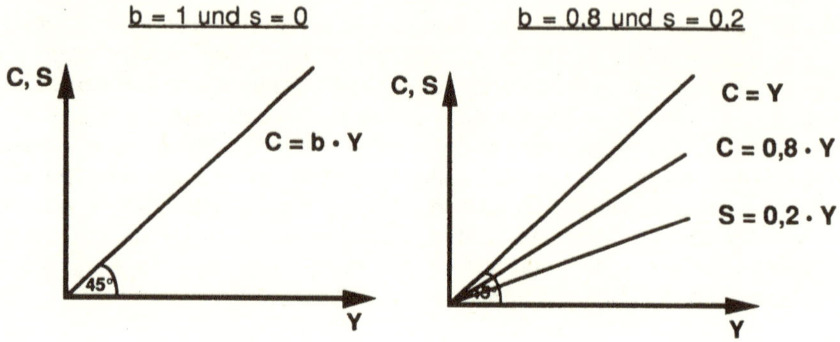

Es existiert keine Sparfunktion!

Konsum- und Sparfunktion verlaufen unterhalb der Funktion C = Y. Die Ersparnis ist stets positiv!

Sparquote: S / Y = 0

Sparquote: S / Y = 0,2 (= konstant)

Bei allen Konsum- oder Sparfunktionen, die durch den Ursprung verlaufen ist stets sie Steigung (marginale Konsum-./ Sparneigung) gleich der jeweiligen Quoten (Konsum- / Sparquote).

Aufgabe 4

Aufgabenstellung:

a) Geben Sie eine einfache keynesianische Konsumfunktion an! Was versteht man unter der marginalen Konsumneigung?

b) Was versteht man unter der Lebenszyklushypothese? Benutzen Sie eine graphische Darstellung!

c) Wie wirken sich im Rahmen der Lebenszyklushypothese Änderungen des Einkommens, z.B. ausgelöst durch Steuervariationen, auf das Konsumverhalten aus?

Lösung:

a) Die keynesianische Konsumfunktion stellt eine grundlegende Form einer makroökonomischen Konsumfunktion dar. Sie bildet wie alle Konsumfunktionen eine Hypothese über den Zusammenhang zwischen den Konsumausgaben der privaten Haushalte und möglichen Erklärungsvariablen. Die Funktion vom Typ $C_t = a + b \cdot Y_t$ basiert auf der von J. M. Keynes 1936 formulierten Hypothese, daß die realen Konsumausgaben von der absoluten Höhe des verfügbaren Einkommens abhängen. Zur Beschreibung des Konsumverhaltens der privaten Haushalte wurde das "fundamentale psychologische Gesetz" aufgestellt. Es besagt, daß die Konsumausgaben mit steigenden Realeinkommen unterproportional zunehmen. Algebraisch kann dies durch die marginale Konsumneigung gezeigt werden:

$C_t = a + b \cdot Y_t$

1. Ableitung: $dC_t / dY_t = b$ mit: $0 < b < 1$

b = marginale Konsumneigung.

Sie gibt an, um wieviel Einheiten sich der Konsum der privaten Haushalte verändert (dC), wenn sich das gesamtwirtschaftliche Einkommen um eine Einheit verändert.

Der Begriff unterproportional drückt sich durch die mathematische Bedingung $b<1$ aus, denn für Werte $b=1$ bzw $b>1$ wären Konsum- und Einkommensentwicklung identisch ($b=1$) bzw. überproportional. Der zweite Teil der mathematischen Begrenzung ($b>0$) besagt, daß Situationen mit $b<0$ auszuschließen sind. Dies würde nämlich bedeuten, daß bei Einkommenssteigerungen der Konsum konstant bleibt ($b=0$) oder sich sogar vermindern könnte ($b<0$).

Die keynesianische Konsumfunktion benutzt als einzige erklärende Variable das Einkommen derselben Periode und wird deshalb auch "absolute Einkommenshypothese" genannt. Sie stellt einen Eckpfeiler des Keynes-Modells und vieler späterer Variationen dieses Ansatzes dar.

In der empirischen Forschung zur Erklärung des realen Konsumverhaltens wurde die Funktion durch eine Reihe modifizierter Funktionen (z.B. Relative Einkommenshypothese, Lebenszyklushypothese) ersetzt. In einfachen makroökonomischen Modellen wird sie jedoch nach wie vor aus didaktischen Gründen als zentrale Hypothese verwandet, da durch die mathematische Einfachheit der Konsumfunktion nach Keynes die Modelle überschaubar bleiben und damit einen hohen Erklärungswert haben.

b) Als Weiterentwicklung in der Konsumtheorie wurde die Lebenszyklushypothese von F. Modigliani und R. Brumberg (1954) entworfen, um längerfristig auftretende enge Korrelationen zwischen Konsum- und Einkommensniveau in der Realität zu erklären. Die keynesianische Voraussage einer sinkenden Konsumquote bei einer marginalen Konsumneigung von kleiner eins harmonierte nicht mit den empirischen Werten moderner Volkswirtschaften. Indikator dafür war die einfache Tatsache, daß über längere Zeitabschnitte die Konsumquote konstant war.

Den daraufhin entwickelten neuen Konsumhypothesen ist gemeinsam, daß das verfügbare Einkommen als einzige erklärende Variable aufgegeben wurde zugunsten einer breiteren und differenzierteren Definition des Einkommens, das die Grundlage des Konsums darstellt. Die Lebenszyklushypothese betrachtet somit nicht das aktuelle Einkommen als Determinante des Konsums, sondern unterstellt, daß die privaten Haushalte die gesamten ihnen während ihrer Lebenszeit zur Verfügung stehenden Einkommensbestandteile bereits für den heutigen Konsum als Entscheidungsgrundlage miteinbeziehen.

Die Konsumausgaben werden dann von einer Reihe von erklärenden Variablen abhängig gemacht:

* dem laufendem Einkommen,
* dem durchschnittlichen zukünftigen Arbeitseinkommen, bis zum Ausscheiden aus dem Arbeitsleben (abdiskontiert auf den Gegenwartswert),
* und dem Reinvermögen des Haushaltes zu Beginn der Planungsperiode.

Durch die wesentlich breitere Einkommensbasis für den aktuellen Konsum wird deutlich, an welchem Ziel die Haushalte in der Theorie der Lebenszyklushypothese orientiert werden: Konsumpläne werden mit dem Ziel gemacht, ein gleichmäßiges Konsumniveau durch Sparen während Perioden hohen Einkommens und Entsparen während Perioden niedrigen Einkommens zu erreichen. Die Ersparnis ist also Resultat des Wunsches der Wirtschaftssubjekte auch dann einen gleichbleibenden Konsum zu ermöglichen, wenn z.B. das Arbeitseinkommen infolge der Pensionierung entfällt.

Lebenszyklushypothese: $C = a \cdot WR + c \cdot YL$

mit: WR = Realvermögen
YL = Arbeitseinkommen in der Zukunft
a = Grenzneigung des Konsums aus dem Realvemögen
c = Grenzneigung des Konsums aus dem Arbeitseinkommen

Graphisch:

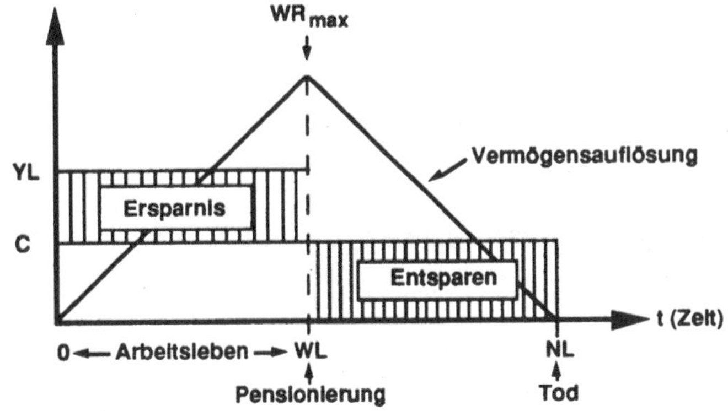

Die Graphik zeigt:

* der Konsumstrom (C)ist über die Lebenszeit konstant,
* während des Arbeitslebens spart das Individuum,
* ab dem Moment der Pensionierung werden die angesparten Finanzanlagen langsam liquidiert und bis zum Lebensende setzt der Prozeß des Entsparens ein.

Die zur Lebenszyklushypothese passende Sparfunktion lautet dann:

$$S = YL - C = YL \{(NL - WL) / NL\}$$

Das Modell in der vorliegenden Form ist durch eine Reihe von Prämissen ziemlich realitätsfern. Es kann u.a. durch folgende Aspekte noch verbessert werden:

* Berücksichtigung eines Anfangsvermögens zum Zeitpunkt 0
* Berücksichtigung der Vezinsung des Kapitals
* Berücksichtigung des Wunsches, ein Erbe zu hinterlassen
* Finanzierung des Konsums von Kindern, die noch nicht arbeiten

c) Während bei der keynesianischen Konsumfunktion Variationen im Besteuerungsniveau direkt das verfügbare Einkommen und damit den laufenden Konsum verändern, reagiert der Konsum auf Basis der Lebenszyklushypothese bei einer Veränderung der Haushaltsbesteuerung nur in geringem Maße oder überhaupt nicht. Von Bedeutung wäre hier die Durchschlagskraft der jeweiligen Steuervariation auf die einzelnen Einkommensbestandteile (zukünftiges Arbeitseinkommen, Vermögen). Es kommt im wesentlichen darauf an, ob die Steuervariationen kurz- oder langfristiger Natur sind. Vorstellbar wäre hier z.B. die auch auf den Lebenszeitkonsum eintretende Wirkung einer dauerhaft höheren Vermögensbesteuerung oder einer zusätzlichen Besteuerung der Zinseinkünfte.

Aufgabe 5

Aufgabenstellung:

Gegeben sei folgende Konsumfunktion: $C = 20 + 0{,}8 \cdot Y$

a) Wie groß ist bei einem Einkommen von 200 die durchschnittliche Spar- und Konsumquote?

b) Bei welchem Einkommen ist die durchschnittliche Sparquote gleich Null? Bei welchem Einkommen ist die marginale Sparneigung gleich Null?

c) Definieren Sie (verbal) die Einkommenselastizität des Konsums!

d) Welchen Wert hat die Einkommenselastizität des Konsums näherungsweise bei einem Einkommen von 200?

Lösung:

a) Sparfunktion: $S = -20 + 0{,}2 \cdot Y$

Durchschnittliche Sparquote:

$S / Y = -20 / Y + 0{,}2$ bei: $Y = 200 \longrightarrow S / Y = 0{,}1$

Durchschnittliche Konsumquote: $C / Y + S / Y = 1$ (definitionsgemäß)

also: $C / Y = 0{,}9$; Beweis: $C / Y = 20 / 200 + 0{,}8 = 0{,}9$

b)
$$
\begin{aligned}
-20 / Y + 0{,}2 &= 0 \quad \text{(Sparqote gleich 0 setzen und auflösen)}\\
-20 / Y &= -0{,}2\\
-0{,}2 \cdot Y &= -20\\
Y &= \underline{100}
\end{aligned}
$$

Bei Y = 100 ist S / Y = 0, d.h. auch die gesamte Ersparnis ist gleich Null. Es muß dann gelten: C = Y (Beweis: C = 20 + 0,8 • 100 = 100). Die marginale Sparneigung kann bei der Funktion S = -20 + 0,2 • Y nicht Null werden; sie ist mit s = 0,2 konstant.

Graphisch:

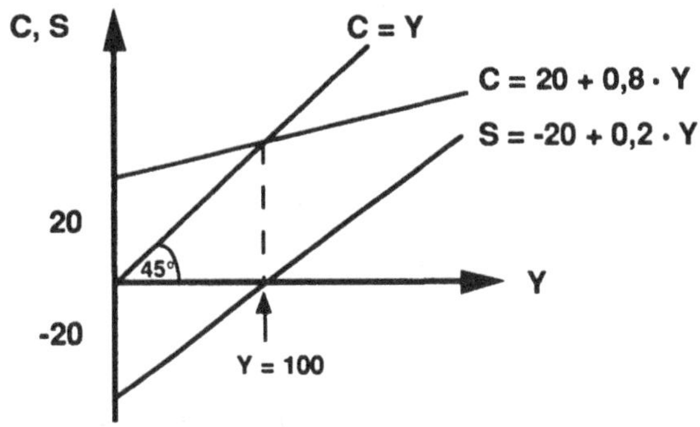

c) Einkommenselastizität des Konsums:

$$E_{C,Y} = \frac{dC/C}{dY/Y} = \frac{dC}{dY} \cdot \frac{Y}{C};$$

Die Einkommenselastizität zeigt die relativen Veränderungen des Konsums bei relativen Veränderungen des Einkommens.

d) Y = 200 für C = 20 + 0,8 • Y
C = 20 + 0,8 • 200 = 180; dC / dY = 0,8;

$E_{c,y}$ = 0,8 • 200 / 180 = 0.888

Aufgabe 5

Aufgabenstellung:

Gegeben seien die folgenden Werte für Y und C:

t	Y_t	C_t
1	50	60
2	200	180

a) Stellen Sie aufgund dieser Werte eine lineare Konsumfunktion auf! Wie hoch sind hierbei die marginale Konsumneigung und die durchschnittliche Konsumquote?

b) Leiten Sie aus dieser Konsumfunktion die Sparfunktion ab!

c) Gegeben ist nun folgende Konsumfunktion: $C = 30 + 0{,}75 \cdot Y$
Wie hoch müßten in einem Modell ohne Staat die Investitionen sein, damit bei $Y = 300$ ein Gleichgewicht herrscht?

Lösung:

a)

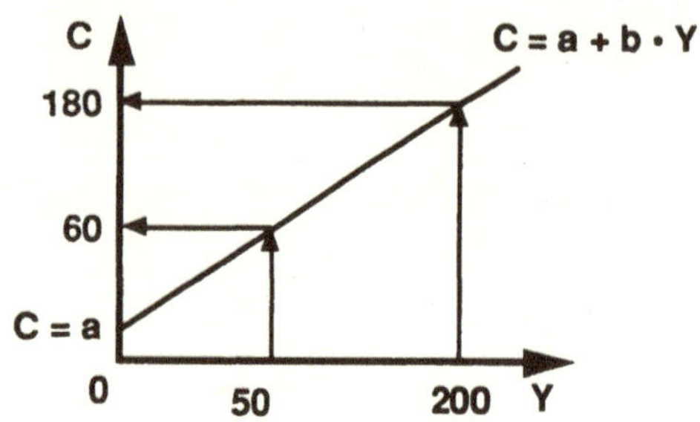

Um die Konsumfunktion in der Form $C = a + b \cdot Y$ herzustellen, kann zunächst die marginale Konsumneigung bestimmt werden:

$dC = C_2 - C_1 = 180 - 60 = \underline{120}$
$dY = Y_2 - Y_1 = 200 - 50 = \underline{150}$
$dC / dY = 120 / 150 = \underline{0{,}8}$

Um den Parameter a zu bestimmen, wird ein Konsum- und Einkommenswert der Tabelle in die Funktion eingesetzt:

$C_2 = 180; Y_2 = 200$: $180 = a + 0{,}8 \cdot 200$
$180 = a + 160$
$a = \underline{20}$

Test:

$C = 60$: $60 = 20 + 0{,}8 \cdot 50$
Die Funktion lautet: $C = 20 + 0{,}8 \cdot Y$
$dC / dY = 0{,}8$; $C / Y = 20 / Y + 0{,}8$ (durchschnittliche Konsumquote)

b) Die Sparfunktion ergibt sich aus:

$C = 20 + 0{,}8 \cdot Y$ da stets gilt: $Y = C + S$
$Y = 20 + 0{,}8 \cdot Y + S$

$0{,}2 \cdot Y - 20 = S$
$S = -20 + 0{,}2 \cdot Y$ (Sparfunktion)

Das elementare Modell besteht aus der Nachfragegleichung $Y = C + I$. Setzt man den Gleichgewichtswert $Y = 300$ in die Konsumfunktion ein, ergibt sich sehr einfach das zugehörige Investitonsvolumen.

c)
$C = 30 + 0{,}75 \cdot Y$
$C^* = 30 + 225 = \underline{255}$
$Y^* = C^* + I^*$
$300 = 255 + I^*$
$I^* = \underline{45}$

Aufgabe 6

Aufgabenstellung:

Gegeben sei eine Modellwirtschaft ohne Staat und ohne Ausland sowie mit autonomen Investitionen und der folgenden Konsumfunktion:

$$C = 250 + 0{,}8 \cdot Y$$

a) Wie hoch müßten die autonomen Investitionen sein, damit bei $Y = 2000$ ein Gleichgewicht herrscht?

b) Was bedeutet die Einkommenselastizität des Konsums?

c) Wie hoch ist sie in diesem Modell näherungsweise an der Stelle $Y = 2500$?

Lösung:

a)
$C^* = 250 + 0{,}8 \cdot 2000 = 1850$
$Y^* = C^* + I^*$
$2000 = 1850 + I^*$
$I^* = \underline{150}$

b)

$$E_{C,Y} = \frac{dC/C}{dY/Y} = \frac{dC}{dY} \cdot \frac{Y}{C}$$

Die Einkommenselastizität zeigt die <u>relativen</u> Veränderungen des Konsum bei relativen Veränderungen des Einkommens.

c) Die Elastizität berechnet sich aus der Mulitplikation von (dC/dY) • (C/Y) • $E_{C,Y}$ = 0,8 • 2250 / 2500 = 0,72, wobei C berechnet ist durch: C = 250 + 0,8 • 25oo = 225o

Aufgabe 7

Aufgabenstellung:

a) Gegeben sei die Konsumfunktion $C_t = a + b \cdot Y_t$. Leiten Sie daraus graphisch die Sparfunktion ab! Ermitteln Sie algebraisch die durchschnittliche Konsumneigung!

b) Nunmehr sei folgende Habit-persistence-Konsumfunktion gegeben: $C_t = 0{,}5 \cdot Y_t + 0{,}5 + C_{t-1}$.

Berechnen Sie die Höhe der durchschnittlichen Konsumneigung in t, wenn Sie wissen, daß C_t und C_{t-1} gleich 80 sind!

c) Konsumhypothesen gelten immer nur unter "ceteris-paribus". Nennen Sie drei Faktoren, die bei der absoluten Einkommenshypothese unter die ceteris-paribus-Klausel fallen.

Lösung:

a) Graphische Ableitung der Sparfunktion $S_t = -a + (1\text{-}b) \cdot Y_t$:

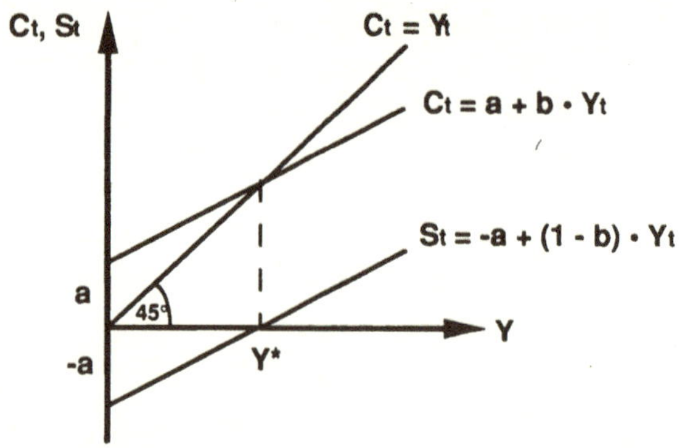

Die Konstruktion der Sparfunktion erfolgt im linearen Fall durch die Definition zweier Punkte:

1. Ordinatenabschnitt: -a
2. Projektion der Bedingung $C_t = Y_t$ mit $S_t = 0$ auf die Abszisse

Durchschnittliche Konsumneigung: $C_t / Y_t = a / Y_t + b$

b) Zunächst Definition der durchschnittlichen Konsumneigung:

$C_t / Y_t = 0{,}5 + 0{,}5 \cdot C_{t-1} / Y_t$

Nach einsetzen der Zahlen muß dann Y_t berechnet werden:

$$\begin{aligned} 90 / Y_t &= 0{,}5 + 0{,}5 \cdot 80 / Y_t \\ 90 &= 0{,}5 \cdot Y_t + 0{,}5 \cdot 80 \\ -0{,}5 \cdot Y_t &= 40 - 90 \\ 0{,}5 \cdot Y_t &= 50 \\ Y_t &= \underline{100} \end{aligned}$$

$C_t / Y_t = 0{,}5 + 0{,}5 \cdot 80 / 100 = \underline{0{,}9}$

c) Absolute Einkommenshypothese nach Keynes: $C_t = a + b \cdot Y_t$
Unter die ceteris-paribus-Regel fallen alle Variablen, die für die Erklärung des Konsums gemäß dieser Konsumfunktion als exogen bzw. als von "außen vorgegeben" angenommen werden: Z.B. keine Änderung des Preisniveaus, der Einkommensklassen, der Bevölkerungszahlen und -strukturen; keine Berücksichtigung langfristiger Faktoren für die Konsumentscheidung.

Aufgabe 8

Aufgabenstellung:

Für eine Volkswirtschaft sei folgende gesamtwirtschaftliche Konsumfunktion gegeben: $C = b \cdot Y$.

a) Ermitteln Sie dafür sowohl die marginale Konsumneigung als auch die Konsumquote!

Untersuchen Sie die Auswirkung einer Änderung der Einkommensverteilung auf die gesamtwirtschaftliche Konsumquote anhand des folgenden Beispiels:

b) Die Wirtschaft besteht aus zwei der Zahl nach gleich großen Gruppen von Einkommensbeziehern, "Arme" und "Reiche" genannt. Die Armen verfügen über ein Pro-Kopf-Einkommen von $Y_a = 100$; ihre Konsumquote ist $b_a = 0{,}9$. Die Reichen verfügen über ein Pro-Kopf-Einkommen von $Y_r = 900$; ihre Konsumquote ist $b_r = 0{,}1$.
Ermitteln Sie die gesamtwirtschaftliche Konsumquote!

c) Aufgrund staatlicher Umverteilungsmaßnahmen ändern sich die Einkommen der beiden Gruppen wie folgt: $Y_a = 500$ und $Y_r = 500$. Ermitteln Sie die gesamtwirtschaftliche Konsumquote für die neue Einkommensverteilung! Inwieweit müssen Sie zur Beantwortung dieser Frage eine ceteris-paribus-Bedingung verwenden? Warum ist diese Bedingung nicht sehr realistisch?

Lösung:

a) Funktion: $C = b \cdot Y$
Marginale Konsumneigung: $dC / dY = b$
Konsumquote: $C / Y = b$

Graphisch:

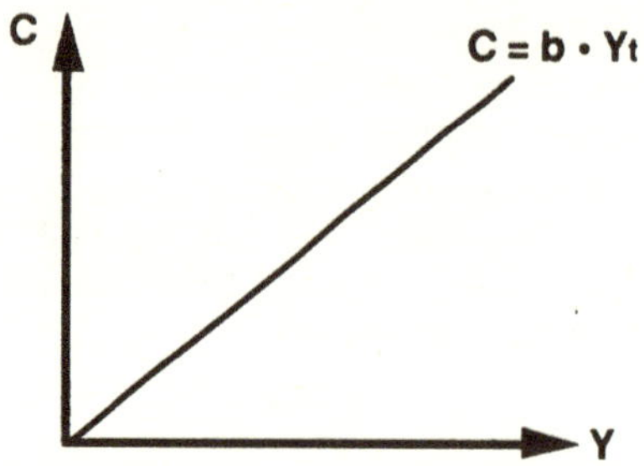

Bei einer Konsumfunktion, die keinen autonomen Konsumanteil aufweist entsprechen sich marginale Konsumneigung und durchschnittliche Konsumquote.

b) $Y_a = 100$ $b_a = 0{,}9$ Konsumfunktion: $C_a = 0{,}9 \cdot 100$
$Y_r = 900$ $b_r = 0{,}1$ Konsumfunktion: $C_r = 0{,}1 \cdot 900$

Konsumquoten: $C_a / Y_a = 0{,}9 \cdot 100 / 100 = 0{,}9$

$C_r / Y_r = 0{,}1 \cdot 900 / 900 = 0{,}1$

Gesamtwirtschaftliche Konsumquote:
$C_{ges} / Y_{ges} = C_a / Y_a + C_r / Y_r;$
$C_{ges} / Y_{ges} = 0{,}9 \cdot 100 / 100 + 0{,}1 \cdot 900 / 900 = 0{,}9 + 0{,}1 = \underline{1}$

c) $Y_a = 500$
$b_a = 0{,}9$ Konsumfunktion: $C_a = 0{,}9 \cdot 500$

$Y_r = 500$
$b_r = 0{,}1$ Konsumfunktion: $C_r = 0{,}1 \cdot 500$

$C_{ges} / Y_{ges} = 0{,}9 \cdot 500 / 500 + 0{,}1 \cdot 500 / 500 = 0{,}9 + 0{,}1 = \underline{1}$

Die gesamtwirtschaftliche Konsumquote beleibt konstant; die Anteile der jeweiligen Einkommensgruppen ($C_a / Y_a = 0,9$; $C_r / Y_r = 0,1$) ebenfalls. Dieses Ergebnis beruht auf der ceteris-paribus-Annahme, daß die Konsumquote der jeweiligen Einkommensgruppe im Umverteilungsprozeß konstant bleibt. Diese Annahme ist unrealistisch, da empirisch feststellbar ist, daß bei steigenden Einkommen die Konsumquote und -neigung der Haushalte tendenziell fällt, bei sinkenden Einkommen steigt. Realistischer wäre also eine Veränderung der Parameter b derart, daß b_a fällt und b_r steigt. Z.B:

$$C_{ges} / Y_{ges} = 0,5 \cdot 500 / 500 + 0,5 \cdot 500 / 500 = 0,5 + 0,5 = 1$$

Aufgabe 9

Aufgabenstellung:

a) Die Lebenszyklustheorie des Konsums liefert einen theoretischen Ansatz zur Bestimmung eines gleichmäßigen Konsumstroms der Individuen. Welche Informationen müßte ein Individuum haben, um seinen Konsum optimal auf die Lebenszeit zu verteilen?

b) Welche Rolle spielt das permanente Einkommen bei der empirischen Bestimmung der Konsumpläne?

Lösung:

a) Lebenszeitkonsumpläne müssen auf Basis des Lebenszeiteinkommens erstellt werden. Bei Kenntnis der Vermögenssituation liegt das Kernproblem somit in der Prognose des zukünftigen Arbeitseinkommens des Individuums. Eine exakte Bestimmung der zukünftigen Entwicklung des realen Einkommens (über den gesamten Lebenszyklus) in quantitativer Form wird durch eine Reihe von Komponenten konkretisierbar:

* Volumen an Arbeitszeit, das der Haushalt im Laufe seiner Lebenszeit verkaufen kann.

Dieses Volumen ist nicht nur vom individuellen Arbeitsangebot des Haushaltes abhängig, sondern auch von der Nachfrage der Unternehmen nach Arbeit. Dies kann im Zuge konjunktureller und struktureller Entwicklungen im Wirtschaftsprozeß variieren. Perioden der Arbeitslosigkeit sind hierbei nicht prognostizierbar.

* Höhe der Lohnsätze, die das Individuum erzielen kann.

Für die Bestimmung des erreichbaren Realeinkommens müssen Informationen über die in Zukunft herrschenden Lohnsätze in Entsprechung zum individuellen Humanvermögen vorliegen. Dabei hängen die Lohnsätze und insbesondere die zukünftigen Zuwächse von der Wirtschaftsentwicklung und der Tarifpolitik ab. Durch Aus- und Weiterbildung kann es dem Individuum gelingen den Wert des Humankapitals zu steigern und durch einen höheren Qualifikationsgrad das Zukunftseinkommen zu erhöhen.

* Renditen aus dem Finanz- und Sachvermögen.

Bei gegebener Vermögenshöhe zu einem Planungbeginn variiert die Rendite der Vermögenskomponenten mit den volkswirtschaftlichen Zinssätzen, die in der Zukunft gezahlt werden. Auch die individuellen Fähigkeiten, über das Vemögen in effizienter Weise zu disponieren, sind von Bedeutung.

* Entwicklung des Preisniveaus.

Konsum bzw. Kaufkraft, die auf den Vermögenswerten und dem zukünftigen Arbeitseinkommen basieren, werden zusätzlich durch die Entwicklung des Preisniveaus bestimmt. Dieses legt die reale Kaufkraft des Einkommens fest und unterliegt wie auch das Zinsniveau wechselnden Bedingungen der langfristigen Wirtschaftsentwicklung.

Durch die Beschreibung und Analyse der oben genannten Komponenten wird deutlich, wie schwierig es wäre, das Lebenszeiteinkommen zu prognostizieren.

b) Bei dem Versuch, eine empirisch sinnvolle Annäherungsgröße für das Lebenszeiteinkommen zu bestimmen hat M. Friedman (1957) die permanente Einkommenstheorie entwickelt.

Diese Theorie besagt, daß die Wirtschaftssubjekte ihr Konsumverhalten nach ihren permanenten oder langfristigen Konsummöglichkeiten ausrichten und nicht auf das laufende Einkommensniveau. Friedmans Theorie teilt grundsätzlich den theoretischen Ansatz der Lebenszyklustheorie. Während letztere den Sparmotiven mehr Aufmerksamkeit schenkt, und sowohl Vermögen als auch das Einkommen in die Bestimmung des Konsums miteinbezieht, beachtet die permanente Einkommenshypothese mehr die Art und Weise, wie die Individuen ihre Erwartungen über zukünftige Einkommen bilden. Die detaillierte Analyse der Determinanten des erwarteten zukünftigen Einkommens, wie sie durch die permanente Einkommenstheorie vorgenommen wird, ist in der Lebenszyklustheorie integrierbar.

Was besagt nun konkret die permanente Einkommenshypothese?

In ihrer einfachsten Form stellt diese Theorie den Konsum als proportional zum permanenten Einkommen dar:

$$C = b \cdot Y_p \qquad Y_p = \text{permanentes Einkommen}$$

Erklärungsvariable für die Konsumausgaben ist somit nicht das jeweilige laufende und unter Umständen stark schwankende Einkommen, sondern das über einen längeren Zeitraum erwartete Einkommen. Einkommen und Konsum weisen ein permanentes und ein transitorisches Element auf: Transitorische (vorübergehende) Einkommensveränderungen wirken sich nicht auf den Konsum aus. Beispiel: Ein Beamter, der befördert wurde, weiß, daß dieser Einkommensanstieg von Dauer sein wird. Ein Arbeiter, der außergewöhnlich viele Überstunden geleistet hat, weiß, daß das erhöhte Einkommen vorübergehender Natur ist. Entsprechend wird sich der Konsum des Beamten erhöhen, der des Arbeiters nicht.

Natürlich ist es nicht immer so einfach in der Realität zu bestimmen, ob Einkommensänderungen permanent sind. In der Praxis behilft man sich mit der Bestimmung des permanenten Einkommens bzw. des Einkommensanstiegs durch die Errechnung des gewichteten Durchschnittes des laufenden und des vergangenen Jahreseinkommens:

$$Y_p = Y_{t-1} + c \cdot (Y_t - Y_{t-1}) \quad \text{bzw. umgeformt:}$$
$$Y_p = c \cdot Y_t + (1-c) \cdot Y_{t-1}$$

Wovon hängt der Wert des Gewichtungskoeffizienten c ab?

Wenn ein Konsument glaubt, daß es sich um eine permanente Einkommensveränderung handelt, hat c einen hohen Wert; erkennt der Konsument, daß die Einkommensveränderungen nicht dauerhaft (also transitorisch) sind, wird er den laufenden Änderungen des Einkommens wenig Aufmerksamkeit schenken und seine Schätzung des permanenten Einkommen nur in geringem Umfang ändern, sein c-Wert wäre dann niedrig.

Die algebraische Formulierung der Konsumfunktion der permanenten Einkommenstheorie des Konsums würde somit lauten:

$$C = b \cdot Y_p = b \cdot c \cdot Y_t + b \cdot (1-c) \cdot Y_{t-1}$$

Aufgabe 11

Aufgabenstellung:

a) Zeigen Sie anhand der Formel für die permanente Einkommenshypothese, daß die kurzfristige marginale Konsumneigung kleiner ist als die langfristige marginale Konsumneigung und erläutern Sie dies verbal!

b) Erstellen Sie eine Graphik mit kurz- und langfristigen Konsumfunktionen! Zeigen Sie, wie sich unterschiedliche Erwartungen der Wirtschaftssubjekte auf die Konsumpfade auswirken!

Lösung:

a) Auf Basis der permanenten Einkommenshypothese lassen sich die unterschiedlichen Werte wie folgt darstellen:

$$C = b \cdot Y_p = b \cdot c \cdot Y_t + b \cdot (1-c) \cdot Y_{t-1} \quad \text{mit: } 0 < b < 1 \text{ und } 0 < c < 1$$

Die kurzfristige marginale Konsumneigung ist die Grenzneigung zum Konsum aus den laufenden Einkommen Y_t: $b \cdot c$.

Die langfristige marginale Konsumneigung stellt die Konsumneigung in bezug auf die gesamte Einkommensbasis, also das permanente Einkommen dar Y_p: b.

Es gilt natürlich $b > b \cdot c$ für vorausgesetzte Werte von b und c kleiner 1
Ökonomische Begründung: Die kurzfristige marginale Konsumneigung ist kleiner, weil das Individuum bei einer Erhöhung des laufenden Einkommens nicht sicher ist, ob der Einkommensanstieg über eine längere Periode, auf die sich die Konsumplanung bezieht, konstant bleibt. Die Anpassung des Konsums an das höhere Einkommensniveau ist deshalb nicht vollständig.

Stellt das Individuum nach einer gewissen Zeit fest - in der hier vorgeführten Funktion wären es zwei Perioden, da die Bestimmung des permanenten Einkommens mittels Y_t und Y_{t-1} vorgenommen wird - daß die Einkommenserhöhung dauerhaft ist ($Y_{t-1} = Y_t$), erfolgt die vollständige Anpassung.

b) Die unter a) geführte Argumentation kann graphisch durch die Darstellung der kurz- und der langfristigen Konsumfunktion vom Typ der permanenten Einkommenshypothese fundiert werden:

Langfristige Funktion: $C_t = b \cdot Y_t$

Kurzfristige Funktion: $C_t = b \cdot c \cdot Y + b \cdot (1-c) \cdot Y_1$

$C_t = b \cdot c \cdot Y + b \cdot (1-c) \cdot Y_0$

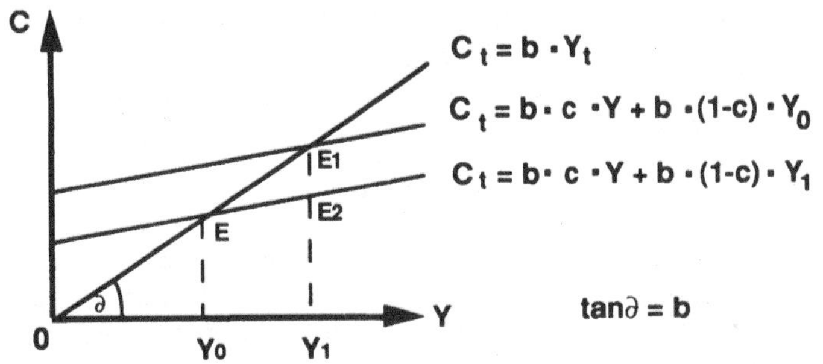

Die flacheren kurzfristigen Funktionen weisen eine Grenzneigung zum Konsum in Höhe von $b \cdot c$ auf. Ihre Lage hängt vom Einkommensniveau ab. Die langfristige Konsumfunktion geht durch den Ursprung und hat eine Grenz- und Durchschnittsneigung von b. Steigt nun das Einkommen von Y_0 auf Y_1 erhöht sich der Konsum kurzfristig nun auf E_2, da die Konsumenten in ihren Erwartungen unsicher sind, ob die Einkommensveränderungen dauerhaft sind.

Stabilisiert sich das Einkommen bei Y_1, verschiebt sich die kurzfristige Konsumfunktion parallel nach oben und der Konsum steigt entlang der langfristigen Konsumfunktion auf Punkt E_1. Die Konsumenten sind sich nun sicher, daß es um eine permanente und keine transitorische Veränderung des Einkommens handelt.

Aufgabe 10

Aufgabenstellung:

a) Erläutern Sie anhand der relativen Einkommenshypothese von Duesenberry den sogenannten Ratchet-Effekt (Sperrklinkeneffekt)! Warum impliziert dieser Ansatz eine asymmetrische Formulierung der Gewohnheitsbildung im Konsumprozeß?

b) Zeigen Sie, daß mit dem Ansatz der relativen Einkommenshypothese ebenfalls eine Theorie vorliegt, die ähnlich wie die Lebenszyklustheorie des Konsums und die permanente Einkommenshypothese, die langfristige Konstanz des Konsums zum verfügbaren Einkommen erklärt.

Lösung:

a) Basis der Überlegungen bildet die sogenannte Habit-persistence-Hypothese. Die Konsumenten passen sich nicht sofort an eine veränderte Einkommenssituation an, es liegt das sogenannte Gewohnheitsverhalten im Konsumprozeß vor: Als zusätzliche Variable wird in die keynesianische Konsumfunktion das Konsumvolumen der Vorperiode integriert:

$$C_t = a + b \cdot Y_t + c \cdot C_{t-1}$$

Auch bei dieser Funktion lassen sich kurz- und langfristige marginale Konsumneigungen unterscheiden und aufgrund des Gewohnheitsprozesses entsteht das gleiche Ergebnis wie bei der permanenten Einkommenshypothese: Die langfristige Konsumneigung ist höher als die kurzfristige. Die Begründung erfolgt hier nicht über die Erwartungsbildung der Wirtschaftssubjekte bezüglich ihres permanenten Einkommens, sondern durch den Gewohnheitsprozeß beim Konsum. Die kurzfristige Konsumneigung repräsentiert die spontane Änderung der Konsumgewohnheiten bei einer Änderung des laufenden Einkommens, also die unmittelbare Wirkung einer veränderten Kaufkraftsituation. Zu dieser Wirkung addiert sich aber im längerfristigen Konsumprozeß die Änderung der Konsumgewohnheiten. Bei einer Erhöhung des Einkommen steigt somit langfristig der Konsum stärker als bei der alleinigen Erhöhung des laufenden Einkommens. Charakteristisch für die oben genannten Funktionen der Habit-persistance-Hypothese ist eine Symmetrie des Konsumverhaltens bei steigenden und sinkenden Einkommen.

Duesenberry hat mit der Formulierung der relativen Einkommenshypothese einer empirischen Feststellung Rechnung getragen die besagt, daß die Wirtschaftssubjekte bei steigenden Einkommen ihren Konsum relativ schnell anpassen, dagegen aufgrund der Gewohnheitsbildung ein einmal erreichtes Konsumniveau bei sinkenden Einkommen nur zögerlich verlassen. Erklärbar wird dies insbesondere unter dem Aspekt der permanenten Einkommenshypothese, wenn der Einkommensrückgang nur als vorübergehend (transitorisch) eingeschätzt wird.

Basis für die Darstellung des Ratchet-Effektes, der diese Stabilisierung des Konsums auf einem höheren Niveau bei sinkendem Einkommen dokumentiert, ist die Formulierung der relativen Einkommenshypothese in der Form:

$C_t = a + b \cdot Y_t + c \cdot Y^{max}_{(t-n)}$ mit: $Y^{max}_{(t-n)}$ = maximales Einkommensniveau der Vergangenheit; äquivalent $Y^{max}_{(t-n)} = C^{max}_{(t-n)}$

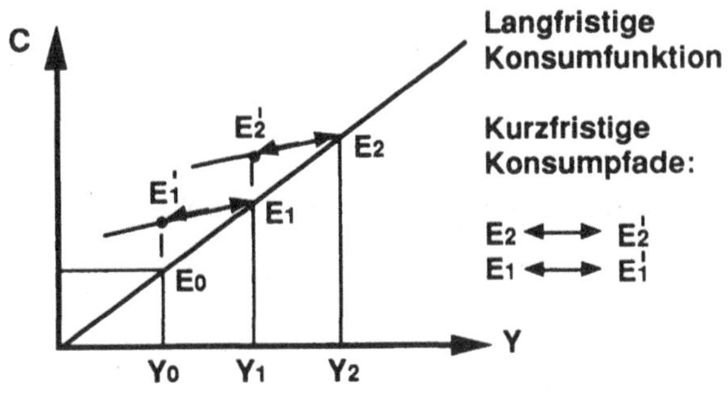

Bei einem ständigen Anstieg des Einkommens verläuft die Konsumentwicklung entlang der langfristigen Konsumfunktion (E_0, E_2).

Ist die Einkommensentwicklung nicht kontinuierlich ansteigend, verändert sich das Verhalten: Ein Rückgang des laufenden Einkommens wird durch das maximal erreichte Einkommensniveau in einer beliebigen Vorperiode beeinflußt. Aufgrund des Gewöhnungseffektes an die höheren Einkommens- bzw. Konsumniveaus in der Vorperiode schränken die Wirtschaftssubjekte ihren Konsum unterproportional ein.

Einkommensrückgang:	Y_1 ———> Y_2
Konsumniveau:	E_1' anstelle von E_0 im symmetrischen Falle

Bei einem Einkommensanstieg auf Y_1 würde wieder eine Anpassung an E_1 auf der langfristigen Konsumfunktion erfolgen. Die Bewegung auf der langfristigen Konsumfunktion repräsentiert die Orientierung an einer direkten Proportionalität und langfristigen Konstanz der Entwicklung des Verhältnisses von Konsum und verfügbarem Einkommen. Die Lebenszyklus- und die permanente Einkommenstheorie erklären dieses Verhalten durch den Versuch der Wirtschaftssubjekte einen stabilen Konsumstrom zu erreichen, orientiert am Lebenszeiteinkommen, dem Vermögen oder dem permanenten Einkommen.

Die relative Einkommenshypothese von Duesenberry erklärt die Stabilität des Konsums in der Realität bei negativer Sozialproduktentwicklung durch die Gewohnheitsbildung der Wirtschaftssubjekte im Zusammenspiel mit den beschriebenen asymmetrischen Anpassungsprozessen.

Aufgabe 11

Aufgabenstellung:

Gegeben sei folgende Konsumfunktion: $C = b \cdot Y$ mit: $o < b < 1$

a) Berechnen Sie den Wert von b, für den gilt, daß die marginale Konsumneigung gleich der durchschnittlichen Sparquote ist.

b) Setzen Sie nun b = 0,6. Ferner gelte: I = 100.

b1) Berechnen Sie das Gleichgewichtseinkommen.

b2) Um welchen Betrag müßten die autonomen Investitionen steigen, um den Wert des Gleichgewichtseinkommens zu verdoppeln?

c) Bei welchem Wert der marginalen Konsumneigung würde bei unveränderten autonomen Investitionen von I = 100 ein Gleichgewichseinkommen $Y^* = 500$?

Lösung:

a) $C = b \cdot Y$

Marginale Konsumneigung: $dC / dY = b$

Konsumfunktion als Basis zur Bestimmung der Sparfunktion:
Wenn $C = b \cdot Y$, dann gilt $S = (1-b) \cdot Y = s \cdot Y$

Durchschnittliche Sparquote: $S / Y = s$
Gesuchtes b für b = s bzw. b = 1-b: $2b = 1$
$b = \underline{0{,}5}$

b)

b1) Durch die Vorgabe eines Investitionsvolumens lautet das Modell nun:

$Y = C + I$ es gilt dann:

$$Y^* = 0{,}6 \cdot Y^* + 100$$
$$0{,}4 \cdot Y = 100$$
$$Y^* = \underline{250}$$

b2) $500 = 0{,}6 \cdot 500 + I^{**}$
$500 - 300 = I$
$I^* = \underline{200}$ Ergebnis: $\Delta I = 100$

Für $I^* = 200$ gilt dann:

$Y^* = 0{,}6 \cdot Y^* + 200$
$0{,}4 \cdot Y^* = 200$
$Y^* = 200 / 0{,}4 = \underline{500}$

$C^* = 0{,}6 \cdot 500 = \underline{300}$

Aufgabe 12

Aufgabenstellung:

Gehen Sie zunächst von folgender gesamtwirtschaftlichen Konsumfunktion aus: (1) $C_t = a + b \cdot Y_t$ mit: $a = 100$, $b = 0{,}6$

a) Formulieren Sie aus (1) die entsprechende Sparfunktion und geben Sie die marginale Sparneigung an!

Verwenden Sie nun statt Funktion (1) die folgende Konsumfunktion:

(2) $C_t = a + b \cdot Y_t + c \cdot C_{t-1}$

b) Interpretieren Sie die im Vergleich zu (1) getroffenen Erweiterungen.

c) Berechnen Sie die durchschnittliche Konsumquote und die marginale Grenzkonsumneigung in kurzfristiger Betrachtungsweise!

d) Zeigen Sie, daß die langfristige marginale Konsumneigung größer ist als die kurzfristige marginale Konsumneigung!

e) Bestimmen Sie den gleichgewichtigen Konsum bei einem Gleichgewichtseinkommen $Y^* = 900$! Verwenden Sie dabei folgende Parameterwerte: $a = 18$; $b = 0{,}8$; $c = 0{,}1$

Lösung:

a) $C_t = a + b \cdot Y_t$ in Werten spezifiziert: $C_t = 100 + 0{,}6 \cdot Y_t$

$S_t = -100 + 0{,}4 \cdot Y_t$, da stets gilt:
Wenn $C_t = a + b \cdot Y_t$,
dann $S_t = -a + (1-b) \cdot Y_t$.

Marginale Sparneigung: $dS / dY = 0{,}4$

b) Erweiterung um eine zusätzliche Erklärungsvariable: $c \cdot C_{t-1}$.
$c \cdot C_{t-1}$: Der gewichtete (c) Einfluß des Konsums der Vorperiode ist Ausdruck für das Gewohnheitsverhalten der Wirtschaftssubjekte im Konsumprozeß. Neben dem Einflußfaktor "laufendes Einkommen" wird durch den Konsum der Vorperiode das einmal erreichte "Konsumniveau" als wichtige Bestimmungsgröße integriert. Damit ist die beschriebene Form der Habit-persistance-Hypothese algebraisch formuliert und interpretiert.

c) Kurzfristige durchschnittliche Konsumquote:
$C_t / Y_t = a / Y_t + b + c \cdot C_t / Y_t$

Kurzfristige marginale Konsumneigung:
$dC_t / dY_t = b$

d) Langfristige marginale Konsumneigung:
$dC_t / dY_t = ?$

Da die langfristigen Größen der Konsumfunktion erst nach völliger Anpassung an ein neues Gleichgewicht bestimmbar sind, müssen die stationären Gleichgewichtswerte (C^*, Y^*) be-stimmt werden. Es gelten hierfür die Gleichgewichtsbedingungen:
$C_t = C_{t-1} = C^*$ und $Y_t = Y_{t-1} = Y^*$.

Es ergibt sich daraus:

$$C^* = a + b \cdot Y^* + c \cdot C^*$$
$$C^* - c \cdot C^* = a + b \cdot Y^*$$
$$C^* \cdot (1 - c) = a + b \cdot Y^*$$
$$C^* = a / 1 - c + b / 1 - c \cdot Y^*$$
$$dC^* / dY^* = b / 1 - c \quad \text{(langfristige marginale Konsumneigung)}$$

Für $0 < b < 1$ und $0 < c < 1$ gilt: $b / 1\text{-}c > b$
Die langfristige marginale Konsumneigung ist $b / 1\text{-}c$ ist größer als die kurzfristige marginale Konsumneigung (b).

e) $C^* = a / 1 - c + b / 1 - c \cdot Y^*$
$C^* = 18 / 1 - 0{,}1 + 0{,}8 / 1 - 0{,}1 \cdot 900 = 20 + 800 = \underline{820}$
(Gleichgewichtskonsum)

Aufgabe 13

Aufgabenstellung:

a) Geben Sie die Konsumneigung und Konsumquote für die folgenden beiden Konsumfunktionen an:

(1) $C_t = a + b \cdot Y_t$

(2) $C_t = c \cdot Y_t$

Wie ändert sich die Konsumneigung und -quote der beiden Funktionen bei steigenden bzw. sinkenden Einkommen?

b) Nennen Sie Konsumhypothesen, bei denen zwischen kurz- und langfristigen Konsumneigungen (-quote) unterschieden wird! Warum?

c) Gehen Sie von den folgenden beiden Konsumfunktionen aus:

(3) $C_t = 100 + 0{,}4 \cdot Y_t + 0{,}5 \cdot C_{t-1}$

(4) $C_t = 100 + 0{,}4 \cdot Y_t + 0{,}5 \cdot C^{max}_{t-1}$,

wobei C^{max}_{t-1} das höchste, in der Vergangenheit erreichte Konsumniveau repräsentiert.

c1) Welche Hyothesen können durch (3) und (4) zum Ausdruck gebracht werden?

c2) Unter welchen Bedingungen ergeben beide Konsumhypothesen den gleichen Verlauf und unter welchen Bedingungen einen unterschiedlichen Verlauf des Konsumniveaus?

Lösung:

a)

Funktion	Konsumneigung	Konsumquote
(1)	$dC_t / dY_t = b$	$C_t / Y_t = a / Y_t + b$
(2)	$dC_t / dY_t = c$	$C_t / Y_t = c$

Funktion	Konsumneigung	Konsumquote
(1) Y steigt	konstant	sinkt
Y fällt	konstant	steigt
(2) Y steigt	konstant	konstant
Y fällt	konstant	konstant

b) $C_t = a + b \cdot Y_t + c \cdot C_{t-1}$ (Habit-persistance-Hypothese)

Bei dieser Funktion wird der Konsum durch zwei Erklärungsvariablen bestimmt.

Y_t: Einfluß von Veränderungen des laufenden Einkommens.
C_{t-1}: Einfluß der Konsumgewohnheiten der Wirtschaftssubjekte, ausgedrückt durch den Konsum der Vorperiode.

Eine Unterscheidung zwischen kurzfristiger und langfristiger Konsumneigung ist notwendig, da die langfristige Größe Ausdruck gleichgewichtiger Einkommens- und Konsumwerte ist. Hierdurch wird ökonomisch ausgedrückt, daß sich aus der Addition der kurzfristigen Anpassungen an laufende Einkommensveränderungen erst die vollständige langfristige Veränderung des Gesamtkonsums ergeben kann.

c1) $C_t = 100 + 0{,}4 \cdot Y_t + 0{,}5 \cdot C_{t-1}$ Habit-persistance-Hypothese
$C_t = 100 + 0{,}4 \cdot Y_t + 0{,}5 \cdot C^{max}{}_{t-1}$ Relative Einkommenshypothese

c2) Für $C_{t-1} = C^{max}{}_{t-1}$ sind die beiden Konsumfunktionen identisch. Dies würde bedeuten, daß das letzte Konsumniveau zugleich das maximal in der Vergangenheit erreichte darstellt. Ökonomisch wäre hier zusätzlich die Prämisse $Y_{t-1} = Y^{max}{}_{t-i}$ gesetzt worden: Es handelt sich um eine Situation, in der das verfügbare Einkommen der Vorperiode das für die Vergangenheit maximale Einkommen darstellt.
Die beiden Hypothesen gehen im Erklärungsgehalt vollständig in die gleiche Richtung, wenn da Einkommen bzw. Konsumniveau ständig steigt.

Aufgabe 14

Aufgabenstellung:

a) In der Volkswirtschaftlichen Gesamtrechnung wird für das Jahr 1990 folgender Zahlenzusammenhang für die Verwendung des Sozialproduktes dargestellt (in Mrd. DM):

Privater Verbrauch	1211
Investitionen	458
Staatsausgaben	390
Export	852
Import	785
BSP (in Preisen 1985)	2126

Berechnen Sie den Anteil des Konsums am Sozialprodukt in Prozent und vergleichen Sie diese Zahl mit den anderen Werten! Welche Rolle spielt der Konsum in der gesamtwirtschaftlichen Gewichtung der einzelnen Größen?

b) In der Wirtschaftsentwicklung der Bundesrepublik seit dem Jahre 1950 zeigten sich in den Jahren 1967, 1975 und 1981/82 negative Zuwachsraten des Bruttosozialproduktes. Erläutern Sie aufgrund der nachfolgend aufgeführten Daten für den privaten Konsum und die Investitionen, welche Rolle dem Konsum in der Beeinflußung der Konjunkturentwicklung zuzuordnen wäre?

Jahr	C	I	Jahr	C	I	Jahr	C	I
1966	275	124	1973	495	219	1980	840	335
<u>1967</u>	282	114	1974	533	212	<u>1981</u>	887	335
1968	300	119	<u>1975</u>	585	209	<u>1982</u>	918	326
1969	330	138	1976	632	225	1983	964	343

(Werte in Mrd DM zu jeweiligen Preisen)

c) Welcher theoretischen Konsumfunktion würden Sie angesichts der ermittelten Trends im Konsumverhalten eine bedeutende Rolle zur Erklärung des tatsächlichen Konsumverhaltens zuordnen?

Lösung:

a) Zur Beschreibung der Bedeutung der einzelnen Komponenten und der Konjunkturentwicklung in einer Volkswirtschaft ist als theoretische Grundlage die gesamtwirtschaftliche Nachfragegleichung heranzuziehen:

$$Y = C + I + C_{st} + (X - M)$$

Die Nachfrage setzt sich demgemäß aus dem privaten Konsum (C), den privaten Investitionen (I), den Staatsausgaben (C_{ST}) und dem Nettosaldo aus Export und Import (Außenbeitrag zur binnenwirtschaftlichen Nachfrage) zusammen. Jede dieser Komponenten kann für die aktuelle und zukünftige Entwicklung des Sozialproduktes eine wichtige Rolle spielen.
Die Bedeutung des Konsums als gesamtwirtschaftliche Größe zeigt sich in dem hohen Anteil am Sozialprodukt:

Konsumquote=	Anteil des privaten Konsums am Sozialprodukt = C/Y = 57%
Investitionsquote=	21,5%
Staatsausgabenquote=	18,3%
Exportquote=	40,0%
Importquote=	37,0%

Die Zahlen zeigen im Vergleich die enorme Bedeutung des Konsums als Komponente der gesamtwirtschaftlichen Entwicklung, da die anderen Quoten erheblich darunter liegen. Die quantitative Entwicklung des Konsums ist demgemäß für die Entwicklung des Sozialproduktes ein äußerst wichtiger Aspekt.

b) Das vorliegende Zahlenbeispiel soll verdeutlichen, daß neben der quantitativen Bedeutung einer gesamtwirtschaftlichen Komponente insbesondere aber auch ihre Veränderungen in der Zeit von erheblicher Bedeutung für die Wirtschaftsentwicklung sein können.

Anhand der vorliegenden Datenentwicklung für den Konsum und die Investition werden folgende Aussagen ableitbar:

* der private Konsum hat sich während der Phasen der wirtschaftlichen Stagnation bzw. sogar einem absoluten Rückgang des Sozialproduktes kontinuierlich positiv entwickelt. In keinem der durch die Daten beschriebenen Jahre kam es zu einer Absenkung der Konsumgröße. Damit ist der Konsum mit Sicherheit keine Größe der gesamtwirtschaftlichen Komponenten, die zu der Absenkung der wirtschaftlichen Aktivität geführt haben könnte. Im Gegenteil zeugen die Daten von einem stets stabilisierenden Beitrag der Konsumentwicklung für die Sozialproduktentwicklung.

* extremes Gegenbeispiel sind die privaten Investitionen. Durch die Daten wird deutlich, daß die Investitionsvolumina analog zur negativen Entwicklung des Sozialproduktes reagiert haben bzw. zu dieser Entwicklung beigetragen haben. Es wird deutlich, daß die Investitionsentscheidungen sehr stark auf die Entwicklung des Sozialproduktes einwirken aufgrund der starken Veränderlichkeit über die Zeit. Die Erklärung des privaten Investitionsverhaltens wird somit ein wichtiger Faktor der Konjunkturerklärung sein.

c) Der empirische Trend des Konsumverhaltens zeigt eine enorme Stabilität im Zeitablauf. Konsumsprünge oder -einbrüche sind nicht erkennbar. Die Folgerung für die Formulierung einer theoretischen Konsumfunktion ist dahingehend zu ziehen, daß diese Funktion nicht nur durch die Variable "verfügbares Einkommen" fundiert sein muß, sondern durch zusätzliche Variablen, die die Längerfristigkeit der Konsumentscheidungen dokumentieren. Beispiel: Permanente Einkommenshypothese.

IV Investitionen

Lernziel

* Darstellung und Verwendung der Kapitalwertmethode als mikroökonomisches Investitionskalkül

* Rechenbeispiele auf Basis der Kapitalwertmethode zur Bestimmung der Rentabilität von Investitionsprojekten (Kapitalwert, interner Zinsfuß)

* Kenntnis unterschiedlicher Ansätze zur Erklärung des einzel- und gesamtwirtschaftlichen Investitionsverhaltens und deren Berücksichtigung in gesamtwirtschaftlichen Fragestellungen

* Analyse und Prognose der Auswirkungen unterschiedlicher staatlicher Maßnahmen zur Investitionsförderung

* Verständnis der gesamtwirtschaftlichen Rolle der Investitionen als volkswirtschaftliches Nachfrageaggregat und der Auswirkungen auf die Konjunkturentwicklung

Aufgabe 1

Aufgabenstellung:

a) Erläutern Sie die unterschiedlichen Formen der Investitionstätigkeit und ihre gesamtwirtschaftliche Bedeutung.

b) In welcher Beziehung stehen die Nettoinvestitionen, die marginale Kapitalproduktivität und der Kapazitätseffekt der Investitionen?

c) Definieren Sie den Einkommenseffekt der Investitionen. Wie unterscheidet sich der Einkommens- und der Kapazitätseefffekt der Investitionen? Was bezeichnet der Begriff "dualer Charakter" der Investitionen?

Lösung:

a) Investitionsentscheidungen werden in den Unternehmen gefällt. Die Unternehmen üben damit die gesamtwirtschaftliche Nachfrage nach Investitionsgütern aus.
Das Gesamtvolumen der Investitionstätigkeit einer Periode stellen die Bruttoinvestitionen (I^B)dar. Die Bruttoinvestitionen ihrerseits setzen sich aus zwei Komponenten zusammen:

* Nettoinvestitionen (I^N): Sie führen zur Bildung zusätzlichen Sachvermögens in einer Volkswirtschaft in Form von Anlageinvestitionen und Lagerinvestionen.

* Re- bzw. Ersatzinvestionen (I^{RE}) dienen dem Ersatz der Wertminderung des Sachkapitals. Rechnerischer Maßstab für die Reinvestitionen sind die Abschreibungen. Sie stellen die (fiktive) Verminderung des Wertes der Sachanlage, z.B. durch mechanische Abnutzung im Produktionsprozeß oder durch ökonomische Wertminderung (Veralterung der Anlagen durch technischen Fortschritt) dar.

Im Mittelpunkt der Nettoinvestitionen einer Periode stehen die Netto-Anlageinvestitionen der Unternehmen. Dies sind die Käufe der Unternehmen von Ausrüstungsgütern oder von Bauleistungen für die Erweiterung der Produktionsanlagen. Die Lagerinvestitionen der Unternehmen erfolgen im Rahmen einer Veränderung der Lagerhaltung bei Roh- bzw. Hilfsstoffen sowie Zwischen- und Fertigerzeugnissen. Ursache für die Lagerinvestitionen sind z.B. Änderungen des Produktions- und Umsatzvolumens, erwartete Preisschwankungen oder Engpässe beim Gütereinkauf.

Die quantitative Bedeutung der einzelnen Arten der Investitionen war im Jahre 1990 wie folgt:

Anlageinvestitionen	458,6 Mrd. DM
davon:	
- Ausrüstungen (Sachanlageinvestitionen)	220,9 Mrd. DM
- Bauten	237,7 Mrd. DM
Vorratsinvestitionen (Lagerinvestitionen)	11,7 Mrd. DM
Gesamtinvestitionen	470, 3 Mrd. DM

Die Investitionsquote (Anteil der Investitionen am Bruttosozialprodukt {BSP}) betrug bei einem BSP von 2 138 Mrd. DM rund 22%.

b) Die Nettoinvestitionen vergrößern den Sachkapitalbestand der Volkswirtschaft $I^N = \Delta K$. Der Umfang des Zuwachses der Produktionsmöglichkeiten wird durch den Kapazitätseffekt (ΔK) gemessen. Es gilt der Zusammenhang:

Kapazitätseffekt = marginale Kapitalproduktivität • Volumen der Netttoinvestitionen

Je höher die marginale Kapitalproduktivität der Nettoinvestitionen, desto höher ist der entstandene Kapazitätseffekt einer Periode. Der Kapazitätseffekt beschreibt einen zentralen Aspekt der Angebotsseite einer Volkswirtschaft.

c) Der Einkommenseffekt der zusätzlichen Nettoinvestitionen einer Periode stellt die am gesamtwirtschaftlichen Gütermarkt ausgelösten Nachfrageimpulse dar. Eine Zunahme der Nettoinvestitionen führt zunächst zu einer erhöhten Nachfrage nach Erzeugnissen der Investitionsgüterindustrie. Im Rahmen der ausgelösten Kreislaufeffekte (Lieferantenaufträge, Einkommenszahlungen, Konsumausgaben etc.) ergibt sich der gesamte Einkommenseffekt als ein Vielfaches der primären Veränderung der Investitionsnachfrage. Der Einkommenseffekt ergibt sich durch den nachfolgenden Zusammenhang:

$$\textbf{Einkommenseffekt} = \text{Multiplikatoreffekt} \cdot \frac{\text{Veränderung der}}{\text{Nettoinvestitionen}}$$

Der Einkommenseffekt auf das Sozialprodukt wird theoretisch durch die Multiplikatortheorie abgebildet. Praktisch kann er durch empirische Schätzungen erfaßt werden, die quantitativ zu messen versuchen, wie durch einen Investitionsimpuls langfristige Sozialprodukteffekte initiiert werden.

Der Begriff "dualer Charakter" der Investition weist auf die doppelte Auswirkung der Investitionstätigkeit hin. Damit ist - wie bereits oben beschrieben - die gleichzeitige Auswirkung auf die Nachfrage und den Sachkapitalstock der Volkswirtschaft beschrieben.

Aufgabe 2

Aufgabenstellung:

Im Gutachten des Sachverständigenrates 1989/90 wurde folgender Verlauf der gesamtwirtschaftlichen Investitionsquote ermittelt:

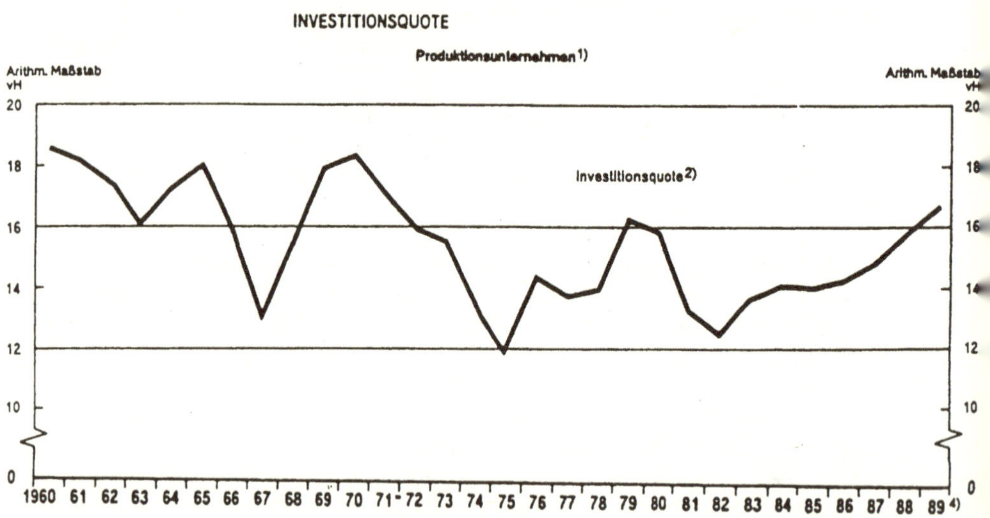

1) Unternehmen ohne die Wirtschaftsbereiche Landwirtschaft, Forstwirtschaft, Fischerei, Kreditinstitute, Versicherungsunternehmen und Wohnungsvermietung.

2) Anlageninvestitionen plus Vorratsveränderung in jeweiligen Preisen in vH des Bruttoinlandsprodukts in jeweiligen Preisen.

a) Definieren Sie die Investitionsquote und erläutern Sie, wie das wiederholte Absinken der Quote erklärt werden kann.

b) Inwiefern können die Investitionen als Schlüssselgröße für die Entwicklung von Konjunktur und Wachstum angesehen werden?

c) Wie könnte der Begriff "Investitionslücke" interpretiert werden?

Lösung:

a) Aufgrund der Erläuterung der Abbildung des Sachverständigenrates ergibt sich die Investitionsquote als der Anteil der privaten Anlageinvestitionen (incl. Vorratsinvestitionen) am Bruttosinlandsprodukt. Das Bruttoinlandsprodukt stellt die Summe aller sektoralen Produktionswerte dar und ist auf die Fläche der Bundesrepublik Deutschland bezogen. Dadurch ist das Inlandsprodukt der treffendere Einkommensmaßstab als das Sozialprodukt, das sich auf das Einkommmen aller Inländer bezieht.
Die Investitionsquote ist exakt in den Jahren abgesunken, in denen konjunkturelle Einbrüche in der BRD zu verzeichnen waren: 1967, 1974/75 und 1981/82. Hintergrund dieses Absinkens der privaten Investitionen war die Erwartung in den Unternehmen, daß angesichts einer schlechten Nachfragesituation Kapazitätserweiterungen ökonomisch ineffizient bzw. unrentabel sind.

b) Die Bedeutung der Investitionen für die beiden Begriffe Konjunktur und Wachstum muß differenziert analysiert werden.

Investition und Konjunktur:

Das Phänomen "Konjunktur" ist definiert als der Auslastungsgrad des Produktionpotentials. Damit wird deutlich, daß ein hoher Auslastungsgrad (eine gute Konjunktur) der notwendige Anlaß sein könnte, daß Investitionen zur Erweiterung des Produktionspotentials sinnvoll und rentabel sind. Gleichzeitig spiegelt die Konjunktur den Umfang der volkswirtschaftlichen Nachfrage wider: $Y = C_{Privat} + I + C_{Staaat} + X - M$. Somit kann eine hohe Auslastung bzw. eine gute Konjunktur auch Ausdruck einer starken Nachfrage nach Investitionsgütern sein. Dies betrifft den sogenannten Einkommenseffekt der Investition, d.h. die Erhöhung des Sozialproduktes durch die Nachfrage nach Investitionsgütern bei und durch die Unternehmen.

Investition und Wachstum

Das Phänomen "Wachstum" ist definiert als das Wachstum des Produktionspotentials einer Volkswirtschaft. Das Produktionspotential stellt den Umfang der gesamtwirtschaftlichen Produktion dar, der bei Vollbeschäftigung aller Produktionsfaktoren hergestellt werden könnte. Die Vornahme von Investitionen führt demgemäß zur Erweiterung des Sachkapitalbestandes und damit des Produktionspotentials. Investitionen führen so stets zu Wachstum.

Auf der Basis der beschriebenen Effekte bleibt festzuhalten, daß die Investitionenen die Konjunktur über den Einkommenseffekt und das Wachstum über den Kapazitätseffekt beeinflussen.

c) Für die mögliche Feststellung, daß für einen bestimmten Zeitraum in einer betrachteten Volkswirtschaft eine "Investitionslücke" vorliegt bzw. vorgelegen hat, ist zunächst die Investitionsquote zu spezifizieren. Ein für diese Volkswirtschaft definierter Zustand eines Mangels an Investitionstätigkeit kann sowohl die privaten als auch die öffentlichen Investitionen betreffen. Eine Analyse einer Investitionslücke bzw. eines volkswirtschaftlichen Investitionsmangels stellt auf die Ursachen eines daraus entstehenden mittel- oder langfristig zu geringen Wirtschaftswachstums ab.

Bei den privaten Investitionen wäre es ein zu geringer Umfang an Anlageinvestitionen, die zu einem Produktionspotential führen, das in der Zukunft zu geringe Kapazitäten für eine möglicherweise prosperierende Konjunktur aufweist. Bei den öffentlichen Investitionen ist zunächst nicht nur ihr definitorischer quantitativer Anteil, sondern die inhaltliche Bedeutung staatlicher Investitionen in die Infrastruktur (z.B. Verkehrswege, Kommunikation und Ausbildung) zu sehen. Derartige staatliche Maßnahmen sind als elementare "Vorleistungen" für die (höhere) Produktivität privater Investitionen zu werten. Von Bedeutung ist hier auch der Aspekt, daß höhere staatliche Investitionen zu einer Einsparung privater Investitionen führen können. Der Tatbestand einer Investitionslücke in der BRD, z.B. in den 70er Jahren zielt darauf ab, daß aus längerfristiger Perspektive ein Einbruch bei den staatlichen Investitionen (Bund, Länder und Gemeinden) zu verzeichnen war. Aus der oben aufgeführten Abbildung wäre diese Entwicklung nicht zu ersehen, da nur die privaten Investitionen enthalten sind.

Aufgabe 3

Aufgabenstellung:

In der Analyse des volkswirtschaftlichen Investitionsvolumens werden häufig einerseits der Zinssatz, andererseits die Nachfrage als die wichtigsten Determinanten bezeichnet. Stellen Sie die unterschiedlichen Hypothesen dar. Sollte man sich für eine der beiden Hypothesen entscheiden?

Lösung:

Hypothesen:

(1) $I = I(i)$ mit $dI / di < 0$
(2) $I = I(Y)$ mit $dI / dY > 0$

Eine eindeutige Entscheidung für eine der beiden Hypothesen muß folgende Sachverhalte berücksichtigen:

(1) $I = I(i)$

Graphisch:

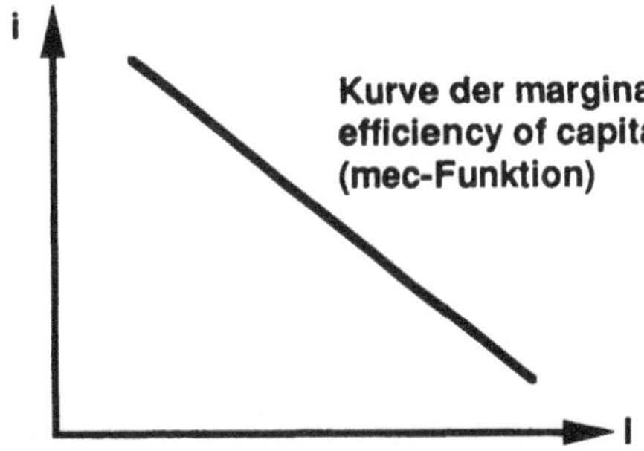

Die Funktion ist abgeleitet aus dem mikroökonomischen Kalkül der Kapitalwertmethode. Hier beeinflußt der Marktzinssatz dominant die Investitionsentscheidung. Es gilt: "Je höher der Marktzinssatz, desto niedriger das gesamtwirtschaftliche Investitionsvolumen".

Basis dieser Aussage ist eine Reagibilität der Investitionen aufgrund von gesamtwirtschaftlichen Zinsänderungen. Eine eindeutige Aussage über diesen Sachverhalt kann nur eine empirische Bestimmung der Zinselastizität des Investitionsvolumens erbringen. Theoretisch lautet sie:

$$E_{I,i} = \frac{dI \,/\, I}{di \,/\, i} \quad \text{bzw.} \quad dI \,/\, di \cdot i \,/\, I$$

Es werden die relativen Zinsveränderungen als auslösende Größe mit den relativen Investitionsveränderungen in Beziehung gesetzt. In der Realität haben sich folgende Aspekte als Basis für die Überlegungen zur Zinselastizität der Investitionen erwiesen:

(a) Kleine Zinsänderungen beeinflussen das Investitionsverhalten nur gering, da über den Kalkulationszins mögliche Zinsänderungen antizipiert werden.

(b) Bei einem geringen Zinssatz (z.B $i < 3\%$) sind zusätzliche Zinssenkungen relativ wirkungslos, da (fast) alle rentablen Projekte bereits verwirklicht sind.

(c) Bei einem hohen Zinsniveau (z.B $i > 8\%$)ist die Zinsreagibilität relativ hoch.

(d) Volkswirtschaftlich relevante Investitionsvorhaben wie Wohnungsbau, Werften etc. sind extrem zinsabhängig, da eine lange Amortisationsdauer der Projekte vorliegt.

(2) $I = I(Y)$

Akzeleratorhypothese

Starrer Akzelerator: $I = v \cdot (Y_{t-1} \cdot Y_{t-2})$

Flexibler Akzelerator: $I = \partial \cdot (K_{t-1} - h \cdot Y_t)$

Während die Hypothese des starren Akzelerators eine direkt proportionale Beziehung zwischen Investitionsvolumen und Nachfrageänderung implementiert, bildet die flexible Akzeleratorhypothese eine Annahme über eine sich verändernde Investitionstätigkeit der Unternehmen im Konjunkturverlauf ab.

Graphische Darstellung:

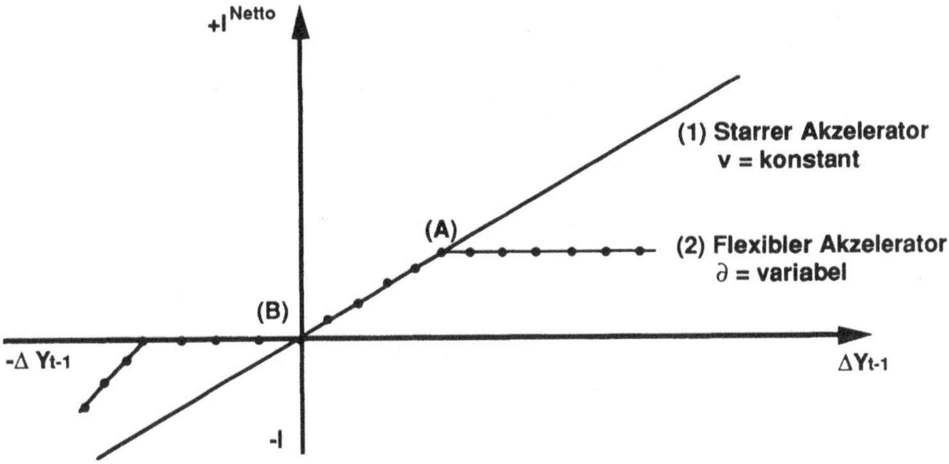

Starrer Akzelerator:

Formel: $I = v \cdot (Y_{t-1} \cdot Y_{t-2})$

Die Größe v (= Akzelerator) nimmt einen festen Wert an und impliziert damit eine direkt proportionale Beziehung zwischen Nachfragelage und Investitionsverhalten. Jede positive und negative Veränderung der Nachfrage führt zu einer entsprechenden positiven oder negativen Investitionsveränderung.

Flexibler Akzelerator:

Basis der Überlegungen ist ein flexibles (variables) Verhalten der Unternehmen als Reaktion auf Nachfrage- bzw. Konjunkturschwankungen. Wesentliche Unterschiede gegenüber dem starren Akzelerator ergeben sich in den Punkten (A) und (B).

(A): Bei positiver Konjunkturentwicklung beginnnen die Unternehmen ab einem gewissen Zeitpunkt ihre Investitionen nicht mehr zu steigern. Die Erklärung hierfür erscheint plausibel: Am Ende eines auslaufenden Booms ist es nicht mehr sinnvoll zusätzliche Produktionskapazitäten aufzubauen. Die Auslastung der neuen Investitionsgüter ist in der folgenden erwarteten Rezession nicht mehr gewährleistet.

(B): Trotz schlechter Nachfrageentwicklung werden die Unternehmen nicht sofort mit negativen Netto-Investitionen reagieren, sondern zumindest die Ersatzinvestitionen zur Erhaltung des technologisch notwendigen Zustands des Kapitalstockes erhalten. Der Kapitalstock erhöht sich um die Abschreibungen (Re-Investition) und die Netto-Investition ist gleich Null. Erst nach Eintritt einer dauerhaften Rezession werden die Ersatzinvestitionen unterlassen und die Netto-Investition werden negativ.

Der flexible Akzelerator zeigt, daß die Entscheidungen der Unternehmen nach dem sogenannten Kapitalstockanpassungsprinzip erfolgen und der Akzeleratorwert eine variable Größe ist, die von den Entscheidungen der Investoren abhängt:

$$I = K_t^* - K_{t-1}$$

Die Investoren bewerten den Kapitalstock, der zur Produktion zur Verfügung steht (K_{t-1}) mit dem aktuell notwendigen oder optimalen Kapitalstock (K_t^*). Dieser ist durch die Konjunkturlage bestimmt. Die Investitionsentscheidungen lauten dann:

$K_t^* > K_{t-1}$	Der verfügbare Kapitalstock ist kleiner als der notwendige Kapitalstock: Realisierung von Investitionen.
$K_t^* = K_{t-1}$	Mit dem vorhandenen Kapitalstock ist die aktuelle Nachfrage zu befriedigen. $I^N = 0$, $I^B = A$. Nur Ersatzinvestitionen zur Erhaltung des Kapitalstockes werden getätigt.
$K_t^* < K_{t-1}$	Der vorhandene Kapitalstock ist größer als der aktuell notwendige. Es liegt eine Unterauslastung der Sachkapzitäten vor. Keine Investitionen zur Erweiterung des Kapitalstockes, sondern tendenziell sogar Unterlassung der Ersatzinvestitionen, wenn dies technisch möglich ist.

Die Verbindung zwischen Konjunkturlage und Kapitalstock ergibt sich durch die obige Gleichung, wenn folgende produktionstechnische Beziehung ergänzt wird: $K_t^* = h \cdot Y_t$

Aufgrund dieser Gleichung wird deutlich, daß zur Erstellung eines Sozialproduktes (Y_t) ein spezifischer Kapitalstock der laufenden Periode notwendig ist. Der Kapitalkoeffizient h gibt darüber Auskunft, mit welchem Einsatz von Sachkapital das Sozialprodukt "technisch" produziert werden kann.

Die Verbindung zwischen der Stromgröße Investition, der Differenz der Bestandsgrößen K_t^*, K_{t-1} und der produktiontechnischen Beziehung $K_t^* = h \cdot Y_t$ führt zur Formulierung des flexiblen Akzelerators $I = \partial \cdot (K_{t-1} - h \cdot Y_t)$.

K_{t-1} : Kapitalstock der Vorperiode
$K_t^* = h \cdot Y_t$: Kapitalstock der laufenden Periode in Abhängigkeit eines technischen Koeffizienten (h) und der aktuellen Nachfrage (Y_t)

Zur Frage der Entscheidung zugunsten einer der beiden Hypothesen sollte festgestellt werden, daß gerade bei der Betrachtung der Ursachen und der Veränderung der Investitionstätigkeit eine einseitige Entscheidung zugunsten einer einzigen Variablen ungünstig wäre.

Eine dritte Hypothese, nämlich die neoklassische Investitionshypothese vereint in sinnvoller Weise die in den beiden anderen Erklärungsansätzen enthaltenen Variablen:

Neoklassische Investitionsfunktion: $K^* = f(i, Y)$

mit: $dK^* / di < 0$
mit: $dK^* / dY > 0$

Graphisch:

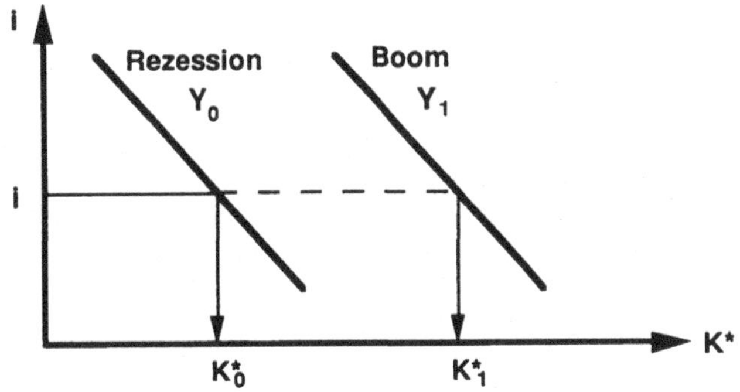

Der Kapitalstock wird im Rahmen der neoklassischen Investitionsfunktion optimiert (K^*), wenn die Variablen i (Marktzins) und Y (Nachfrage, Konjunkturlage) als erklärende Variablen berücksichtigt werden.
Der negativ geneigte Verlauf der Funktion entsteht durch die Zinsabhängigkeit. Die Lage der Funktion ist nicht mehr vom Zins, son-

dern von der konjunkturellen Lage als Ausdruck der positiven oder negativen Erwartungen der Investoren bezüglich der zukünftigen Absatzmöglichkeiten abhängig.
Im Boom, also einer Phase guter wirtschaftlicher Entwicklung und hoher Auslastung der Kapazitäten, wird bei bei gleichem Zinsniveau eine Erweiterung des optimalen Kapitalstocks K* vorgenommen, da positive Erwartungen herrschen. Die konjunkturelle Lage findet hier als Erwartungseinschätzung der Wirtschaftssubjekte ihre Berücksichtigung, als Variable könnte man auch Y (Sozialprodukt) einsetzen.

Aufgabe 4

Aufgabenstellung:

a) Was versteht man unter dem Kapitalwert und dem Ertragswert einer Investition?

b) Erklären Sie den Unterschied zwischen Rendite und Kalkulationszinsfuß.

c) Welche Folgerungen lassen sich aus diesen Überlegungen für den Verlauf einer gesamtwirtschaftlichen Investitionsfunktion I = I(i) ziehen?

Lösung:

a) Nach der Kapitalwertformel gilt:

$$K = -A_0 + e_1 / (1 + k)^1 + e_2 / (1 + k)^2 + ...+ e_n / (1 + k)^n$$

<u>Ertragswert:</u> Gegenwartswert der zukünftigen Nettoerlöse $e_1.....e_n$. Die jeweiligen Gegenwartswerte der Ertragswerte $e_1 / (1 + k)^1$, $e_2 / (1 + k)^2$ oder $e_n / (1 + k)^n$ ergeben sich durch die Abdiskontierung der Nettoerlöse in den jeweiligen Perioden mit dem Diskontfaktor (1 + k). Dabei wird deutlich, daß ein in späteren Perioden anfallender Ertrag zum gegenwärtigen Zeitpunkt der Investition (Barwert in der Periode 0) durch die Abdiskontierung einen geringeren Wert hat. Ursache: Je früher die Ertragswerte zur Verfügung stehen, desto höher ist ihr Gegenwartswert, denn die Wiederanlage der Erlöse bringt in den späteren Perioden eine Verzinsung. Dieser Betrag führt also zu einer Minderbewertung später anfallender Erlöse.
<u>Kapitalwert:</u> Diese Größe dient als Kriterium für die Investitionsentscheidung, da den Gegenwartswerten der zukünftigen Erlöse die

in der Periode 0 anfallenden Anschaffungskosten gegenübergestellt werden.
Ist der Kapitalwert <u>positiv</u>, lohnt sich die Investitionsmaßnahme in jedem Falle, da die Gegenwartswerte der Nettoerlöse die Anschaffungskosten übersteigen.
Ist der Kapitalwert gleich <u>Null</u>, entsprechen sich die Gegenwartswerte der zukünftigen Nettoerlöse und die in Periode 0 anfallenden Anschaffungskosten. Es wird exakt der geplante Kalkulationszinsfuß erwirtschaftet.
Ist der Kapitalwert <u>negativ</u>, übersteigen die Anschaffungskosten die zukünftigen Nettoerlöse. Eine Investition ist dann nicht rentabel.

Bei der Bestimmung der Kapitalwerte ist grundsätzlich zu beachten, daß der Diskontfaktor (1 + k) in hohem Maße durch die individuelle Rentabilitätsvorstellung des Investors bestimmt wird: Der Kalkulationszins k ($k = i + k_z$) trägt durch die zweite Komponente k_z den individuellen Risikovorstellungen des Investors Rechnung. Dieser Zuschlagsatz (k_z) kann natürlich ein individuelles Investitionsprojekt rentabel ($K > 0$, bei niedrigem k_z) oder unrentabel erscheinen lassen ($K < 0$, bei hohem k_z). Die Größe i (Marktzinssatz) ist dagegen ein objektiv gegebenes Datum, da sie durch die Geld- und Kapitalmarktbedingungen festgelegt ist.

b) Wie oben dargestellt, ist der Kalkulationszins ($k = i + k_z$) eine den individuellen Risikoerwartungen unterworfene Größe. Die Höhe des Zuschlagssatzes bestimmt die Einschätzungen des Risikos durch den Investor bzw. seine Vorstellungen über die gerechte Zusatzverzinsung (über den Marktzins) aufgrund seines individuellen Investitionsengagements.

<u>Rendite:</u> Nach der Kapitalwertformel wäre hierunter die tatsächliche Verzinsung des Investitionsvorhabens zu verstehen. Ihr mathematischer Wert ist bei Kenntnis der übrigen Daten ermittelbar über die Formel $K = 0$:

$$0 = e_1 / (1 + r)^1 + e_2 / (1 + r)^2 + ...+ e_n / (1 + r)^n$$

Die Formel wäre nach r aufzulösen.

Grundsätzlich gilt folgende Bedingung zwischen Kapitalwert, Kalkulationszins und Rendite:

$K = 0$	$k = r$	Die effektive Rendite (r) entspricht den Zielvorstellungen des Investors (k)

$K > 0$	$k < r$	Die effektive Rendite (r) hat einen höheren Wert als den, den der Investor geplant hat (k).
$K < 0$	$k > r$	Bei negativem Kapitalwert hat sich die Investition effektiv (r) mit einem geringeren Wert amortisiert als geplant (k)

c) Die Kapitalwertmethode ist die mikroökonomische Fundierung einer gesamtwirtschaftlichen Investitionsfunktion vom Typ:

$$I = I(i)$$

Bei der Umsetzung ist der Übergang zwischen dem einzelwirtschaftlichen Kalkül und dem gesamtwirtschaftlichen Zusammenhang zu berücksichtigen.

Einzelwirtschaftliche Prämisse zur Vereinfachung: $k = i$, weil die Bestimmungsfaktoren von k_z in die Nettoerlöse als Risikofaktor integriert werden können. Damit ergibt sich folgende Graphik:

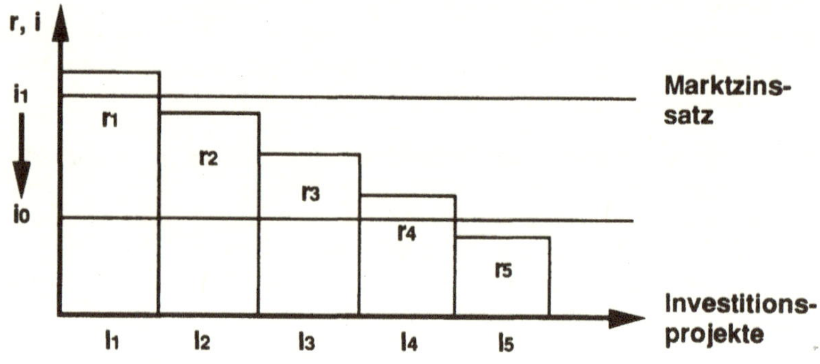

Als Entscheidungskriterium ergibt sich durch die Vereinfachung: Alle Investitionsprojekte mit $r > i$ werden realisiert!

Beim Zinssatz i_1 ist nur Projekt 1 mit r_1 rentabel und wird verwirklicht. Sinkt der Marktzinssatz auf i_0 werden auch die Projekte mit dem Effektivzins r_2, r_3, und r_4 rentabel, da sie eine Verzinsung erbringen, die über i_0 liegt.

Gesamtwirtschaftliche Umsetzung: Da die effektiven Verzinsungen in einer Volkswirtschaft in unendlich vielen individuellen Abstufungen existieren, kann bei unendlich vielen Projekten eine gesamtwirtschaftliche Funktion $I = I(i)$ mit $dI / di < 0$ konstruiert werden:

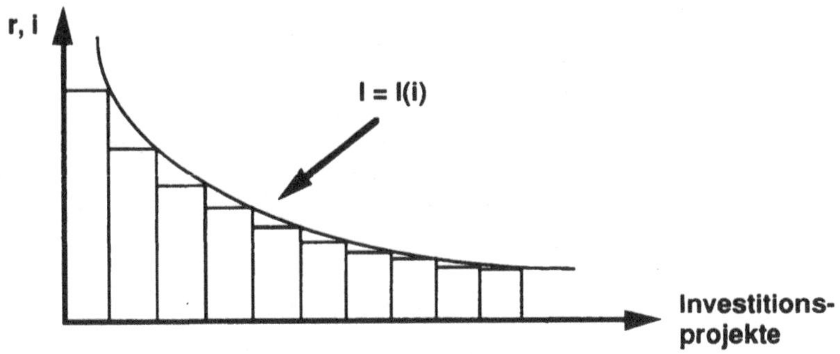

Es gilt danach die gesamtwirtschaftliche Investitionsfunktion vom Typ: I = I(i) mit dI / di < 0, also einer negativen Steigung.

Aufgabe 5

Aufgabenstellung:

Zur Beeinflussung der privaten Investitionstätigkeit eignen sich verschiedene Maßnahmen des Staates. Untersuchen Sie mittels der Kapitalwertmethode die Wirkung

a) von einem direkten Zuschuß, zahlbar im Jahr der Vornahme der Investition (Investitionszulage),
b) von einem direkten Zuschuß (gleichhoher Betrag wie in a)), zahlbar 3 Jahre nach Vornahme der Investition,
c) einer Zurverfügungstellung eines zinsverbilligten Kredits
d) von der staatlichen Garantie einer Mindestrendite, die aber unter dem Marktzins liegt.

Benutzen Sie die Kapitalwertformel und zeigen Sie, an welchen Komponenten die Maßnahmen jeweils ansetzen und wie sie das gesamtwirtschaftliche Investitionsvolumen beeinflussen.

Lösung:

Auf Basis der Kapitalwertformel

$$K = -A_0 + e_1 / (1 + k)^1 + e_2 / (1 + k)^2 + ...+ e_n / (1 + k)^n$$

ergeben sich folgende Ergebnisse der Maßnahmen:

a) Investitionszulage (IL_0)

Die Investitionszulage stellt einen direkten Zuschuß in Höhe eines bestimmten Prozentsatzes der Anschaffungs- oder Herstellungskosten dar. Sie sind im Jahr der Anschaffung des Investitionsgutes, also in der Periode 0 wirksam. Dadurch erfolgt eine Minderung der Anschaffungs- oder Herstellungskosten und eine Erhöhung des Kapitalwertes:

$$K = (-A_0 + IL_o) + e_1 / (1 + k)^1 + e_2 / (1 + k)^2 + ...+ e_n / (1 + k)^n$$

Als Folge der Maßnahme steigt das gesamtwirtschaftliche Investitionsvolumen, da eine höhere Anzahl privater Investoren eine positive Investitionsentscheidung fällen.

b) Investitionszulage 3 Jahre nach Vornahme der Investition (IL_3)

Die Bezuschussung der Investitionsmaßnahmen hat in diesem Falle einen geringeren Wert und damit auch einen schwächeren Effekt auf den Kapitalwert, da der zur Verfügung gestellte Betrag erst nach 3 Jahren gezahlt wird. Der Barwert der Investitionszulage ergibt sich durch die notwendige Abdiskontierung: $IL_3 / (1 + i)^3$

$$K = A_0 + e_1 / (1 + k)^1 + e_2 / (1 + k)^2 + e_3 / (1 + k)^3 + IL_3 / (1 + i)^3 + ...+ e_n / (1 + k)^n$$

Der Diskontfaktor sollte hier nicht der gewünschte Kalkulationszins des Investors sein, sondern der Marktzins (i), da es sich hier nicht um eingesetztes Kapital handelt, das einer Sollverzinsung (k_z) unterliegt. Das gesamtwirtschaftliche Investitionsvolumen erhöht sich, aber in einem geringeren Umfang als in Situation a).

c) Zinsverbilligter Kredit

Bei der Kapitalwertformel wird durch die Nettoerlöse und den Diskontfaktor bereits grundsätzlich auch eine Kreditfinanzierung berücksichtigt. Die Nettoerlöse beinhalten bereits notwendige Tilgungsraten in der jeweiligen Periode. Die Zinsverbilligung (z.B. ZV = 3%) wirkt sich damit auf den Diskontfaktor aus. Der Diskontfaktor sinkt: $(1 + i - ZV + k_z)$. Dadurch erhöhen sich die Nettoerlöse und der Kapitalwert. Auch das gesamtwirtschaftliche Investitionsvolumen steigt.
Es sei hier angenommen bzw. explizit gemacht, daß der Marktzins (i) stets den potentiellen Soll- bzw. Habenzinssatz vereint. Diese Annahme ist in der Realität für die beiden unterschiedlichen

Situationen der potentiellen Eigenkapitalverzinsung bzw. der Kreditfinanzierung zu verändern.

d) Staatlich garantierte Mindestrendite der Investition

Eine Mindestrendite, die unter dem Marktzins liegt, wirkt sich im Normalfall nicht auf die Entscheidung eines Investors aus. Es ist grundsätzlich davon auszugehen, daß die Sollverzinsung (k) die Mindestrendite übersteigt, denn es gilt: $k = i + k_z$.

Es ergibt sich somit keine Veränderung des Diskontfaktors oder anderer Größen in der Kapitalwertformel. Es werden durch die staatlich garantierte Mindestrendite keine zusätzlichen Investitionsanreize gegeben. Aus diesen Gründen steigt das gesamtwirtschaftliche Investitionsvolumen nicht.

Die staatliche Mindestrendite könnte das Ziel einer Absicherung risikoreicher Investitionen haben. Erfüllt sich die Sollzinsvorstellung des Investors nicht, und liegt die effektive Verzinsung (r) unter der staatlichen Mindestrendite, kann sie vom privaten Investor beansprucht werden. Die Mindestrendite wirkt so ähnlich wie eine Subvention, die nur gezahlt wird, wennn Verluste auftreten. Sie hat aber auf die Investitionsentscheidung keinen direkten Einfluß.

Aufgabe 6

Aufgabenstellung:

Beantworten Sie in wenigen Worten folgende Fragen:

a) Der Kapitalwert eines Investitionsobjektes sei negativ. Welche Beziehung besteht dann zwischen dem Kalkulationszinsfuß und dem internen Zinsfuß?

b) Ist die Kapitalwertmethode zum Vergleich verschiedener Investitionsvorhaben geeignet?

c) Läßt die Kapitalwertmethode zu, daß dasselbe Projekt von zwei Investoren unterschiedlich beurteilt wird?

Lösung:

a) Für $K < 0$ gilt: $r < k$

Begründung: Wenn die geplanten Nettoerlöse in ihren Gegenwartswerten die Anschaffungskosten unterschreiten, ergibt sich ein negativer Kapitalwert. In diesem Fall verzinst sich die Investition mit einer Rendite (r), die unter der geplanten Verzinsung (k) liegt. Wenn mit der Verzinsung von k der Kapitalwert gleich Null ist, ist die Investition unrentabel und sollte nicht durchgeführt werden.

b) Die Kapitalwertmethode ist nur geeignet für den Vergleich von Investitionsprojekten mit folgender Datenidentität:

- k = Kalkulationszins ist identisch.
- Zeithorizont des Entstehens der Nettoerlöse e ist identisch, d.h. die Laufzeit der beiden zu vergleichenden Investitionsprojekte entspricht sich.

Investitionsprojekte mit unterschiedlicher Laufzeit und unterschiedlichem Kalkulationszins sind auf Basis dieser Form der Kapitalwertmethode schwer vergleichbar.

Eine mögliche Ergänzung der Kapitalwertmethode mit unterschiedlichen Laufzeiten kann dann erfolgen, wenn das kürzer laufende Projekt die Wiederanlage der Nettoerlöse für die Folgeperioden des länger laufenden Projektes simuliert.

c) Klare Antwort: Ja!

Die Parameter, die einer individuell unterschiedlichen Bewertung unterliegen sind:

(1) Die Nettoerlöse von e_1 bis e_n

$e = p \cdot x$: Erzielbare Preise multipliziert mit der Absatzmenge. Es scheint klar, daß hier die individuellen Prognosen über Preise und Mengen unterschiedliche Werte für die Nettoerlöse implizieren.

(2) k = Kalkulationssatz

Der Kalkulationssatz drückt die von Person zu Person unterschiedlichen Vorstellungen bezüglich der gewünschten erzielbaren Rendite ($k = i + k_z$) des Investitionsprojektes aus. Objektiv vorgegeben ist der Marktzins (i), während der Zuschlagsatz (k_z) vollkommen den individuellen Rendite- und Risikovorstellungen entspricht.

Aufgrund der Faktoren e_1 bis e_2 und des Kalkulationszuschlagsatzes ist eine unterschiedliche Bewertung desselben Projektes durch verschiedene Investoren durchaus vorstellbar!

Aufgabe 7

Aufgabenstellung:

Ein Unternehmer hat vier Maschinen im Einsatz. Aufgrund seiner Liquiditätslage hat er die Möglichkeit eine Fünfte anzuschaffen. Er entscheidet sich stets nach der Kapitalwertmethode.

a) Wie lautet der Ansatz für die Kapitalwertmethode?
b) Wie bestimmt der Unternehmer die einzelnen Größen des Ansatzes?
c) Wie verwendet er die Kapitalwertmethode, um zu einer Entscheidung zu gelangen?

Lösung:

a) Kapitalwertformel

$K = -A_0 + e_1 / (1 + k)^1 + e_2 / (1 + k)^2 + \ldots\ldots + e_n / (1 + k)^n$

K = Kapitalwert

A_0 = Anschaffungskosten

$(1 + k)$ = Diskontfaktor für den jeweiligen Nettoerlös

$e / (1 + k)^n$ = Barwert (Gegenwartswert) des Nettoerlöses der Periode n

$e_1 - e_n$ = Nettoerlöse der Periode (Reparaturen, Steuern, etc. berücksichtigt)

b) A_0: Vorgegebene Größe aufgrund der Anschaffungskosten des Kapitalgutes; Bewertung zur Zeit der Herstellung bzw. Anschaffung in Periode 0

$e_1 - e_2$: Schätzung der erzielbaren Preise und Absatzmengen in der jeweiligen Periode; Erlöse vermindert um Reparaturen des Kapitalstockes; mögliche Schmälerung des Nettoerlöses durch Steuerbelastung.

k: Kalkulationszins, der den individuellen Ertragsvorstellungen einer Investition entspricht. Ermittlung dieser Komponente aufgrund zweier Faktoren.

i = Marktzinssatz

k_z = Berücksichtigung individueller Ertragszuschläge aufgrund des unternehmerischen Risikos

$k = i + k_z$

$e^n / (1 + k)^n$: Berücksichtigung der Tatsache, daß ein Nettoerlös, der in späteren Perioden anfällt, weniger wert ist als in einer früheren Periode. Hintergrund: Der erwirtschaftete Nettoerlös könnte in den folgenden Perioden wieder verzinslich angelegt werden.

c) Investitionskriterium

$K > 0$ $(r > k)$: Investition wird getätigt, da Kapitalwert positiv und die Verzinsung höher als geplant ist $(r > k)$.

$K = 0$ $(r = k)$: Investition wird (gerade noch) getätigt bei Kapitalwert gleich 0, da die effektive Verzinsung (r) identisch mit der geplanten Verzinsung (k) ist.

$K < 0$ $(r < k)$ Investition wird nicht getätigt, da die tatsächliche Rendite (r) geringer ist als die geplante Rendite (k).

Bei einem Vergleich mehrerer Investitionsprojekte orientiert sich der Investor an dem jeweils höchsten Kapitalwert eines Projektes. Als Prämisse gilt natürlich, daß der Zahlenwert der Projekte identisch ist.

Aufgabe 8

Aufgabenstellung:

Zur Bestimmung der Profitabilität eines Investitionsprojektes kann folgende Formel verwendet werden:

$$K = -A_0 + e_1 / (1 + k)^1 + e_2 / (1 + k)^2 + \ldots\ldots + e_n / (1 + k)^n$$

a) Zu welchem Zweck werden die zukünftigen Nettoerlöse in der oberen Formel auf die Gegenwart abdiskontiert?

Nehmen Sie nun an, daß ein Investor seine Kapitalwertrechnung revidieren muß, weil er plötzlich feststellt, daß sein Investitionsvorhaben mit einem größeren Risiko behaftet ist, als er ursprünglich annahm.

b1) Wie wirkt sich das größerere Risiko auf den Kalkulationszinsfuß aus, wenn die erwarteten Nettoerlöse und die Anschaffungskosten gleich bleiben? Begründen Sie Ihre Antwort.

b2) Wird er noch investieren, wenn im Ausgangszustand Kalkulationszinsfuß und interner Zinsfuß gleich waren?

c) Von der Kapitalwertmethode ausgehend, läßt sich ein negativer Zusammenhang zwischen Zinssatz und gesamtwirtschaftlichen Investitionsausgaben ableiten. Es gibt Gründe für die Annahme, daß diese Abhängigkeit nicht sehr stark sein dürfte. Erläutern Sie zwei derartige Gründe für den Fall einer Senkung des Zinssatzes.

Lösung:

a) Der Vorgang der Abdiskontierung ist notwendig um die Anschaffungskosten mit den zukünftigen Erträgen vergleichbar zu machen. Verglichen werden können und sollen nur Werte, die eine gleichartige Dimension haben. Die Nettoerlöse fallen erst in späteren Perioden an, haben also einen Gegenwartswert der niedriger ist als ihr nominaler Wert in t = 1,2,3....n.

Beispielhaft ist dies an einem Betrag e_0 = 100 erklärbar. Dieser Betrag ist am Ende der ersten Periode auf die Höhe e_1 angewachsen (aufgrund der Verzinsung):

$e_0 + e_0 \cdot i = e_1$
$e_0 \cdot (1 + i) = e_1$
$e_0 = e_1 / (1 + i)^1$

Bei einem Zinssatz von 10% ergäbe sich: $100 + 100 \cdot 10\% = 110$

Die Größe e_0 zeigt also den aktuellen Wert (Gegenwartswert) eines Betrages, der nach einem Jahr bei einem Zins von 10% anfällt:

$e_0 = 110 / (1 + 0,1) = 100.$

Diese Überlegung gilt für alle zukünftigen Erlöse, d.h., daß z.B. ein Betrag von DM 4000, der erst in drei Jahren durch Produktverkäufe erlöst wird, heute nur folgenden Wert hat:

$e_0 = 4000 / (1 + 0,1)^3 = 4000 / 1,331 = 3005$

b1) Das erhöhte Risiko ist im Ansatz des Kalkulationszinssatzes zu berücksichtigen: $k = i + k_Z$.

Der Investor erhöht demgemäß seinen Risiko-Zuschlagsatz k_Z. Dadurch wird für das höhere Risiko der Investition eine höhere Verzinsung gefordert. Bei konstanten Nettoerlösen und Anschaffungskosten sinkt der Kapitalwert.

b2) Wenn in der Ausgangslage galt $k = r$, dann legt dies fest, daß der Kapitalwert gleich Null ist ($K = 0$). Bei einer Erhöhung von k wird der Kapitalwert negativ und damit wird die Investition aufgrund des Investitionskriteriums abzulehnen sein.

c) Die Funktion $I = I(i)$ zeigt nur den grundsätzlich inversen Zusammenhang zwischen Investitionsvolumen und Marktzinssatz. Wie stark das gesamtwirtschaftliche Investitionsvolumen auf Zinsänderungen reagiert, zeigt die Zinselastizität der Investition:

$$E_{I,i} = \frac{dI / I}{di / i} \quad \text{bzw.} \quad dI / di \cdot i / I$$

Bei einer Senkung des Zinsniveaus kann begründet werden, warum die Zinselastizität relativ gering ist:

* Im Falle eines bereits niedrigen Zinsniveaus löst die Zinssenkung keine zusätzlichen Projekte aus, da die meisten bereits realisiert sind.

* Eine Zinssenkung ausgehend von einem hohem Zinsniveau muß nicht unbedingt zu einer Reaktion der Investoren führen, da Zinsänderungen in der Regel sehr gering sind und nicht immer eine Unterschreitung des Niveaus des internen Zinsfusses bei vielen neuen Investitionsprojekten auslöst.

Aufgabe 9

Aufgabenstellung:

Die folgende Funktion beschreibe das gesamtwirtschaftliche Investitionsverhalten (wobei I für das gesamtwirtschaftliche Investitionsvolumen und i für den Zinssatz stehen): $I = 90 + 1 / i$

a) Zeichnen Sie eine Skizze des Funktionsgraphen und markieren Sie auf der I-Achse die autonomen Investitionen.

b) Geben Sie die Formel für die Zinselastizität der Investitionen an und fassen Sie in Worte, was diese Formel zum Ausdruck bringt.

c) Berechnen Sie die Zinselastizität der Investitionen für einen Zinssatz von 10%!

Lösung:

a) Graphik:

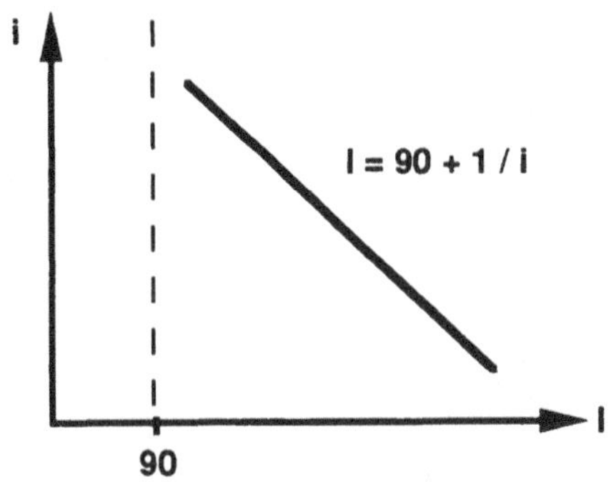

Die Graphik zeigt den grundsätzlich inversen Zusammenhang zwischen Investition und Marktzinssatz: $I = f(i)$ mit $dI / di < 0$. Dieser elementare Zusammenhang wird durch autonome Investitionen in Höhe von $I^a = 90$ überlagert. Allgemein liegt der vorliegenden spezifizierten Funktion die Formel $I = I^a + 1 / i$ zugrunde.

b) Zinselastizität der Investitionen:

$$E_{I,i} = \frac{dI / I}{di / i} \quad \text{bzw.} \quad dI / di \cdot i / I$$

Bei der Zinselastizität der Investition wird die relative Veränderung der gesamtwirtschaftlichen Investitionen (dI/I) zur relativen Änderung des Marktzinssatzes (di/i) ins Verhältnis gesetzt. Ursache für die Änderung der Investition ist somit der Marktzins.

c) $I = 90 + 1 / 0{,}1 = 100 \qquad i = 0{,}1$

Nach der Formel (siehe Teilaufgabe b) müssen folgende Größen zur Berechnung ermittelt werden.

Die Größe dI / di ergibt sich durch $I = 90 + 1 / i = 90 + 1 \cdot i^{-1}$
$dI / di = -1 \cdot i^{-2} = -1 / 0{,}01 = -1 / i^2$

Bei einem Zinssatz von 0,1 ergibt sich:
$dI / di = -1 / 0{,}01 = -100$

Als Ergebnis für die Zinselastizität kann nun festgestellt werden: $E_{I,i} = dI / di \cdot i / I = -100 \cdot 0{,}1 / 100 = -0{,}1$

Das Vorzeichen der Elastizität ist natürlich negativ: Wenn der Zinssatz fällt steigen die Investitionen. Die Größe 0,1 bedeutet daß bei einer relativen Änderung der Zinsen um 1% das volkswirtschaftliche Investitionsvolumen um den 1/10-fachen Betrag steigt.

Aufgabe 10

Aufgabenstellung:

Für ein Investitionsprojekt mit einer Dauer von einem Jahr und Anschaffungskosten von 2000 wird ein Nettoertrag von 2365 erwartet.

a) Welcher Kalkulationszinsfuß wurde benutzt, wenn ein Kapitalwert von 150 errechnet wird?

b) Wie hoch ist der interne Zinsfuß des Projekts?

c) Um wieviel dürfen die Ertragserwartungen unterschritten werden, damit sich das Projekt bei dem unter a) errechneten Kalkulationszinsfuß noch lohnt?

d) Skizzieren Sie die Beziehung zwischen dem Kapitalwert einer Investition und dem Kalkulationszinsfuß.

Lösung:

a) Gesucht: k

Kapitalwertformel: $K = -2000 + 2365 / (1 + k)^1$

Auflösen nach k:

$150 = -2000 + 2365 / 1 + k$
$2150 = 2356 / / 1 + k$
$1 + k = 2365 / 2150$
$k = 1{,}1 - 1 = 0{,}1$

b) Gesucht: r

Der Kalkulationszins beträgt 10%. Für k die Größe r einsetzen.

K = 0 setzen: $0 = -2000 + 2365 / 1 + r$

$(1 + r) \cdot 2000 = 2365$

$r = 2365 / 2000 - 1$

$r = 1{,}1825 - 1 = 0{,}1825$

Der interne Zinsfuß beträgt 18,25%.

c) $0 = -2000 + e_1 / (1 + 0{,}1)^1$

$2000 \cdot 1{,}1 = e_1$

$e_1 = 2200$

Bei einem Ertragswert $e_1 = 2200$ liegt beim Kalkulationszins von $k = 10\%$ der Kapitalwert bei Null. Die Erträge können also in der Ausgangslage bis zu 165 DM sinken, um das Projekt mit dem gewünschten Zinssatz ($k = 10\%$) rentabel zu halten. In diesem Falle wäre der Kalkulationszinssatz gleich dem internen Zinsfuß.

d) Der Kapitalwert eines beliebigen Zahlungsstroms sinkt mit zunehmendem Diskontfaktor. Es gilt nach der Kapitalwertformel:

$K = -A_0 + e_1 / g^1 + e_2 / g^2 + \ldots + e_n / g^n$ mit: $g = (1 + k)$

$dK / dg = -e_1 / g^2 + (-2e_2 / g^2) + \ldots + (-Te_t / g^{t+1}) < 0$

Graphische Umsetzung:

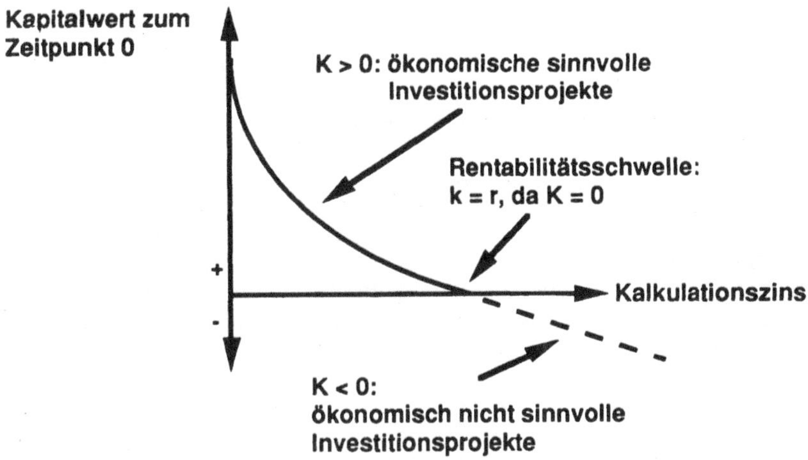

Aufgabe 11

Aufgabenstellung:

a) Erläutern Sie verbal wie über das zentrale Motiv der Gewinnmaximierung die neoklassische Investitionsfunktion abgeleitet werden kann.

b) Entwickeln Sie mathematisch aus einer Cobb-Douglas-Produktionsfunktion die Abhängigkeit des optimalen Kapitalstocks von den Variablen Zinssatz und Sozialprodukt.

Lösung:

a) Bei der mikroökonomischen Fundierung der neoklassischen Investitionsfunktion steht das Gewinnmaximierungskalkül des Investors im Mittelpunkt der Überlegungen. Es geht um die Entscheidung des Unternehmers, wieviel Kapital in der Produktion eingesetzt werden soll. Die Entscheidung erfolgt hier durch einen Vergleich des Betrages, den ein höherer Kapitalsatz zur Gewinnsteigerung erfordert mit den zusätzlichen Kosten der Beschaffung und Finanzierung der Investition.

Entscheidungsregel:	Wert des Grenzproduktes des eingesetzten Kapitals muß größer sein als die Kosten des Kapitals
Mathematisch:	$dY/dK = a \cdot Y/K = i$

Die Formel besagt, daß ein Erhöhung des Outputwertes bei Einsatz einer weiteren Kapitaleinheit größer (gleich) als der Zinssatz sein muß. Aus dieser Gewinnmaximierungsbedingung kann nach K*, dem optimalen Kapitalstock für den Investor, aufgelöst werden:

$$K^* = a \cdot Y/i$$

Hierdurch wird deutlich, daß der für den Investor optimale Kapitalstock auf Basis der Gewinnmaximierungsbedingung von den Variablen Y (Sozialprodukt) und i (Zinssatz) abhängig ist. Die jeweilige Abhänggigkeit ergibt sich mit:

$$dK^*/dY > 0$$
$$dK^*/di < 0$$

Zur Investitionsfunktion gelangt man über die bekannte Bedingung:

$$I = K_t - K_{t-1} + n \cdot K_{t-1}$$

Mit: $n \cdot K_{t-1}$ (Term für die Abschreibungen).

Eine Formulierung der neoklassischen Investitionsfunktion lautet:
$I = a \cdot Y/i + (n-1) \cdot K_{t-1}$

b) Cobb-Douglas-Produktionsfunktion: $Y = K^a \cdot L^{1-a}$
$dY/dK = a \cdot K^{a-1} \cdot L^{1-a} = a/K \cdot K^a \cdot L^{1-a} = (a \cdot Y)/K$

In Beziehung gesetzt zum Zinssatz gilt wie oben unter a):
$(a \cdot Y)/K = i$

Aufgabe 12

Aufgabenstellung:

Erläutern Sie unter Zugrundelegung der neoklassischen Investitionsfunktion mögliche Reaktionsmuster des Investitionsverhaltens für die nachfolgenden Beispiele:

a) Gewährung von Investitionszulagen
b) Konsolidierung der staatlichen Haushalte

Lösung:

Allgemeine Vorbemerkung zur neoklassischen Investitionsfunktion:
$I = a \cdot Y/i + (n-1) \cdot K_{t-1}$

In abstrakter Formulierung gilt: $I = I(Y,i)$ mit: $dI/dY > 0$
$dI/di < 0$
$dI/d(n \cdot K_{t-1}) > 0$

Graphik:

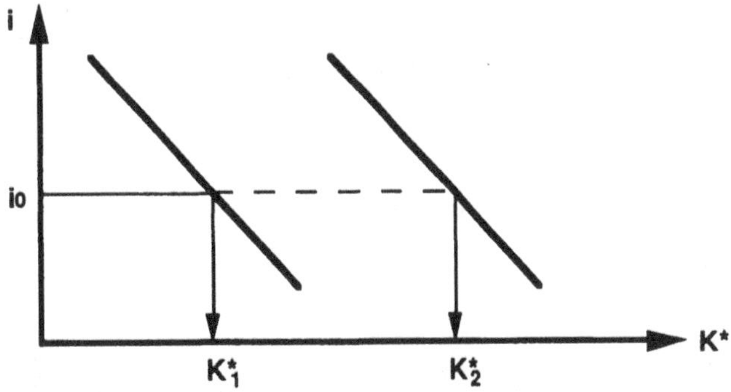

Die Graphik bringt zum Ausdruck, daß die negative Neigung der Funktion durch die Zinsabhängigkeit des Kapitalstocks gegeben ist. Die Verlagerung der Funktion nach außen bedeutet, daß aufgrund besserer Erwartungen über die konjunkturelle Situation und damit die Nachfragelage der Volkswirtschaft bei gleichem Zinssatz i_0 ein höherer Kapitalstock realisiert wird.
Die positive Korrelation mit der Höhe der Abschreibung geht davon aus, daß im Normalfall der Kapitalstock in Höhe des produktionsbedingten Werteverzehrs in der nächsten Periode wieder aufgestockt wird. Die Investitionsfunktion geht somit stets von einer Bruttoinvestition in Höhe der Abschreibungen aus.

a) Die Gewährung einer prozentualen Investitionszulage durch den Staat führt zu einer Minderung des für die Erhöhung des Kapitalstockes notwendigen Kapitaleinsatzes. Die Investoren gelangen aufgrund der Gewinnmaximierungsbedingung eher zu der Entscheidung den Kapitalstock zu erhöhen. Als gesamtwirtschaftliches Ergebnis erhöht sich die Investition.

b) Eine Konsolidierung des staatlichen Etats ist von zwei Seiten zu betrachten:

* Durch die Konsolidierung werden unnötige Ausgaben gekürzt, die Notwendigkeit der staatlichen Verschuldung reduziert sich. Dadurch wird der Kapitalmarkt in geringerem Umfang durch staatliche Kreditfinanzierung beansprucht. Der volkswirtschaftliche Zins kann sinken. In diesem Fall erhöht sich unter sonst gleichen Bedingungen der Umfang des optimalen Kapitalstocks, da die Zinskosten für die nächste zu finanzierende Einheit sinken. Die gesamtwirtschaftliche Investition kann sich aufgrund des Finanzierungsaspektes erhöhen.

* Konsolidierung kann aber aufgrund der Zurücknahme der staatlichen Ausgaben auch eine Minderung der staatlichen Nachfrage und damit der gesamtwirtschaftlichen Nachfrage bedeuten. Das Sozialprodukt kann stagnieren oder sinken. Wenn diese Entwicklung im Vordergrund steht, können die Investitionen gesamtwirtschaftlich ebenfalls sinken, da die Nachfrage insgesamt sinkt.

V Staatliche Aktivität im Einkommen-Ausgaben-Modell (Gütermarkt I)

Lernziel

* Darstellung und Umsetzung der staatlichen Aktivität im Gleichungssystem des Einkommen-Ausgaben-Modells

* Berechnung und graphische Darstellung des Gleichgewichtseinkommens im Einkommen-Ausgaben-Modell mit staatlicher Aktivität

* Berechnung der quantitativen Effekte von staatlichen Parameterveränderungen auf das Gleichgewichtseinkommen im Einkommen-Ausgaben-Modell

* Darstellung der ökonomischen Auswirkungen der Staatsaktivität in der Multiplikatortheorie

* Verständnis der Rolle der staatlichen Aktivität als Instrument zur Konjunkturbeeinflussung

* Umsetzung der Konjunkturorientierung der staatlichen Ausgabentätigkeit in zielentsprechende Parameterveränderungen

* Analyse der möglichen prozyklischen und antizyklischen Effekte staatlicher Haushaltspolitik

Aufgabe 1

Aufgabenstellung:

a) Setzen Sie den privaten Konsum, die private Investition und die staatliche Aktivität als gesamtwirtschaftliche Nachfragefaktoren in ein Einkommen-Ausgaben-Modell um. Spezifizieren Sie hierbei insbesondere die gesamtwirtschaftliche Nachfragefunktion und leiten Sie die Gleichgewichtslösung ab.

b) Wie sähe eine der Realität angepaßte Nachfragefunktion aus ?

Lösung:

a) Das elementare Einkommen-Ausgaben-Modell (Gütermarkt I) ist durch folgende Gleichungen spezifiziert:

(1) Verhaltensfunktion: $A_t = a + b \cdot Y_t$

(2) Gleichgewichtsbedingung: $Y^A = Y^N \qquad A_t = Y_t$

Die Gleichgewichtslösung war algebraisch mit:

$$Y^* = \frac{1}{1 - b} \cdot a \text{ gegeben.}$$

Die graphische Darstellung ergab sich in dieser einfachen Modellstrukturierung wie folgt:

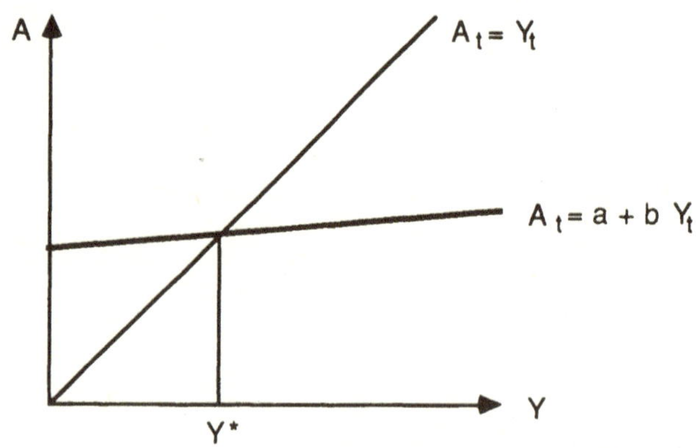

In der elementaren Form des Einkommen-Ausgaben-Modells ist die gesamtwirtschaftliche Nachfragefunktion durch die Ausgabenfunktion

$A_t = a + b \cdot Y_t$ spezifiziert. Nach der detaillierten Analyse der Nachfragekomponenten Konsum und Investition kann das Einkommen-Ausgaben-Modell nun mit der staatlichen Aktivität wie folgt dargestellt werden:

Y^N = C (YP) + I + CS mit:

Y^N : Gesamtwirtschaftliche Nachfrage

YP : Privates Einkommen der Haushalte, das nach Abzug der Steuern verfügbar ist: YP = YM - T + Z

T : Steuereinnahmen des Staates

Z : Transferausgaben des Staates an die privaten Haushalte

CS : Staatsausgaben

Da im Einkommen-Ausgaben-Modell die einzige Variable das Sozialprodukt darstellt, sind alle anderen Komponenten außer dem privaten Konsum autonom zu setzen:

Gleichgewichtsbedingung:	$Y^A = Y^N$
Nachfragegleichung:	$Y^N = C + I + CS$
Konsumfunktion:	$C = a + b \cdot YP$
Definition verfügbares Einkommen:	$YP = Y - T + Z$
Autonome Größen:	$I = IGA$
	$CS = CSA$
	$T = TA$
	$Z = ZA$

Algebraische Lösung des Modells mit staatlicher Aktivität:

$$Y^N = C + I + CS$$
$$Y = a + b \cdot (Y - TA + ZA) + IGA + CSA$$
$$Y = a + b \cdot Y - b \cdot TA + b \cdot ZA + IGA + CSA$$
$$Y - b \cdot Y = a + IGA + CSA + b \cdot ZA - b \cdot TA$$
$$Y \cdot (1 - b) = \ldots$$
$$Y^* = \frac{1}{1-b} \cdot (a + IGA + CSA) + \frac{b}{1-b} \cdot ZA - \frac{b}{1-b} \cdot TA$$

b) Die gesamtwirtschaftliche Nachfragegleichung in der vorliegenden Form Y = C + I + CS enthält bereits fast alle notwendigen und möglichen Komponenten zur Beschreibung der realen Situation auf dem volkswirtschaftlichen Gütermarkt. Vollständig wäre sie um die Nachfrage des Auslands nach Inlandsgütern (Export = X) und die Nachfrage des Inlands nach Auslandsgütern (Import = M) zu ergänzen. Es ergäbe sich somit:

$$Y^N = C + I + CS + (X - M)$$

In dieser Gleichung sind alle gesamtwirtschaftlichen nachfragewirksamen Aggregate enthalten:

C : Nachfrage der Haushalte nach Konsumgütern
I : Nachfrage der Unternehmen nach Investitionsgütern
CS : Nachfrage des Staates nach Konsum- und Investitionsgütern
X : Nachfrage des Auslands nach Inlandsgütern
M : Nachfrage des Inlands nach Auslandsgütern
(X-M) : Außenbeitrag = Nettonachfrage aufgrund der Auslandsbeziehungen

Aufgabe 2

Aufgabenstellung:

a) Zeigen Sie in graphischer Form die Gleichgewichtslösung eines Einkommen-Ausgaben-Modells mit staatlicher Aktivität. Erläutern Sie insbesondere die Auswirkungen der Erhebung von Steuern und die Zahlung staatlicher Transfers an die Haushalte in graphischer Form!

b) Wie verändert sich die graphische Darstellung, wenn die Steueraufkommensfunktion lautet: $T = t \cdot Y$.
Ermitteln Sie auch das neue Gleichgewichtseinkommen algebraisch!

Lösung:

a) $Y^N = C + I + CS$ ergibt die spezifizierte Gleichgewichtslösung:

$$Y^* = \frac{1}{1-b} \cdot (a + IGA + CSA) + \frac{b}{1-b} \cdot ZA - \frac{b}{1-b} \cdot TA$$

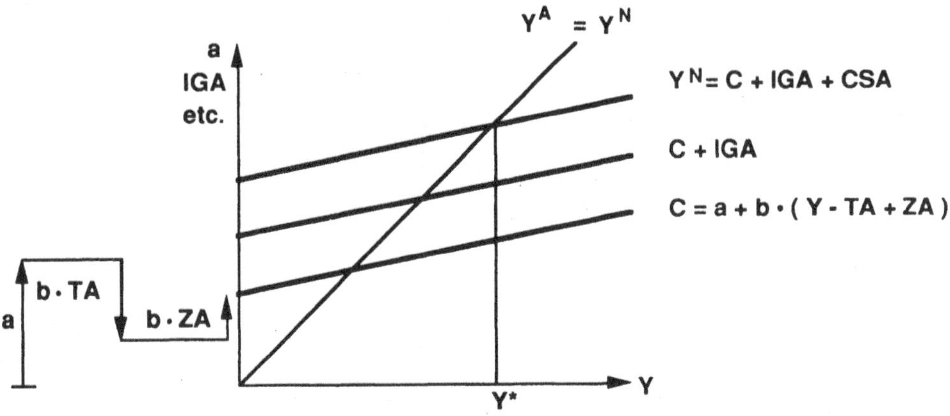

Die neue Konsumfunktion lautet: $C = a - b \cdot TA + b \cdot ZA + b \cdot Y$

Der Ordinatenabschnitt in der Konsumfunktion ergibt sich bei Integration der staatlichen Aktivität wie folgt: $a - b \cdot TA + b \cdot ZA$

In Höhe $b \cdot TA$ vermindert sich der autonome Konsum, in Höhe von $b \cdot ZA$ erhalten die Haushalte durch die staatlichen Transfers zusätzliche Kaufkraft. Die Größen IGA und CSA werden durch eine Parallelverschiebung der Konsumfunktion zur gesamtwirtschaftlichen Nachfrage addiert. Das neue Gleichgewichtseinkommen ergibt sich wie stets im Schnittpunkt mit der 45°-Linie.

b) Die Veränderung der Steueraufkommensfunktion von $T = TA$ in $T = t \cdot Y$ entspricht tendenziell dem in der Realität bei Lohn- und Einkommensteuer gültigen Steuertarif. Die neue Komponente der Funktion $t \cdot Y$ beschreibt die Einkommensabhängigkeit der Steuererhebung bzw. des Steueraufkommens.

Der Grenzsteuersatz t erhöht sich mit der steigenden Bemessungsgrundlage, hier dem privaten zu versteuernden Einkommen. Im Modell liegt t zwischen 0 und eins, ist aber konstant. In der Realität bewegt sich t zwischen 19% und 53%.

In der graphischen Darstellung wird nun nicht nur die autonome Komponente des Konsums betroffen, sondern die Steigung der Konsumfunktion:

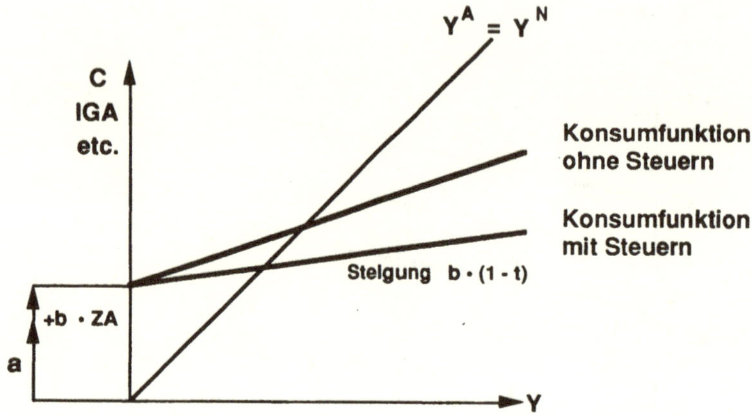

Das Gleichgewichtseinkommen ergibt sich graphisch analog zu Teil a) der Aufgabe, nämlich durch Parallelverschiebung der flachen Konsumfunktion in IGA und CSA nach oben:

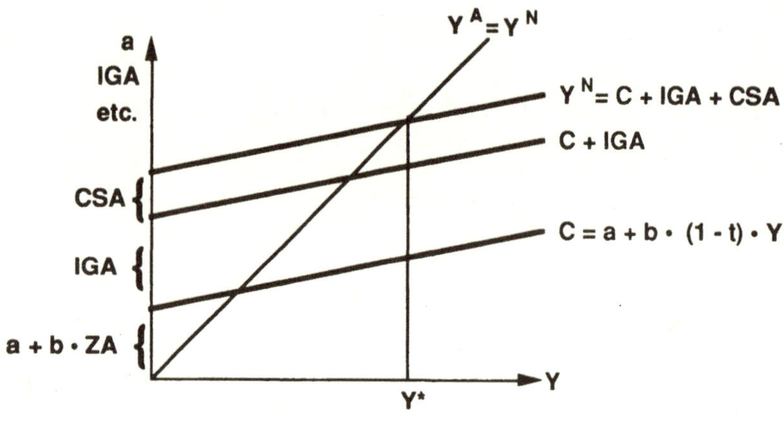

Algebraische Darstellung:

$$Y^N = C + I + CS$$
$$Y = a + b \cdot (Y - t \cdot Y + ZA) + IGA + CSA$$
$$Y = a + b \cdot Y - b \cdot t \cdot Y + b \cdot ZA + IGA + CSA$$
$$Y - b \cdot Y + b \cdot t \cdot Y = a + IGA + CSA + b \cdot ZA$$
$$Y \cdot (1 - b + b \cdot t) = \ldots$$

$$Y^* = \frac{1}{1 - b + b \cdot t} \cdot (a + IGA + CSA) + \frac{b}{1 - b + b \cdot t} \cdot ZA$$

(Gleichgewichtslösung bei einkommensabhängigen Steuern)

Aufgabe 3

Aufgabenstellung:

a) Welcher grundlegende methodische Unterschied besteht in der Sichtweise der privatwirtschaftlichen Aktivitäten Konsum und Investition als Komponenten der gesamtwirtschaftlichen Nachfragegleichung und der Rolle der staatlichen Aktivität

b) Was versteht man unter keynesianischer Nachfragesteigerung?

Lösung:

a) Die gesamtwirtschaftliche Nachfragegleichung $Y^N = C + I + CS$ für eine geschlossene Volkswirtschaft dient in der Realität zur Prognose der gesamtwirtschaftlichen Nachfrageaktivität für zukünftige Perioden. Zu diesem Zweck erfolgt eine Endogenisierung der Größen C und I durch Variablen, die eine theoretisch und empirisch befriedigende Beschreibung der Realität erbringen.

Der Konsum ist in der Datenentwicklung als Nachfragekomponente sehr stabil. Es besteht eine enge Korrelation mit den Wachstumswerten des Sozialprodukts bzw. des verfügbaren Einkommens der Haushalte. Eine Endogenisierung durch die Variable Y erscheint adäquat in der Form:

$$C = C(Y) \qquad \text{mit:} \qquad dC / dY > 0.$$

Die Investition zeigt als gesamtwirtschaftliche Komponente der Nachfrageentwicklung die stärksten Fluktuationen im Konjunkturverlauf. Eine Endogenisierung durch die Akzeleratorhypothese durch :

$I_t = v \cdot (Y_{t-1} - Y_{t-2})$ gibt eine gute Erklärung für die starken Schwankungen der Investitionstätigkeit im Konjunkturverlauf, da durch die Größe v (Akzelerator) die Nachfrageschwankungen verstärkt werden.

Von ähnlicher Qualität ist aber auch die Endogenisierung der Investition durch den Marktzinssatz in der Form :

$$I = I(i) \qquad \text{mit:} \qquad dI / di < 0.$$

Im Konjunkturverlauf erhöht sich der Zins im allgemeinen in der Boomphase und führt zu einer Verringerung der Investitionen. In der Rezessionsphase mit unausgelasteten Kapazitäten und bei hoher Liquidität sinkt der Zins ab und führt so zu einer Stimulierung der Investitionen. In jedem Falle zeigt sich eine zyklusverursachende Wirkung des Investitionsverhaltens.
Im Gegensatz zu den beiden privatwirtschaftlichen Komponenten Konsum und Investition besteht bei der Betrachtung und Analyse der Staatsausgaben bzw. der Staatstätigkeit in der gesamtwirtschaftlichen Nachfragegleichung ein vollständig anderer Ansatz:

Es erfolgt **keine** Endogenisierung des Aggregats aufgrund der Datenentwicklung der Vergangenheit, sondern es wird unterstellt, daß der Staat mit seinen im Modell spezifizierten Instrumentparametern (Ausgaben, Transfers, Steuern) das Ziel einer antizyklischen Konjunkturpolitik verfolgt.

b) Nachfragesteuerung bedeutet, daß der Staat die gesamte staatliche Aktivität in der jeweiligen Konjunkturphase so zu beeinflußen versucht, daß eine Dämpfung der konjunkturellen Entwicklung entsteht.

Der Begriff "keynesianische Nachfragesteigerung" weist auf J. M. Keynes als ersten Vertreter dieses Ansatzes hin. In seiner "general theory" (1936) plädierte er nach den Erfahrungen aus der Weltwirtschaftskrise (dauerhafte Depression, Massenarbeitslosigkeit) für eine der Entwicklung der privaten Wirtschaft entgegengesetzte Nachfragepolitik des Staates und begründete dies modelltheoretisch ausführlich. Die vom Staat bewußt gesteuerte Nachfrageentwicklung (über CS, T, TR) soll bewirken, daß sich der Konjunkturverlauf stabilisiert.

Die in der Rezession und Depression auftretenden Firmenzusammenbrüche und Massenarbeitslosigkeit werden durch erhöhte staatliche Nachfrage nach Investitions- und Konsumgüter aufgefangen. In der Boomphase, in der private Investoren und Konsumenten aufgrund der guten Einkommensentwicklung die gesamtwirtschaftliche Nachfrage derart steigern, daß angesichts ausgelasteter Kapazitäten Inflation entsteht, dämpft der Staat durch Ausgabenzurückhaltung und Abschöpfung der privaten Nachfrage durch steuerliche Maßnahmen die Konjunkturentwicklung.

Die Umsetzung der keynesianischen Nachfragesteuerung wurde in der Bundesrepublik Deutschland relativ spät im Jahre 1967 durch die Instrumente des Gesetzes zur Förderung der Stabilität und des Wachstums der Wirtschaft (1967) vorgenommen.

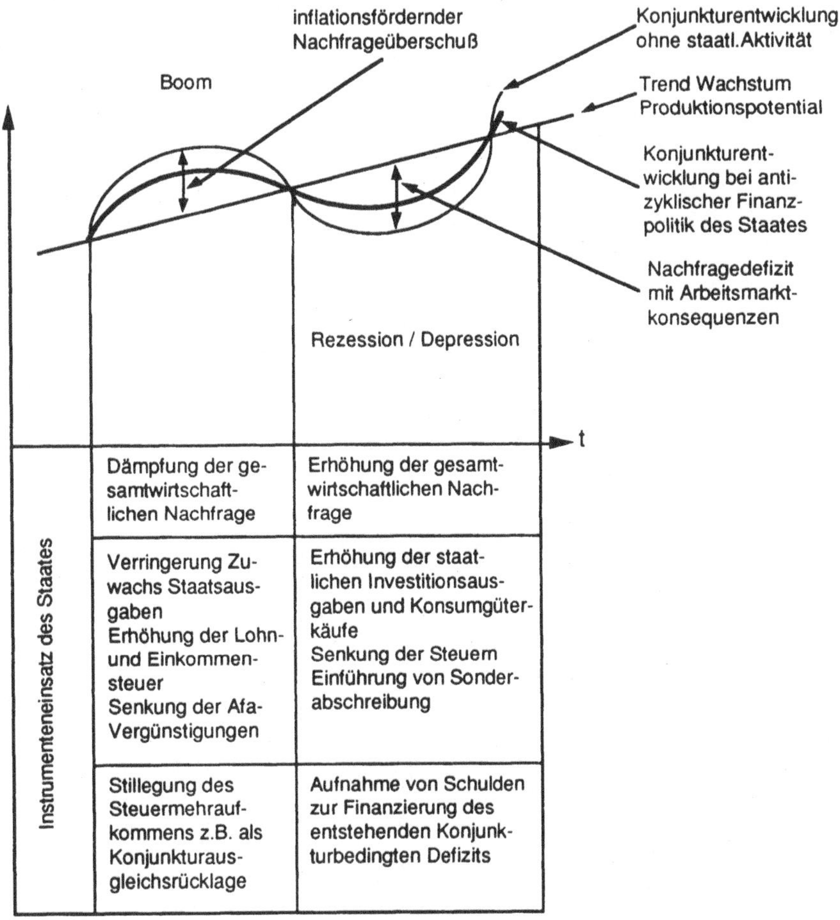

Aufgabe 4

Aufgabenstellung:

Gegeben sei folgendes Modell mit staatlicher Aktivität:

$Y = C + I + CS$ mit: $C = a + b \cdot YP$

$CS = CSA$

$I = IGA$

a) Ergänzen Sie dieses Modell um eine zentrale Definitionsgleichung und ermitteln Sie das Gleichgewichtseinkommen.

b) Wie hoch ist der Multiplikatoreffekt einer Senkung der autonomen Transfers um 5 Mrd. DM, wenn gilt: $t = 0{,}25$ und $b = 0{,}8$?

c) Wie hoch ist der Multiplikatorwert bei einer Senkung der autonomen Steuern um 5 Mrd. DM?

d) Erläutern Sie ökonomisch, warum eine Senkung der Staatsinvestitionen das Sozialprodukt stärker reduziert als eine Senkung der Transfers.

e) Gilt diese Aussage auch im Falle einkommensunabhängiger Steuern?

Lösung:

a) Zu ergänzen ist die Gleichung: $YP = Y - TN$ $\qquad TN = TA - ZA + t \cdot Y$

Das für die privaten Haushalte verfügbare Einkommen ergibt sich aus der Bereinigung des Markteinkommens (Y) um die zu leistenden Steuerzahlungen.
Die Bestimmung des Gleichgewichtseinkommens ergibt sich dann durchdas Einsetzen der Verhaltensfunktion in die gesamtwirtschaftliche Nachfragegleichung:

$$Y = a + b \cdot \{YM - (TA - ZA + t \cdot YM)\} + IGA + CSA$$

Die Lösung des Modells ergibt in allgemeiner Form:

$$Y^* = \frac{a + IGA + CSA}{1 - b + b \cdot t} - \frac{b \cdot (TA - ZA)}{1 - b + b \cdot t}$$

b) Die Veränderung der staatlichen Transferzahlungen an die privaten Haushalte ist im allgemeinen definiert durch den autonomen Transfermultiplikator, der hier mit einem Minuszeichen darzustellen ist, da die Transfers sinken.

$$\frac{dY^*}{dZA} = \frac{-b}{1 - b + b \cdot t} \quad \text{bzw.} \quad dY^* = \frac{-b}{1 - b + b \cdot t} \cdot dZA$$

Eine Senkung der Transfers entspricht somit einer Steuererhöhung. Es ergibt sich aufgrund der Modelldaten:

$dY^* = \{0{,}8 \ / \ (1 - 0{,}8 + 0{,}8 \cdot 0{,}25)\} \cdot (-)\ 5$ Mrd. DM

$dY^* = \{0{,}8 \ / \ (0{,}2 + 0{,}2)\} \cdot (-)\ 5$ Mrd. DM = $\underline{-10 \text{ Mrd. DM}}$

Die Kürzung der Transferzahlungen vermindert die Kaufkraft der privaten Haushalte, führt dadurch zu einer Verminderung des Konsums und reduziert langfristig das Sozialprodukt um 10 Mrd. DM.

c) Eine Senkung der autonomen Steuern hat den allgemeinen Multiplikatoreffekt: $dY^* = \{b \ / \ (1 - b + b \cdot t)\} \cdot dTA$ $(dTA < 0)$

Die Zahlen ergeben: $dY^* = \{-0{,}8 \ / \ (1 - 0{,}8 + 0{,}8 \cdot 0{,}25)\} \cdot (-)\ 5$ Mrd. DM

$dY^* = \underline{10 \text{ Mrd. DM}}$

Die Steuersenkung führt zu einer Erhöhung der Kaufkraft der privaten Haushalte. Dadurch kann sich das Konsumniveau erhöhen. Langfristig kommt es zu einer Sozialproduktsteigerung von 10 Mrd. DM.

d) Senkung der Staatsinvestitionen:
$dY^* = -1 \ / \ (1 - b + b \cdot t) \cdot dCSA$ Multiplikatorwert: -2,5

Senkung der Transferzahlungen:
$dY^* = -b \ / \ (1 - b + b \cdot t) \cdot dTA$ Multiplikatorwert: -2,0

Ökonomische Begründung: Die Senkung der Staatsinvestitionen bzw. Staatsausgaben vermindert das Nachfrageniveau stärker, da der Nachfrageausfall direkt das Sozialprodukt bzw. die nachfragewirksamen Ausgaben in der Ausgangsgleichung $Y^N = C\ (Y - TA) + I + CS$ reduziert. Bei einer Senkung der Transferzahlungen an die privaten Haushalte ist nur das verfügbare Einkommen betroffen. $(Y - TA + ZA)$ .Da die privaten Haushalte stets auch sparen, ist hier der Nachfrageausfall kleiner, da ein Teil der Transfers auch ohne Kürzung nicht konsumiert, sondern gespart worden wäre. Somit ist im Falle der Transferkürzung der negative Multiplikatoreffekt geringer.

e) Der identische Effekt ergibt sich auch im Falle einkommensabhängiger Steuern. Es gilt stets für den Multiplikatorwert:

$$| 1 / (1 - b + b \cdot t) | > | b / (1 - b + b \cdot t) |$$

Es wäre demgemäß in einer Situation (Rezession), in der der Staat eine positive Stimulierung der gesamtwirtschaftlichen Nachfrage zum Ziel hat, stets effizienter, die Staatsinvestitionen zu erhöhen als die Transferzahlungen aufzustocken.

Aufgabe 5

Aufgabenstellung:

Gegeben sei folgendes Modell mit staatlicher Aktivität:

$$Y = C + I + CS \qquad \text{mit:} \qquad \begin{aligned} C &= a + b \cdot Y \\ I &= IGA \\ CS &= CSA \\ TN &= t \cdot YM \end{aligned}$$

a) Emitteln Sie in allgemeiner Form das Gleichgewichtseinkommen.

b) Welche Parameter zeigen den Nachfrageausfall, der sich aufgrund des automatischen Stabilisators nach einer autonomen Nachfrageänderung für die zukünftigen Perioden ergibt?

c) Welche Form staatlicher Einnahmen- und/oder Ausgabentätigkeit wird mit den Begriffen "antizyklisch" bzw. "prozyklisch" beschrieben? Erläutern Sie dies kurz!

Lösung:

a) Die algebraische Lösung des Modells ergibt:

$$\begin{aligned} Y &= a + b \cdot (Y - t \cdot Y) + IGA + CSA \\ Y - b \cdot Y + b \cdot t \cdot Y &= a + IGA + CSA \\ Y^* &= \frac{a + IGA + CSA}{1 - b + b \cdot t} \end{aligned}$$

Aufgrund der Spezifikation der Steueraufkommensfunktion ($T = t \cdot Y$) findet sich in der Gleichgewichtlösung keine autonome Komponente des Steueraufkommens.

b) Autonome Nachfrageänderungen stellen die Veränderungen der Größen a, IGA und CSA dar. Die Multiplikatoreffekte in bezug auf das Sozialprodukt ergeben sich einheitlich mit:

$$dY^* = \{1 / (1 - b + b \cdot t)\} \cdot \text{(alternativ: da, dIGA, dCSA)}$$

Als automatischer Stabilisator wird der Effekt bezeichnet, den die eineinkommensabhängigen Steuern auf die Expansions- oder Kontraktionsprozesse des Sozialproduktes haben:

Jeder Multiplikatorprozeß verläuft in einer geringeren Größenordung, da der Staat durch die einkommensabhängigen Steuern auf die Wirtschaftsentwicklung dämpfend einwirkt. Die Größe $b \cdot t$ repräsentiert diesen Effekt algebraisch, da jeder Multiplikatorwert geringer ist als im Fall einkommenabhängiger Steuern. Es gilt stets:

$$| 1 / (1 - b) | > | b / (1 - b + b \cdot t) |$$

Autonome Nachfrageveränderungen haben demgemäß eine geringere multiplikative Wirkung auf das Sozialprodukt. Dieser Effekt der einkommenabhängigen Steuern wird "automatischer Stabilisator" genannt, da der Grenzsteuersatz t durch die Steuergesetze stets gegeben ist und somit eine Wirkung auf das Wirtschaftsgeschehen ausübt, ohne daß es dazu einer wirtschaftlichen Beschlußfassung durch das Parlament bedarf.

c) Die Beschreibung der staatlichen Aktivität in bezug auf die Einwirkung auf die Nachfragesituation (= Konjunktur) einer Volkswirtschaft beruht auf den Erkenntnissen der General Theory von J. M. Keynes und hat zu einer eindeutigen Zuweisung der Konjunktursteuerung in das Aufgabenspektrum des Staates geführt.

Antizyklisch: Der Staat soll in der Rezession durch "deficit spending" (kreditfinanzierte Ausgaben) die Nachfrage erhöhen, womit positive Impulse auf die Produktion und den Arbeitsmarkt ausgelöst werden sollen. In der Boomphase dagegen soll der Staat überschüssige Staatseinnahmen stillegen und als Reserve für die nächste Rezession halten. Dadurch wird in der Boomphase die Nachfrage gedämpft. Der Staat agiert jeweils "antizyklisch", also entgegen der privatwirtschaftlich hervorgerufenen Entwicklung des Konjunkturzyklus.

Prozyklisch: Mit einer derartigen Einnahmen- und Ausgabenpolitik verstärkt der Staat die Konjunkturschwankungen. In der Rezessionsphase passt der Staat seine Ausgabentätigkeit an die sinkenden Steuereinnahmen an, mit dem Effekt eines zusätzlichen Nachfrageausfalls. Dies verstärkt die Rezession zusätzlich.

In der Boomphase passt der Staat seine Ausgabentätigkeit an die erhöhten Staatseinnahmen an, mit dem Effekt, daß die erhöhten Staatsausgaben die geamtwirtschaftliche Nachfrage zusätzlich stimulieren. Dies führt zu unerwünschten inflationären Effekten. Die prozyklische Gestaltung der Einnahmen und Ausgaben des Staates wird auch mit dem Begriff "Parallelpolitik" beschrieben. Parallel bedeutet hier, daß der Staat eine Finanzpolitik durchführt, die parallel zu der konjunkturverursachenden Aktivität des privaten Sektors gestaltet ist. Dadurch verstärkt der Staat von seiner Seite aus die Konjunkturschwankungen

Aufgabe 6

Aufgabenstellung:

a) Formulieren Sie ein Gleichungssystem für ein statisches Modell einer geschlossenen Volkswirtschaft mit staatlicher Aktivität und autonomen privaten Nettoinvestitionen. Die Konsumfunktion sei linear mit autonomen Anteil, Staatsausgaben und Steueraufkommen seien autonom und staatliche Transferzahlungen werden nicht vorgenommen. Ermitteln Sie in allgemeiner Form das Gleichgewichtseinkommen!

b) Ermitteln Sie das Gleichgewichtseinkommen für die folgenden Werte:
$a = 60$ $b = 0{,}8$ $IGA = 120$ $CSA = 100$ $TA = 100$

c) Wie groß ist der Staatsausgabenmultiplikator bei $\Delta CSA = 10$?

Lösung:

a) Die Angabe im Aufgabentext muß in ein Gleichungssystem umgesetzt werden. Hierbei ist folgendes zu beachten.

Statisches Modell: Keine Zeitverzögerung in der Verhaltensfunktion.
Geschlossene Volkswirtschaft: Kein Export oder Import.
Konsum: $C = a + b \cdot YP$
Staatsausgaben, Investition und Steueraufkommen sind nicht endogenisiert, also nicht durch eine Variable bestimmt.

Das Modell ergibt sich in folgender Form:

$$Y = C + I + CS \quad \text{mit:} \quad C = a + b \cdot (Y - TA), \quad I = IGA, \quad CS = CSA$$

$$Y = a + b \cdot (Y - TA + IGA + CSA)$$

$$Y - b \cdot Y = a - b \cdot TA + IGA + CSA$$

$$Y^* = \frac{a + IGA + CSA - b \cdot TA}{1 - b}$$

Für die gegebenen Parameterwerte ergibt sich:

$Y^* = (60 + 120 + 100 - 0{,}8 \cdot 100) / (1 - 0{,}8)$

$Y^* = (280 - 80) / 0{,}2 = 200 / 0{,}2 = \underline{1000}$

c) Allgemein gilt:

$dY^* / dCSA = 1 / (1 - b); \qquad dY^* = \{1 / (1 - 0{,}8)\} \cdot 10 = \underline{50}$

Eine dauerhafte Erhöhung der Staatsausgaben um 10 Einheiten erhöht das Sozialprodukt um 50 Einheiten auf 105o.

Aufgabe 7

Aufgabenstellung:

Eine Modellwirtschaft werde durch folgende Gleichungen beschrieben:

$$Y = C + CS + I$$
$$C = a + b \cdot YP \qquad 0 < b < 1$$
$$YP = Y - TN$$
$$TN = TA - ZA + t \cdot YM \qquad 0 < t < 1$$
$$CS = CSA$$
$$IG = IGA$$

a) Bestimmen Sie das Gleichgewichtseinkommen!

b) Ermitteln Sie den Multiplikatoreffekt einer Erhöhung der autonomen Steuern.

c) Welches Ergebnis würden sich für den Fall einkommen<u>un</u>abhängiger Steuern ergeben?

d) Welcher der beiden unter b) und c) ermittelten Multiplikatoren ist "größer"? (Was heißt hier "größer"?)

e) Welche Konsequenzen ergeben sich aufgrund ihrer Überlegungen zu d) in

Bezug auf die anderen autonomen Ausgabenmultiplikatoren im allgemeinen?

Lösung:

a) Die Bestimmung des Gleichgewichtseinkommens erfolgt durch die Auffüllung der gesamtwirtschaftlichen Nachfragegleichung mit den anderen gegebenen Funktionen:

$$Y = a + b \cdot \{Y - (TA - ZA + t \cdot Y)\} + IGA + CSA$$

$$Y = a + b \cdot Y - b \cdot (TA - ZA) - b \cdot t \cdot Y + IGA + CSA$$

$$Y - b \cdot Y + b \cdot t \cdot Y = a - b \cdot (TA - ZA) + IGA + CSA$$

$$Y^* = \frac{a + IGA + CSA}{1 - b + b \cdot t} - \frac{b \cdot (TA - ZA)}{1 - b + b \cdot t}$$

Das ermittelte Gleichgewichtseinkommen Y* stellt nun das Ausgangsgleichgewicht zur Bestimmung der unterschiedlichen Multiplikatoren dar.

b) Die Bestimmung der Wirkung der Veränderung einer autonomen Größe ergibt sich durch das partielle Differential: Dies bedeutet, daß nur die Veränderung der zu untersuchenden Größen betrachtet wird; die anderen Größen sind dann Konstanten:

Erhöhung der autonomen Steuern: $dTA > 0$

$dY^* / dTA = -b / (1 - b + b \cdot t)$ bzw. $dY^* = \{-b / (1 - b + b \cdot t)\} \cdot dTA$

Ergebnis: Das Sozialprodukt sinkt {negatives Vorzeichen des Multiplikators: $-b / (1 - b + b \cdot t)$} um den multiplikativen Betrag des Produktes aus Mulitiplikatorwert und absoluter Höhe der Steuererhöhung.

c) Im Falle einkommensunabhängiger Steuern wäre die Steueraufkommensfunktion in der Form $TN = TA - ZA$ darzustellen. Es ergibt sich bei dieser Spezifikation der Steueraufkommensfunktion eine andere Gleichgewichtslösung:

$$Y^* = \frac{a + IGA + CSA}{1 - b} - \frac{b \cdot (TA - ZA)}{1 - b}$$

Die Ableitung des multiplikativen Effektes ergäbe dann:

$dY^* / dTA = -b / 1 - b$ bzw. $dY^* = \{-b / (1 - b)\} \cdot dTA$

d) / e) Für die Bestimmung der Frage der Höhe des Multiplikatorwertes sind die empirischen Werte von b und t entscheidend. Im vorliegenden Fall gilt für jede Spezifikation:

$$| -b / (1 - b) | > | -b / (1 - b + b \cdot t) |$$

Begründung: Durch die Addition des Terms "b • t" wird im Nenner des Bruches ein positiver ($b > 0$, $t > 0$) Wert addiert. Dadurch sinkt der Wert des gesamten Multiplikators.
Durch das Setzen der Absolutbeträge wird deutlich, daß die ökonomische Begründung für "größer" darauf abzustellen hat, welcher Effekt auf die Zielvariable Y ausgeübt wird. Im Falle des Steuermultiplikators bzw. bei einer Steuerhöhung liegt das Ziel in der Senkung des Sozialproduktes. Die Maßnahme wird sicherlich in einer Boomphase ergriffen, um die gesamtwirtschaftliche Nachfrage durch den Entzug von Kaufkraft zu dämpfen. Effektvoller ist im Modell der Multiplikator in der Situation einkommensunabhängiger Steuern, da bei einkommensabhängigen Steuern alle Multiplikatoren "kleiner" sind. Ursache dafür ist, daß der Staat jeden multiplikativen Einkommensprozeß durch das Erheben einkommensabhängiger Steuern dämpft. Dies gilt also auch modellgemäß für die anderen autonomen Ausgabenmultiplikatoren.
Beispiel:

Staatsausgabenmultiplikator: $dY^* = \{1 / (1 - b)\} \cdot dCSA$
bzw. $dY^* = \{1 / (1 - b + b \cdot t)\} \cdot dCSA$

Auch hier gilt stets: $| 1 / (1 - b) | > | 1 / (1 - b + b \cdot t) |$

Als entscheidende Prämisse für die Gültigkeit dieses Ergebnisses ist die Annahme zu setzen, daß der Staat die über t • Y entstehenden Einnahmen stillegt, also nicht in der Betrachtungsperiode verausgabt.

Aufgabe 8

Aufgabenstellung:

a) Zeigen Sie anhand des folgenden Modells die Situation, die mit dem Begriff "Haavelmo-Theorem" beschrieben wird:

$$Y^N = C + I + CS \quad \text{mit: } \begin{aligned} C &= a + b \cdot YP \\ YP &= Y - T + Z \\ I &= IGA \\ CS &= CSA \\ T &= TA \\ Z &= ZA \end{aligned}$$

b) Wie verändert sich die Lösung zu a), wenn die Steueraufkommensfunktion vom Typ $TN = TA + t \cdot Y$ ist. Gilt das Haavelmo-Theorem also auch bei einkommensabhängigen Steuern?

c) Erläutern Sie, warum die Aussagekraft des Theorems für die Realität begrenzt ist.

Lösung:

a) Zunächst ist die Aussage des Haavelmo-Theorems darzustellen;:

T.Haavelmo formulierte im Jahre 1945 das Theorem des ausgeglichenen Budgets, wonach der expansive Multiplikatoreffekt einer steuerfinanzierten Staatsausgabenerhöhung das Sozialprodukt exakt in der Höhe der Budgeterhöhung steigert.
Den algebraischen Nachweis im Falle autonomer Steuern erbringt die Ableitung des Balanced-Budget-Multiplikators (dCSA = dTA) aus der Gleichgewichtslösung:

$$Y^* = \frac{a + IGA + CSA}{1 - b} + \frac{b}{1 - b} \cdot ZA - \frac{b}{1 - b}$$

Die Auswirkung der gleichzeitigen Erhöhung der Staatsausgaben und ihre Finanzierung durch Steuern wird durch die Addition der jeweiligen Multiplikatoreffekte darstellbar:

$$Y^* = \frac{1}{1 - b} \cdot ZA - \frac{b}{1 - b} \cdot dTA$$

In der von Haavelmo konzipierten Situation des ausgeglichenen staatlichen Zusatzbudgets gilt: $dCSA = dTA$

Dadurch läßt sich die Multiplikatorgleichung auflösen:

$$Y^* = \frac{1}{1 - b} \cdot CSA - \frac{b}{1 - b} \cdot CSA$$

$$dY^* = 1 \cdot dCSA$$

Es zeigt sich, daß das in Einnahmen und Ausgaben ausgeglichene Budget eine expansive Wirkung in Höhe der Budgeterhöhung auf das Sozialprodukt hat. Ursache dafür ist, daß die nachfragereduzierenden Effekte der Steuererhöhung sich nur auf den Konsumanteil des verminderten verfügbaren Einkommens der Haushalte beziehen. Der Staat entzieht durch die Steuererhöhung aber auch den Sparanteil der Haushalte (der ja nicht nachfragewirksam geworden wäre) und setzt die Gesamtsumme vollständig über den Staatsausgabenmultiplikator in gesamtwirtschaftliche Nachfrage um.

b) Die Gleichgewichtslösung des Modells mit einkommensabhängigen Steuern ergibt sich zunächst wie folgt:

$$Y = C + I + CS$$
$$Y = a + b(Y - TA + ZA - tY) + IGA + CSA$$
$$Y = a + bY - bTA + bZA - btY + IGA + CSA$$
$$Y - bY + btY = a - bTA + bZA + IGA + CSA$$
$$Y^* = \frac{a + IGA + CSA}{1 - b + b \cdot t} - \frac{b \cdot (TA - ZA)}{1 - b + b \cdot t}$$

Die Addition der Multiplikatoren ergibt:

$$Y^* = \frac{1}{1 - b + b \cdot t} \cdot CSA - \frac{b}{1 - b + b \cdot t} \cdot CSA$$

Da die Steueraufkommensfunktion in der Form $TN = TA - ZA + t \cdot Y$ gegeben ist, muß zur Erfassung des Gesamteffektes die autonome Veränderung der Steuern (dTA) sowie die induzierte Veränderung der einkommensabhängigen Steuern ($t \cdot dY$) berücksichtigt werden:

$dTN = dTA + t \cdot dY$ bzw.: $dTA = dTN - t \cdot dY$

Haavelmo-Bedingung: $dCSA = dTN$

$$dTA = dCSA - t \cdot dY$$
$$dY = \frac{1}{1 - b + b \cdot t} \cdot dCSA - \frac{b}{1 - b + b \cdot t} \cdot dTA$$
$$dY\,(1 - b + b \cdot t) = dCSA - b \cdot (dCSA - t \cdot dY)$$
$$dY - b \cdot dY + b \cdot t \cdot dY = dCSA - b \cdot dCSA + b \cdot t \cdot dY$$

Die Größe $b \cdot t \cdot dY$ kürzt sich auf beiden Seiten weg.
Es gilt somit:

$$dY - b \cdot dY = dCSA - b \cdot dCSA$$
$$dY \cdot (1 - b) = dCSA \cdot (1 - b)$$
$$dY = \frac{1 - b}{1 - b} \cdot dCSA \quad \text{bzw.: } 1 \cdot dTA$$

Das Haavelmo-Theorem hat nur eine sehr eingeschränkte praktische Bedeutung, da die im Ansatz und in der Multiplikatortheorie enthaltenen Prämissen ziemlich restriktiv sind:

* Über alle Einkommensklassen konstante Konsumneigung
* Investitionen sind nicht endogenisiert
* Geschlossene Volkswirtschaft

Hierdurch wird erkennbar, daß eine Annäherung der Modellbedingungen an die Realität die Aussagekraft des Haavelmo-Theorems schrittweise schmälert.

Aufgabe 9

Aufgabenstellung:

Gegeben sei folgendes Modell:

$$Y = C + I + CS$$
$$C = a + b \cdot YP$$
$$YP = Y - TN$$
$$TN = TA - ZA$$

a) Ermitteln Sie das Gleichgewichtseinkommen!

b) Berechnen Sie für jede der folgenden Möglichkeiten die Änderung des Gleichgewichtseinkommen ΔY^*:
   1. Senkung der autonomen Besteuerung
   2. Senkung der Transfers an die privaten Haushalte
   3. Erhöhung der Staatsausgaben, finanziert durch eine ausgaben–deckende Erhöhung der autonomen Besteuerung
   4. Einmalige staatliche Investitionserhöhung
   5. Erhöhung der Transfers an die privaten Haushalte, finanziert durch eine aufkommensdeckende Erhöhung der autonomen Besteuerung

c) Welche dieser wirtschaftspolitischen Maßnahmen würden Sie aufgrund der Erkenntnisse der Multiplikatoranalyse den Vorzug geben, wenn eine möglichst starke Erhöhung des Sozialprodukts resultieren soll?

Lösung:

a)
$$Y^N = C(YP) + I + CS$$
$$Y = a + b \cdot (Y - TA + ZA) + IGA + CSA$$
$$Y = a + b \cdot Y - b \cdot TA + b \cdot ZA + IGA + CSA$$
$$Y - b \cdot Y = a - b \cdot TA + b \cdot ZA + IGA + CSA$$
$$Y^* = \frac{a + IGA + CSA}{1 - b} - \frac{b \cdot (TA - ZA)}{1 - b}$$

b) 1.
$$dY / dTA = \frac{b}{1 - b}$$

2.
$$dY / dZA = \frac{b}{1 - b}$$

3.
$$dY = \frac{b}{1 - b} \cdot dCSA - \frac{b}{1 - b} \cdot dTA$$

es gilt: $dTA = dCSA$
Haavelmo-Fall

$$dY = \frac{b}{1 - b} \cdot dCSA - \frac{b}{1 - b} \cdot dCSA$$
$$dY = \frac{1 - b}{1 - b} \cdot dCSA$$
$$dY = 1 \cdot dCSA_{TA}$$

4. Einmalige Maßnahmen bzw. Veränderungen autonomer Größen führen zu keinem dauerhaften Multiplikatoreffekt, sondern wirken nur in der ersten Periode der Veränderung. Die Maßnahme ist somit mit den anderen nicht vergleichbar.

5.

$$dY = \frac{b}{1-b} \cdot dZA - \frac{b}{1-b} \cdot dTA$$

es gilt: dTA = dZA Steuerfinanziertes Transferbudget

$$dY = \frac{b}{1-b} \cdot dZA - \frac{b}{1-b} \cdot dZA$$

$$dY = 0 \cdot ZA \;\; -> \;\; dY = 0$$

Der Nachfrageeffekt eines steuerfinanzierten Transferbudgets ist Null, da sich bei Gleichheit der Grenzkonsumneigung (b) über alle Einkommensklassen die Erhöhung des Einkommens durch die zusätzlichen Transfers mit dem Entzugseffekt der Steuerzahlung ausgleicht.

c) Ziel der Maßnahme ist eine Erhöhung des Sozialproduktes. Damit sind zu vergleichen Ziffer 1 und 3 . Für b > 0,5 gilt hier: b / 1 - b > 1.

Es wäre die Maßnahme der Steuersenkung zu empfehlen, da eine Grenzkonsumneigung unter 0,5 als Durchschnittsgröße empirisch nicht sinnvoll ist.

VI Geldmarkt

Lernziel

* Darstellung und Analyse der unterschiedlichen Ansätze zur Formulierung von Hypothesen zur gesamtwirtschaftlichen Geldnachfrage

* Umsetzung der mikroökonomischen Fundierung der Geldnachfrage in eine gesamtwirtschaftliche Geldnachfragefunktion

* Kenntnis der zentralen Geldschöpfungsbeziehung zwischen angebotsorientierter Geldbasis und nachfrageorientierter Geldmenge

* Kenntnis der Formen und Wirkungsweise der geldpolitischen Einwirkung auf den Geldschöpfungsprozess

* Verständnis des grundsätzlichen Transmissionsproblems der Geldpolitik und Darstellung theoretischer Ansätze zur Sichtweise des Transmissionsprozesses

* Kenntnis der Ansatzpunkte geldpolitischer Steuerung vor dem Hintergrund einer notwendigen Strategieentwicklung angesichts des Transmissionsproblems

* Analyse und Bewertung der Geldmengenpolitik der Deutschen Bundesbank im Verhältnis zu den Instrumenten der Zins- und Liquiditätspolitik

Aufgabe 1

Aufgabenstellung:

a) Was ist Geldnachfrage?

b) In welcher Beziehung steht die Geldnachfrage zu den Gütertransaktionen?

c) Können die privaten Wirtschaftssubjekte durch ihr Verhalten die von der Zentralbank zur Verfügung gestellte nominale Geldmenge beeinflussen?

d) Nennen Sie die Funktionen des Geldes in einer entwickelten Volkswirtschaft.

e) Welche der Geldfunktionen zeigt die enge Verzahnung zwischen der Geldnachfrage und den Geldmengendefinitionen in der Realität?

Lösung:

a) Mit dem Begriff Geldnachfrage wird das Verhalten der Teilnehmer im Wirtschaftsgeschehen bezeichnet, die Kasse (=Bargeld) halten. Institutionell sind dies die Haushalte, die Unternehmen und der Staat. Dieses Verhalten ist in einer Geldwirtschaft die zwingende Konsequenz der Tauschprozesse, bei denen nachgefragte Güter und Dienstleistungen durch Geld abgewickelt werden.

b) Gesamtwirtschaftlich findet der unter a) genannte Aspekt seinen Ausdruck in der Quantitäts- bzw. Cambridgegleichung, die definitorisch festlegen, daß sich in einer bestimmten Zeit- und Wirtschaftsperiode die Werte der Geldtransaktionen und Gütertransaktionen entsprechen; Es gilt:

$$M \cdot V = P \cdot Y^* \quad \text{(Quantitätsgleichung)}$$

bzw.

$$M / P = k \cdot Y \quad \text{(Cambridgegleichung)}$$

M = nominale Geldmenge $\quad M / P$ = reale Geldmenge
V = Umlaufsgeschwindigkeit der Geldmenge
k = $1 / V$ = Kassenhaltungsdauer des Geldes
Y^* = reales Sozialprodukt (= Volkseinkommen)
P = Preisniveau

c) Im Rahmen der Theorie der Geldnachfrage gilt als Prämisse, daß die vorhandene nominale Geldmenge (M) fixiert ist, also durch Verhaltensänderungen der Geldnachfrager nicht verändert werden kann. Die nominale Geldmenge und damit das Geldangebot in einer Volkswirtschaft kann nur durch die Währungsinstitution der Volkswirtschaft (Zentralbank) gesteuert werden.

Betrachtet man dagegen die reale Geldmenge (M / P) mit $M / P = k \cdot Y^*$ können diese die Kassenhalter (=Geldnachfrager) durch ihr Verhalten beeinflussen. Dies geschieht primär durch den Kassenhaltungskoeffizient (k) bzw. die dadurch definierte gesamtwirtschaftliche Umlaufgeschwindigkeit (V). Eine Erhöhung der Transaktionsgeschwindigkeit (z.B. in einer konjunkturellen Boomphase) dokumentiert sich in einer Senkung von k (Verkürzung der Kassenhaltung beim einzelnen Kassenhalter). Dies ist identisch mit einer Erhöhung der gesamtwirtschaftlichen Umlaufgeschwindigkeit (V) .Die reale Geldmenge wird dadurch häufiger umgeschlagen bzw. benutzt und steigt. In Rezessionsphasen (Nachlassen der wirtschaftlichen Tätigkeiten = Verringerung des Auslastungsgrades des Produktionspotentials) sinkt die Umlaufgeschwindigkeit und damit auch das Volumen der realen Geldmenge. Auch die Preisniveauentwicklung (als Ergebnis des Verhaltens der Wirtschaftssubjekte) verändert die reale Geldmenge unter der Voraussetzung, daß die geldpolitische Instanz nicht die nominale Geldmenge im identischen Ausmaß der Preisniveauentwicklung kompensiert ($\Delta M = \Delta P$). Eine Senkung des Preisniveaus erhöht die reale Geldmenge. Dieses Ergebnis könnte durch Preisniveaureduktionen in den Tauschakten der Kassenhalter hervorgerufen werden. Eine Erhöhung des Preisniveaus (=Inflation) reduziert die reale Geldmenge, da bei konstanter nominaler Geldmenge weniger Transaktionen durchgeführt werden können.

d) Als Geldfunktionen werden definiert:

* Recheneinheitsfunktion
* Tausch- bzw. Zahlungsmittelfunktion
* Wertaufbewahrungsfunktion

Die Recheneinheitsfunktion des Geldes basiert auf der Besonderheit, daß Geld das einzige Gut in einer Volkswirtschaft ist, dessen absoluter Preis im Zeitablauf konstant bleibt. Die in Geldeinheiten gemessenen Preise aller Güter können sich ändern, der Preis des Geldes, ausgedrückt in der jeweiligen Währungseinheit bleibt notwendig gleich 1 (Prinzip der Nominalwertkonstanz). Hierdurch werden alle anderen ungleichen Güter einem einheitlichen Rechensystem bei der Bewertung unterworfen. Jedes Gut hat somit nur einen Preis in

Geldeinheiten. Läge diese Funktion des Geldes als Recheneinheit nicht vor, ergäben sich für jedes Gut aus der Gesamtzahl von n Gütern n - 1 Preise für dieses Gut. In dieser Naturalwirtschaft gäbe es demgemäß {n • (n - 1)} / 2 Preise. In der Geldwirtschaft moderner Volkswirtschaften reduziert sich durch die Recheneinheitsfunktion des Geldes die Zahl der Preise auf n, zuzüglich des Preises des Geldes (n+1). Die Verarbeitung der weitaus geringeren Preisinformationen führt somit zu ungeheuren Produktivitäts- und Kostensenkungseffekten.
In enger Verbindung zur Recheneinheitsfunktion ergibt sich die Tauschmittel- und Zahlungsmittelfunktion des Geldes. Tauschvorgänge werden ökonomisch effizient und rational gestaltbar. Bei Akzeptanz des Geldes als Recheneinheit entfallen Unmengen von Zwischentauschakten der Wirtschaftssubjekte, wenn Angebot und Nachfrage der Tauschpartner nicht zufällig zusammenfallen.
Die Wertaufbewahrungsfunktion des Geldes erlaubt es, daß die Aufbewahrung und Übertragung gesparter Einkommenswerte (Vermögen) in ihrer Form der Liquidität über die Zeit erfolgen kann.

e) Die in der Realität bestehenden Geldmengendefinitionen orientieren sich in erheblichem Umfang an den mit dem Geld bzw. der Währung abwickelbaren Kauf- bzw. Transaktionsmöglichkeiten, wie sie durch die Quantitätsgleichung impliziert sind. Kassenhaltung (=Geldnachfrage) bedeutet stets die potentielle Umsetzung des Geldes in Güternachfrage. Die Geldmengen, die in einer Volkswirtschaft letztendlich zur Verfügung stehen, sollen diese Transaktionen finanzieren. Diese Geldmengendefinitionen beziehen sich demgemäß primär auf die Tausch- bzw. Zahlungsmittelfunktion des Geldes.

Aufgabe 2

Aufgabenstellung:

Erläutern und fundieren Sie ausführlich die unterschiedlichen makroökonomischen Geldnachfragefunktionen einerseits durch historischen Bezug, andererseits durch die mikroökonomischen Grundlagen!

Lösung:

1) Sozialprodukt und Geldnachfrage
(Der Umlaufgeschwindigkeitsansatz von I. Fischer (1911))

Die **Klassiker** sahen bei der Analyse der Wirkung des Geldes insbesondere die Funktion des Zahlungsmittels. Ausgangspunkt ist hier die Fisher'sche Verkehrsgleichung:

$$\mathbf{M \cdot V = Q \cdot P}$$

mit:
M = Geldmenge
V = Umlaufgeschwindigkeit
Q = Handelsvolumen = Sozialprodukt
P = Preisniveau

Die Quantitätstgleichung beschreibt eine stets erfüllte Identität (Tautologie) zwischen Güterseite (Produkt aus umgesetzter Menge und Durchschnittspreis) und der Geldseite (Produkt aus verwendeter Menge an Zahlungsmitteln und der Häufigkeit, mit der eine Geldeinheit während einer Periode durchschnittlich verwendet wird). Daraus abgeleitet wird die klassische Geldnachfragefunktion in der Form:

$$M^D = (1 / V) \cdot Q \cdot P \qquad \text{(Index D = Demand = Nachfrage)}$$

Die Wirtschaftssubjekte benötigen zur Durchführung ihrer Transaktionen einen bestimmten konstanten Prozentsatz ihres Einkommens in Geld. V ist abhängig von institutionellen und technischen Bedingungen (Gewohnheiten der Wirtschaftssubjekte bei bargeldlosen Zahlungen, Entwicklung des Zahlungsverkehrs, Häufigkeit der Einkommenszahlung, Ausgabenrhythmus) des Zahlungsverkehrs, die sich kurzfristig nicht ändern. Die Geldnachfrage ist damit proportional zum Transaktionsvolumen.

2) Einkommen und Geldnachfrage
(Der Kassenhaltungsansatz von Pigou (1917) und Marshall (1923))

Ebenfalls **Klassiker**, die aber bereits den Wahlhandlungs (Entscheidungs-) charakter des Verhaltens der Wirtschaftssubjekte bei der Bestimmung der Geldnachfrage betonten.

Die nominale Geldnachfrage $M^{Nom} = k \cdot P \cdot Y_{real}$ ist proportional zum Einkommen, oder:

$$M^D / P = k \cdot Y_r \qquad \text{mit: } 1 / V = k$$

Der Ansatz ist formal identisch mit der oben genannten Gleichung von Fisher, es ergeben sich aber wesentliche Unterschiede hinsichtlich der Auffüllung der ceteris paribus-Regel, die hier explizit eine Berücksichtigung von Zinssätzen und Erwartungen der Wirtschaftssubjekte in bezug auf die Geldnachfrage notwendig macht. Diese Theorie ist Baustein für einen Teil der späteren keynesianischen Liquiditätspräferenzfunktion mit dem Transaktionsmotiv und Vorsichtsmotiv in der Form:

$$L_{Trans} = k_T \cdot Y \qquad \text{mit: } dL_T / dY > 0$$

Die Behandlung der Transaktionskasse als mehr oder weniger konstanter Prozentsatz des laufenden Einkommens, wie es bei Keynes als Teil seiner Liquiditätspräferenztheorie und den Klassikern geschah, wird dann nicht mehr haltbar, wenn durch die Entwicklung des Finanzwesens immer mehr geldnahe Aktiva unterschiedlichster Arten geschaffen werden, die sich durch einen Zinsertrag und ein relativ geringes Risiko auszeichnen. Das Wirtschaftssubjekt kann dann kurzfristig zwischen der Anlage in Geld oder in zinstragenden Aktiva wählen. Damit wird deutlich, daß die Alternativkosten der Kassenhaltung (Opportunitätskosten, da bei Anlage des Geldes Zinsertrag anfallen würde) zu berücksichtigen sind. Ein rational handelndes Wirtschaftssubjekt ist also bemüht, seine Kosten der Transaktionskassenhaltung zu minimieren.

Darstellbar ist dies am mikroökonomischen Modell der optimalen Bargeldhaltung von Baumol (1952), einem **Postkeynesianer:** Es ist das sogenannte "Sägezahnmodell" , da die Verlaufspfade der Bargeldhaltung und der zugehörigen schrittweisen Umwandlung von Wertpapier in Kasse gezackt sind.

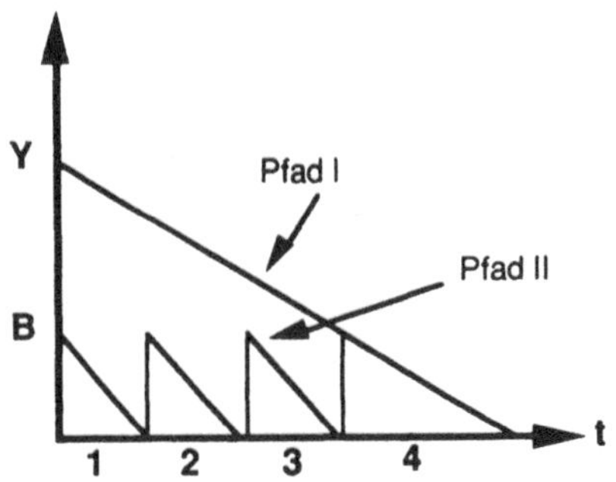

Pfad I und Pfad II unterscheiden sich zunächst im durchschnittlichen Bargeldbestand: Das Volumen bei Pfad I ist Y / 2, bewertet mit dem Zinsverlust: $K = i \cdot (Y / 2)$.

Bei Pfad II wird nur der n-te Teil im Durchschnitt an Geld gehalten , die Opportunitätskosten betragen dann: $K = i \cdot (B / 2)$

Bei Pfad I verausgabt das Wirtschaftssubjekt von Monatsanfang seinen hohen Bargeldbestand Y und baut diesen langsam ab. Bei Pfad II wandelt das Wirtschaftssubjekt zunächst alle Mittel bis auf den notwendigen Bestand B für die erste Periode in Wertpapiere um. Ist dieser Betrag am Ende der Periode I verbraucht, wird der zweite Teil Kasse für die nächste Periode zurückgetauscht. Bei diesem Kostenminimierungsmodell in bezug auf die Kassenhaltung treten natürlich Umwandlungskosten auf:

$K = c_1 \cdot n + 2c_2 \cdot B \cdot (n - 1)$ mit: c_1 = Kosten pro Tauschvorgang
$c2$ = Kosten pro getauschter Einheit

Löst man das Modell unter der Kostenminimierungsbedingung auf (1.Ableitung), erhält man erhält als Ergebnis den optimalen Bargeldbestand B* in Abhängigkeit von Y und i:

$$B^* = \frac{2 \cdot c_1 \cdot Y}{i - 4 \cdot c \cdot {}_2} \quad \text{mit:} \quad dB^* / dY > 0 \text{ und } dB^* / di < 0$$

Der optimale Bargeldbestand ist also positiv proportional vom Einkommen und reziprok vom Zinssatz abhängig. Weitet sich das Transaktionsvolumen (Y) aus, steigt demgemäß der Bargeldbestand. Es ergibt sich danach eine gesamtwirtschaftliche Geldnachfragefunktion, die in beschriebener Weise sowohl vom Einkommen als auch vom Marktzinssatz abhängig ist.

$$\mathbf{L = L(Y, i)} \quad \text{mit:} \quad \mathbf{dL / dY > 0 \text{ und } dL / di < 0}$$

3. Vermögen und Geldnachfrage (Keynesianisches Spekulationsmotiv, Portfoliotheorie)

Keynes zeigt durch das zweite Element seiner Liquiditätspräferenzfunktion in Form der Spekulationskasse eine wesentliche Weiterentwicklung gegenüber den Klassikern.
Durch die explizite Einführung der zinsabhängigen Spekulationskasse und der Einbeziehung des Problems der Unsicherheit hat er neue Elemente eingebracht. Er geht davon aus, daß ein Wirtschaftssubjekt bei der Aufteilung seines Vermögens zwischen finanziellen und realen Aktiva eine zweite Entscheidung über die Anlageform eines finanziellen Vermögens zu fällen hat.

Nach Keynes ergibt sich hier die Alternative zwischen einer Anlage in Geld (Spekulationskasse) und einer Anlage in festverzinslichen Wertpapieren. Dabei ist klar, daß der Gesamtertrag eines Wertpapieres das Ergebnis von Kurswertschwankungen und nominellem Zinsertrag ist (Rendite = Nominalzins/Kurs).
Es gibt also Situationen, in denen es sinnvoll sein kann, nicht in Wertpapiere zu investieren, da angesichts erwarteter Kursverluste, die Rendite trotz kurzfristiger positiver Nominalverzinsung negativ werden kann. Mechanismus für dieses Kalkül ist der erwartete Zinssatz; sinkt dieser ,ergibt sich die Chance von Kursgewinnen. Ab einem kritischen Zins r_k, der relativ niedrig ist, sind nur noch Zinssteigerungen zu erwarten und damit eine Absenkung der Kurse und damit der Rendite; niemand wird mehr investieren.
Der kritische Zinssatz ist für das einzelne Wirtschaftssubjekt gerade die Situation, in der die erwarteten Kursverluste und der nominelle Zinsertrag gleich sind. Das Individuum wäre hier indifferent zwischen einem Wertpapierkauf und dem Halten von Kasse spekulativer Art. Sinkt der Zins weiter, wird jede zusätzliche Geldmenge in die Kassenhaltung spekulativer Art genommen, es ist der Fall der Liquiditätsfalle gegeben, in der die Geldpolitik durch Zinssenkung keine Investitionsanreize mehr geben kann.
Interessant ist der Unterschied der keynesianischen Spekulationskasse aus einzelwirtschaftlicher und gesamtwirtschaftlicher Sicht. Das Individuum steht vor der Alternative Kasse oder Wertpapier.
Gesamtwirtschaftlich aggregiert sich die Funktion zu einem stetigen Verlauf, da die kritischen Zinssätze ja über die Wirtschaftssubjekte in ihrer individuellen Einschätzung variieren. Die Geldnachfrage ist bei

Keynes eine Funktion des Zinssatzes - jedenfalls was das Vermögen betrifft:

Einzelwirtschaftliche Geldnachfrage nach Spekulationskasse

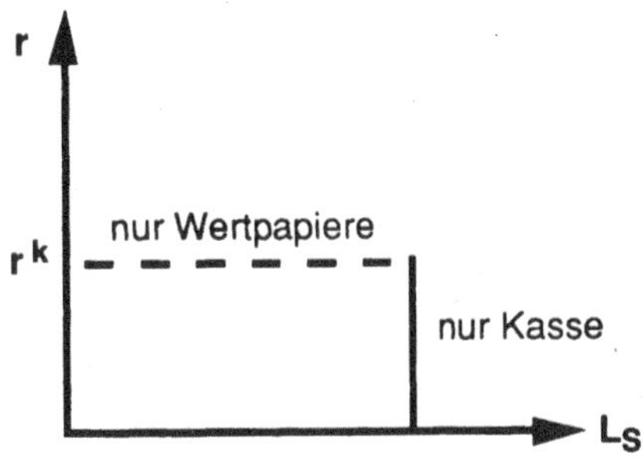

unstetige Funktion des Marktzinssatzes

Gesamtwirtschaftliche Geldnachfrage nach Spekulationskasse

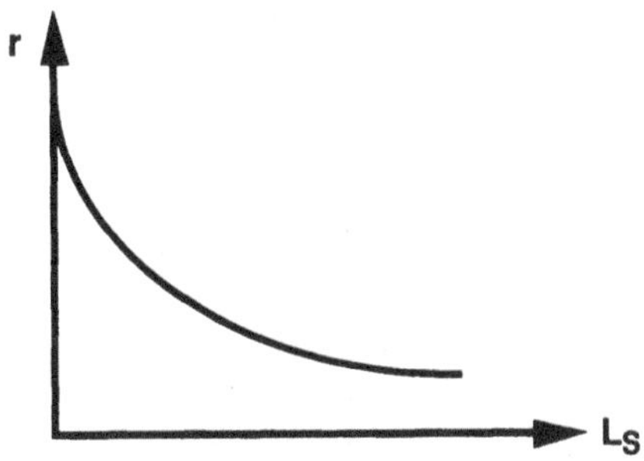

monotone Funktion des Marktzinssatzes

Kritisch zu sehen bei Keynes ist die Tatsache, daß ein gemischtes Portfolio (also Wertpapiere und Geldhaltung) nur makroökonomisch existiert. Der **Postkeynesianer** Tobin (1956) hat durch die Portfolio-Selection Theorie gezeigt, daß eine Diversifikation des Portfolios zwischen der als risikolos unterstellten Geldhaltung und der ertragbringenden Anlage in Wertpapieren auch für das Individuum in einfacher Weise darstellbar ist.

Erhöht ein Wirtschaftssubjekt in seinem Portfolio den Anteil der Wertpapiere (A_2) zu Lasten des Geldes (A_1), so kann es zwar einen höheren Ertrag erwarten, muß aber dafür ein höheres Risiko in Kauf nehmen.
Das Wirtschaftssubjekt, das, wie hier unterstellt ist, risikoscheu ist, kann nur zu einer höheren Wertpapierhaltung bewegt werden, wenn damit das steigende Risiko durch höheren Ertrag kompensiert wird.
Die Indifferenzkurve ist konvex (positive Grenzrate der Substitution zwischen Ertrag und Risiko). Bei gegebenem Zinssatz gibt OA die Budgetbeschränkung für den erwarteten Ertrag des Portfolios an. Es werden sowohl Wertpapiere (60%) als auch Geld (40%) gehalten. Wenn das Wirtschaftssubjekt in seinem Portfolio nur Wertpapiere hält ($A_2 = 100$, $A_1 = 0$) erwartet es einen Ertrag von AE, wobei aber zugleich das größte Risiko in Höhe von 0E zu tragen ist. Wenn dagegen nur Kasse gehalten wird ($A_1 = 100 =$ IE, $A_2 = 0$) sind Risiko und erwarteter Ertrag gleich Null. Bei wechselnder Zusammensetzung des Portfolios gibt sich hier aus der

Budgetbeschränkung und der Indifferenzkurve I_1 in C: Es werden sowohl Wertpapiere (60%) als auch Geld (40%) gehalten.

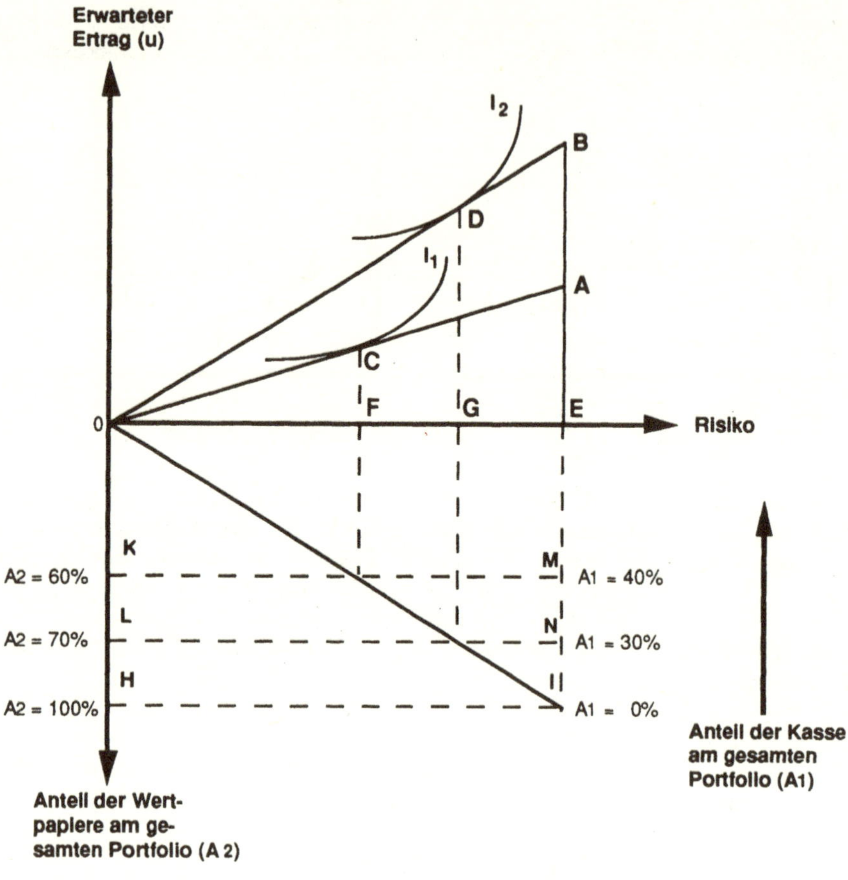

Das Risiko wird also explizit in die Analyse eingeführt und die Tobinsche Analyse stellt eine realitätsnährere Fundierung der mikroökonomischen Liquiditätspräferenzfunktion von Keynes dar.

Der **neoquantitätstheoretische** Ansatz von M. Friedman (1954) dehnt die Analyse des Geldes im Rahmen der Vermögens- und Kapitaltheorie auf die gesamte Geldnachfrage aus, die er analog zur Nachfrage nach einem dauerhaften Konsumgut vornimmt. Er dehnt den für die Geldnachfrage bedeutenden Teil des Vermögens auf fünf Vermögensformen aus: (1) Geld,

(2) Festverzinsliche Wertpapiere, (3) Aktien, (4) Sachkapital und (5) Humankapital.

Die neoquantitätstheoretische Nachfragefunktion kann dann nach Friedman folgendermaßen formuliert werden:

$$M^D / P = f\{Y^r{}_p, h, r_M, r_B, r_E, (1 / p) \cdot (dp / dt), u\}$$

mit:			
	$Y^r{}_p$	=	permanentes Einkommen
	h	=	Aufteilung zwischen Human- und Sachkapital
	r_M	=	Marktzinssatz
	$r_{B,E}$	=	Zinsen von Wertpapieren (Bonds) und Aktien (Equities)
	$(1 / p) \cdot dp / dt$	=	Veränderung des Preisniveaus
	u	=	Präferenzen der Wirtschaftssubjekte bezüglich Nutzen der Liquidität und Einschätzung der zukünftigen wirtschaftlichen Lage

Aufgabe 3

Aufgabenstellung:

a) Stellen Sie eine makroökonomische Geldnachfragefunktion auf, die sich an folgenden Größen orientiert:
   * Volkseinkommen
   * Zinssatz
   * Vermögen
   * Preisniveau

   Erläutern Sie für die vier genannten Variablen den ökonomischen Hintergrund.

b) Welche Implikationen beinhaltet die Frage nach der Stabilität der Geldnachfrage. Welche Analogie kann hier zur Konsumfunktion gezogen werden.

Lösung:

a) Die Geldnachfrage nach realer Kasse könnte aufgrund der genannten Variablen wie folgt formuliert werden:

$$M / P = f(Y, i, V, P)$$

Das ökonomische Beziehungsmuster der einzelnen Variablen stellt sich im Detail wie folgt dar:

Y: Das Volkseinkommen bzw. Sozialprodukt korreliert gemäß der Tauschmittelfunktion des Geldes im Rahmen der Erstellung und Verwendung dieser Größen positiv mit dem dazu notwendigen Zahlungsmittelbestand. Es gilt:

$$d(M / P) / dY > 0$$

Ein steigendes Sozialprodukt führt bei den Kassenhaltern aufgrund der vermehrten Transaktionen zu erhöhtem Bedarf an Kassenhaltung.

i: Der Marktzinssatz ist Ausdruck für den Verlust an Vermögens- bzw. Wertzuwachs bei Kassenhaltung. Kassenhaltung bringt keinen Ertrag und wird demgemäß bei steigendem Zinssatz auf der Basis der Kenntnis bzw. Prognose der Zahlungseingänge und Zahlungsausgänge minimiert. Es gilt:

$$d(M / P) / di < 0$$

Der Zinssatz stellt hier die Opportunitätskosten dar, da bei alternativer Verwendung der Kasse Zinserträge anfallen würden.

V: Der Vermögensbestand eines Wirtschaftssubjektes bedingt im Falle der Umschichtung der Vermögenspositionen (z.B. Verkauf von Aktiva, Kauf anderer Aktiva) einen höheren Kassenbestand zur Abwicklung der Transaktionen. Es gilt hier:

$$d(M / P) / dV > 0$$

Dieser grundsätzliche Aspekt erfährt im Falle des keynesianischen Spekulationsmotivs, das aber nur in Situationen eines niedrigen Zinsniveaus gültig ist, eine gewisse Modifikation. In der Erwartung steigender Zinsen und damit zukünftig fallender Kurse für Wertpapiere kann es temporär ertragreicher sein Kasse zu halten und auf den potentiellen Zinsertrag zu verzichten, wenn die zukünftigen Kursverluste den Zinsertrag übersteigen. Im Falle der Verfügbarkeit von nur Kasse oder Wertpapier als Vermögenskomponenten würde eine erhöhte Geldnachfrage mit einem sinkenden Vermögensbestand korrelieren.

P: Ein Anstieg des Preisniveaus bedeutet stets einen Kaufkraftverlust des Kassenbestandes in bezug auf zukünftige Güterkäufe. Der Kassenhalter wird bei Inflation tendentiell seinen Kassenbestand angesichts sofortiger Konsummöglichkeit oder Anlage in inflationsgeschützten Aktiva reduzieren. Es gilt:

$$d(M / P) / dP < 0$$

b) Die Frage nach der Stabilität der Geldnachfrage ist im Rahmen der optimalen Versorgung einer Volkswirtschaft von erheblicher Bedeutung. Geldangebot und Geldnachfrage sollten sich mit dem Ziel der Konjunkturstabilisierung im Gleichschritt bewegen. Ist das Geldangebot zu gering (restriktive Geldpolitik), können die gewünschten Transaktionen und damit das Sozialproduktniveau über sinkende Liquidität und steigende Zinsen eingeschränkt werden; es entsteht Rezessionsgefahr. Übersteigt das Geldangebot die bestehende Geldnachfrage, entsteht ein Liquiditätsüberschuß bei den Nachfragern, der inflationäre Prozesse auslösen kann. Bei der Prognose der gesamtwirtschaftlichen Geldnachfrage bedeutet ein stabiles, also über die Zeit von bestimmten Variablen abhängiges Kalkül, die Möglichkeit der Prognose einer relativ eindeutig bestimmbaren Geldmenge. Die Geldpolitik hätte dann die Chance, durch eine der "stabilen" Geldnachfrage entsprechenden Geldversorgung, das Wirtschaftsgeschehen zu verstetigen. Stellt man z.B. empirisch fest, daß die Geldnachfrage kurzfristig in Abhängigkeit von Feiertagen, Urlaubszeiten oder Steuerzahlungsterminen schwankt, mittelfristig aber bei Absenz von exogenen Schocks (Ölpreiserhöhung) relativ stabil ist, bietet sich eine Analogie zur Darstellung der kurz- und langfristigen Konsumfunktion an:

Konsumfunktion

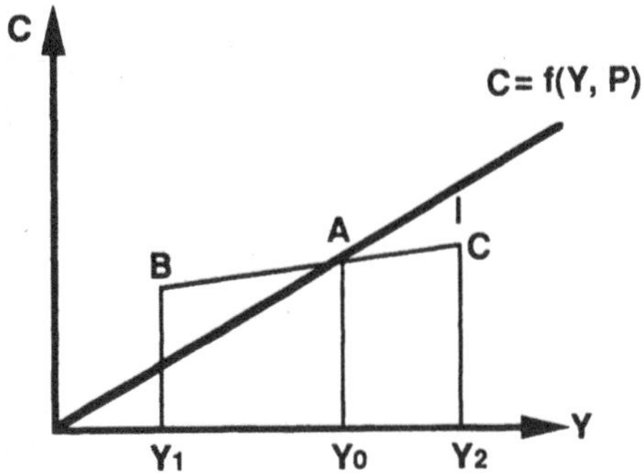

Geldnachfragefunktion

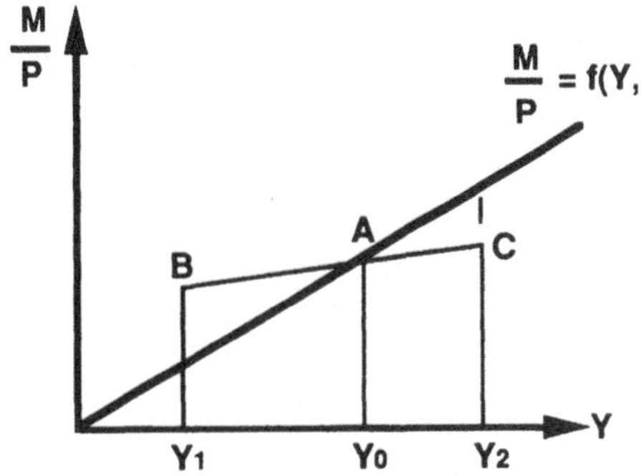

Beim Konsum gilt die keynesianische Konsumfunktion nur kurzfristig (Transaktionsmotiv), der langfristige Zusammenhang wird durch das permanente Einkommen dominiert. Basiert die Geldnachfragefunktion in entsprechender Überlegung vornehmlich auf einer Abhängigkeit von Gesamtvermögen der Wirtschaftssubjekte, so ist sie langfristig stabil. Das Gesamtvermögen wird ebenfalls durch das permanente Einkommen repräsentiert.

Aufgabe 4

Aufgabenstellung:

a) Erläutern sie in algebraischer Form kurz die keynesianische Liquiditätspräferenzfunktion.

b) Welche Rolle spielen die Einkommenselastizität und die Zinselastizität der Geldnachfrage im Rahmen der empirischen Untersuchung der Geldnachfrage ?

c) Setzen Sie die Geldnachfrage und die Umlaufsgeschwindigkeit des Geldes in Beziehung und erläutern Sie die gegenseitige Abhängigkeit der Begriffe.

d) Wie reagieren die Wirtschaftssubjekte in bezug auf ihre Geldnachfrage bei stark steigender Inflationsrate? Welche Konsequenz hat dieses Verhalten auf die Umlaufsgeschwindigkeit?

Lösung:

a) Keynesianische Liquiditätspräferenzfunktion:

Transaktionsmotiv: $L = L(Y)$ mit: $dL / dY > 0$

Eine Veränderung des Transaktionsvolumens bzw. des Sozialproduktes bzw. des Einkommens führt zu einer gleichgerichteten Veränderung der dazu notwendigen Kassenhaltung.

Spekulationsmotiv: $L = L(i)$ mit: $dL / di < 0$

Zinssatz und Kassenhaltung verhalten sich invers, d.h. ein Anstieg des Marktzinssatzes führt über eine Erhöhung der Opportunitätskosten zu einer Verringerung der Kassenhaltung.

Insgesamt: $L = L(Y,i)$ mit : $dL / dY > 0$ und $dL /di < 0$

Die graphische Darstellung der Liquiditätspräferenzfunktion kann in alternativer Form erfolgen. Bei der linken Graphik steht die inverse Korrelation zum Zins im Mittelpunkt. Die Transaktionsvolumina bzw. das Sozialprodukt wird dazu in unterschiedlichen Lagen der Funktion ergänzt. In der rechten Graphik steht das Transaktionsvolumen im Mittelpunkt, während der Zins die Steigung der Funktion bestimmt.

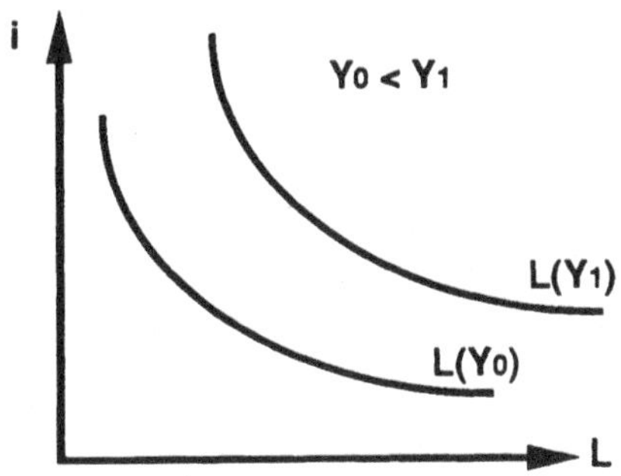

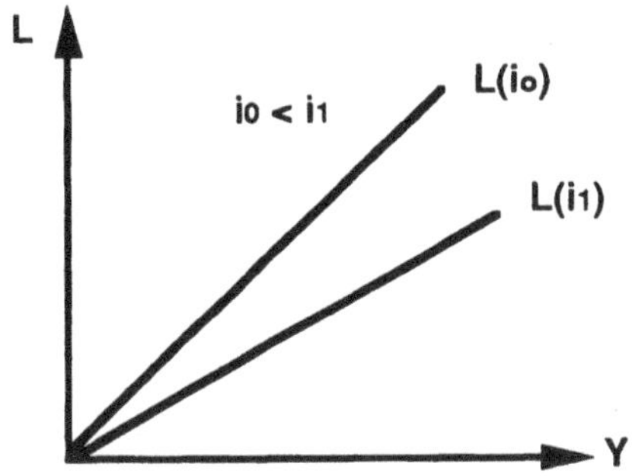

b) Die beiden angesprochenen Elastizitäten beschäftigen sich mit dem Einfluß der beiden zentralen Variablen der keynesianischen Liquiditätspräferenzfunktion auf die Kasssenhaltung.

$$\varepsilon_{L,Y} = \frac{\frac{dL}{L}}{\frac{dY}{Y}}$$ (Einkommenselastizität der Geldnachfrage)

Aussagekraft: Der empirische Wert von $\varepsilon_{L,Y}$ zeigt, wie sich im Wachstumsprozeß einer Volkswirtschaft die Geldnachfrage verändert. Dies kann für die Steuerung des notwendigen Geldangebotes von Bedeutung sein.

$$\varepsilon_{L,i} = \frac{\frac{dL}{L}}{\frac{di}{i}}$$ (Zinselastizität der Geldnachfrage)

Aussagekraft: Der empirische Wert von $\varepsilon_{L,Y}$ zeigt, wie sich die Geldnachfrage bei geldpolitisch zielgerichteten oder durch die Fiskalpolitik entstandenen Zinsveränderungen verhält. Sie ist für die

Beurteilung der Wirksamkeit von Geld- und Fiskalpolitik von erheblicher Bedeutung.

Empirische Werte der Elastizitäten:
(USA-Daten,Untersuchung Brookings Inst.,1973)

	$\varepsilon_{L,Y}$	$\varepsilon_{L,i}$
Kurzfristig (1 - 2 Quartale)	0,19	-0,04
langfristig (über 2 Jahre)	0,68	-0,16

c) Durch die Quantitätsgleichung ist gegeben:

$M \cdot V = Y^{real} \cdot P$

$V = Y^{nom} / M^{nom}$

Gleichzeitig gilt am Geldmarkt: Geldangebot = Geldnachfrage

$(M / P)^{real} = L(Y,i)$

$M^{nom} = P \cdot L(Y,i)$

$V = Y^{nom} / P \cdot L(Y,i) = \mathbf{Y^{real} / L(Y,i)}$

Es zeigt sich, daß die Umlaufgeschwindigkeit ebenfalls vom Realeinkommen und vom Zinssatz abhängt wie die Geldnachfrage (natürlich beim Zins in anderer Korrelation!)

dV / di

Wenn der Zins (di) steigt, erhöht sich die Umlaufgeschwindigkeit (dV). Dadurch wird es möglich bei einem gegebenen Geldbestand ein höheres BSP-Niveau zu finanzieren.

$dV / dY > 0$

Hierdurch wird die konjunkturelle Abhängigkeit von V beschrieben: In der Boomphase (dY > O) erhöht sich V ebenfalls (dV > O), in der Rezession sinkt V ab.

d) Wenn die Wirtschaftssubjekte Inflation erwarten bzw. Inflation auftritt, senken sie ihre Kassenhaltung, um in inflationsgeschützte Vermögenswerte zu investieren, damit sich die Entwertung der Kasse nicht so stark auswirkt. Diese Reduktion der Geldhaltung wird möglich, da die Umlaufsgeschwindigkeit des Geldes ansteigt. Wenn sich das Geld (z.B. als Lohnzahlung) in den Händen der Wirtschaftssubjekte befindet, wird es schneller ausgegeben., um Kaufkraftverluste der Kasse zu vermeiden Dadurch wird deutlich, daß sich bei Inflation V erhöht.

Aufgabe 5

Aufgabenstellung:

a) Definieren Sie die Einkommensumlaufgeschwindigkeit des Geldes und leiten Sie aus dieser Definition die Fisher'sche Verkehrsgleichung (Quantitätsgleichung) ab.

b) Welche Annahme wird in der klassischen Quantitätstheorie über die Umlaufgeschwindigkeit getroffen ? Ist diese Annahme in der Realität erfüllt ?

c) Geben Sie Beispiele für die Entwicklung und Größenordnung der Umlaufgeschwindigkeit in der Realität.

Lösung:

a) Die Umlaufgeschwindigkeit des Geldes ist die Häufigkeit, mit der der jeweilige betrachtete Geldbestand in einer Volkswirtschaft bei der Finanzierung des jährlichen Einkommensstroms umgeschlagen wird. In der Realität muß bei der quantitativen Analyse der Umlaufgeschwindigkeit darauf geachtet werden, auf welches Geldmengenaggregat Bezug genommen wird.

b) Quantitätsgleichung: $M \cdot V = Y \cdot P$

Aussage dieser Gleichung ist die Tatsache, daß die (monetäre) Nachfrage ($M \cdot V$) identisch ist dem (realen) Güterangebot ($Y \cdot P$). Aus der Quantitäts**gleichung** wird die Quantitäts**theorie**, wenn über V und Y die Annahme getroffen wird, daß sie kurzfristig konstant sind. Daraus ergibt sich als Theorie-Aussage (in Wachstumsraten formuliert):

$$M \cdot V = Y \cdot P$$

$$W_M \cdot W_V = W_{YR} \cdot W_P$$

$$\mathbf{W_M = W_P}$$

Die Wachstumsrate des Preisniveaus (=Inflation) wird von der Wachstumsrate der Geldmenge bestimmt.

In der Realität ist nicht von einer Konstanz der Umlaufgeschwindigkeit auszugehen. In kurzfristiger Sicht des Konjunkturzyklus steigt sie in der Boomphase an und in der Rezessionsphase sinkt sie wieder ab. Sie ist somit Ausdruck der wirtschaftlichen Aktivität der

Wirtschaftssubjekte. Langfristig scheint für die BRD die Umlaufgeschwindigkeit (1986 - 1990) langsam zu sinken (vgl. Tabelle).

c) Die Umlaufgeschwindigkeit der Zentralbankgeldmenge liegt bei ca. 9,2 (BRD 1990), die der Geldmenge M_3 bei 1,97. Die letzte Relation ergibt sich beispielsweise aus dem Verhältnis von nominalem BSP und der Entwicklung von V in bezug auf M_3:

Jahr	nominales BSP (Mrd.)	M3 (Mrd.)	Umlaufsgeschwindigkeit
1980	1485	706	2,40
1983	1844	930	1,98
1990	2448	1240	1,97

Algebraische Definition: $Y^{nominal} / M^{nominal}$
Umgeformt ergibt sich unter Beachtung von $Y_{nominal} = Y_{real} \cdot P$:

$$\mathbf{M \cdot V = Y \cdot P}$$ (Fishersche Verkehrsgleichung)

Aufgabe 6

Aufgabenstellung:

a) Welche Geldmengendefinitionen gibt es und zu welchem Zweck werden sie unterschiedlich abgegrenzt?
b) In welcher Beziehung stehen die nachfrageorientierten Geldmengen M_1, M_2, und M_3 und die Zentralbankgeldmenge?
c) Worin liegen formal die Hauptprobleme einer Geldangebotstheorie auf der Basis des Multiplikatoransatzes?

Lösung:

a) Für die jeweiligen Ausprägungen der Geldpolitik in den einzelnen Volkswirtschaften werden unterschiedliche Konzepte verwendet. Für die Bundesrepublik stehen vier Geldmengenbegriffe im Mittelpunkt:

$Z = C + R + Ü$	Z = Zentralbankgeldmenge
$M_1 = C + D$	R = Mindestreserve
$M_2 = C + D + T$	Ü = Liquiditätsreserve
$M_3 = C + D + T + S$	C = Kassenbestand Nichtbanken
	D = Sichtdepositen
	T = Termineinlagen
	S = Spareinlagen

Wesentlicher Unterschied zwischen der Zentralbankgeldmenge und den Abgrenzungen in M ist die Tatsache, daß die Qualität der Zentralbankgeldmenge nur durch die Zentralbank hergestellt werden kann. Es sind demgemäß nur Münzen und Banknoten, also Bargeld. Die Geldmengen in M enthalten bereits das Giralgeld (Kunstgeld), das durch den Geldschöpfungsprozeß im Bankensystem geschaffen werden kann.

Die Zentralbankgeldmenge ist insofern "angebotsorientiert", da sie von der Entstehungsseite des Geldschöpfungsprozesses zur Herstellung jeder Art von Geldmenge notwendig ist. Die Geldmengen mit Qualität M_1 - M_3 sind nachfrageorientiert, da sie als Ergebnis des Geldschöpfungsprozesses zur Abwicklung der Gütertransaktionen (Nachfrage) verwendet werden. In allen M_1-M_3-Definitionen ist somit sowohl Zentralbankgeld als auch Giralgeld enthalten.

b) Der Zusammenhang zwischen Z und M wird durch den Multiplikatoransatz von Brunner und Meltzer beschrieben:

$$\mathbf{M = m \cdot Z} \quad \text{(oder: B = Geldbasis)}$$

In der statischen Betrachtung ist die nachfrageorientierte Geldmenge M das Ergebnis einer Multiplikation der Geldbasis B (Realität: Z) mit dem Geldschöpfungsmultiplikator.

In komparativ-statischer Betrachtung gilt dann:

$$\mathbf{\Delta M = m \cdot \Delta Z}$$

Hier zeigt sich, daß eine Veränderung der nachfrageorientierten Geldmenge M_1, M_2 oder M_3 einerseits durch eine Ausdehnung der Geldbasis, also in Form einer Einspeisung von Zentralbankgeld in den Wirtschaftskreislauf bzw. das Geschäftsbankensystem erfolgen kann.

Der Geldschöpfungsprozeß auf der Basis einer vorhandenen Ausstattung mit Zentralbankgeld wird dann zusätzlich von dem Geschäftsbankensystem durchgeführt. Dieser Prozeß wird auch sekundäre (nach der primären durch die Zentralbank) Geldschöpfung genannt. Die Banken weiten über die Schaffung von Giralgeld (Sichtguthaben, Terminguthaben und Sparguthaben der privaten Wirtschaftssubjekte auf dem "Papier") und einen Kreditexpansionsprozeß die vorhandene Zentralbankgeldmenge bis zu den nachfrageorientierten Geldmengen (M) aus. Dieser Prozeß findet erst dann ein Ende, wenn die bestehende Zentralbankgeldmenge für die notwendige Mindestreserve der Geschäftsbanken bei der Zentralbank und in Höhe des im Kreditexpansionsprozeß durch die Privaten abgezogenen Bargeldbestandes aufgebraucht ist

c) Die Hauptprobleme der Geldangebotstheorie, also einer Versorgung einer Volkswirtschaft mit notwendiger Liquidität in Form von Bargeld und Giralgeld, liegen hier in den beiden Aspekten:

1) Kontrolle der Geldbasis B bzw. des Zentralbankgeldbestandes Z
2) richtige Schätzung des Multiplikators m, der die maximale Geldschöpfungskapazität des Geschäftsbankensystems darstellt.

Die folgende Übersicht verdeutlicht noch einmal den Zusammenhang zwischen der nachfrageorientierten Geldmenge (M), dem Geldmengenmultiplikator (m) und der angebotsorientierten Zentralbankgeldmenge (Z):

$$M \quad = \quad m \quad \cdot \quad Z$$

Ergebnis des 2-stufigen Geldschöpfungsprozesses (nachfrageorientierte) Geldmenge	Multiplikatorwert, der durch Koeffizienten bestimmt wird, die bestimmte Verhaltensrelationen im Banken- und Nichtbankensektor wiederspiegeln	Geldbasis: Grundlage der Geldversorgung ist das Ausmaß, in dem die Notenbank Zantralbankgeld zur Verfügung stellt (angebotsorientiert)

Aufgabe 7

Aufgabenstellung:

a) Systematisieren Sie für die Entwicklung und Ableitung des Geldschöpfungsmulitplikators in einer Volkswirtschaft mit Zentralbanksystem (Mindestreserve, Überschußreserve) und einem Geschäftsbankensystem (Kreditvergabe etc.) die notwendigen Ausgangsgleichungen und erläutern Sie diese.

b) Leiten Sie den Geldschöpfungsmultiplikator ab!

c) Zeigen Sie, wodurch die Geldmenge M in diesem Multiplikatoransatz beeinflußt werden kann!

Lösung:

a) Ansatzpunkt für die Darstellung des Geldschöpfungsmultiplikators ist die konsolidierte Bilanz des gesamten Geschäftsbankensystems. Wenn vereinfachend unterstellt wird, daß das Reinvermögen aller Banken ihr Eigenkapital ist, wobei dies wiederum vollständig in Realvermögen (Guthaben, Gebäude, Beteiligungen etc.) gebunden ist, dann gilt:

Aktiva	Passiva
Kassenbestände (C)	Sichteinlagen (D)
Zentralbankguthaben (R)	Termineinlagen (T)
Kredite an Nichtbanken (K)	Spareinlagen (S)
Wertpapiere d. Umlaufvermögens (Wechsel, Offenmarktpapiere)	

In der Bilanz erscheint nur noch das Fremdkapital nach Quellen (Passivseite) und nach Verwendungsformen (Aktivseite).

Zur Vereinfachung wird weiter angenommen:

Spareinlagen + Termineinlagen = Wertpapierbestand
Kassenbestände + Zentralbankguthaben = Mindestreserve + Freie Liquiditätsreserve

Nun lautet stark vereinfacht die Bilanz: $R + Ü + K = D$

Als Zentralbankbilanzidentität ergibt sich:

Aktiva	Passiva
• Bestand an inländischen • Geldmarktpapieren • Nettoforderungen gegenüber dem Staat • Nettoforderungen gegenüber dem Ausland • Kredite an Geschäftsbanken aus Rediskont und Lombard	• Banknotenumlauf • Einlagen der Banken bei der Zentralbank (Mindestreserve)

Die Zentralbankgeldmenge wird aus der Passivseite definiert:

Z = C + R + Ü
C = Kassenbestand Nichtbanken
R = Mindestreserve
Ü = Freie Liquiditätsreserven (aufteilbar in Kassenbestände der Geschäftsbanken und Zentralbankguthaben)

Als institutionelle Gleichungen sind notwendig:

$C = c \cdot M$ C = Bargeldkoeffizient
$R = r \cdot D$ r = Mindestreservesatz
$M = C + D$

Für das Verhalten der Geschäftsbanken bei der Kreditvergabe gilt:

$K = a(i) \cdot (1 - r) \cdot D$ mit: $a(i) < 1$ und $dK / da(i) > 0$

Die Geschäftsbanken versuchen demgemäß mit steigendem Marktzinssatz die Kreditvergabe auszudehnen.

b) Ableitung des Geldschöpfungsmultiplikators:

$$
\begin{aligned}
Z &= C + R + Ü \\
&= C + D - K && \text{wegen } R + Ü + K = D \text{ <->} \\
&= M - K && \text{wegen } M = C + D \\
&= M - a(i) \cdot (1 - r) \cdot D && \text{wegen } K = a(i) \cdot (1 - r) \cdot D \\
&= M - a(i) \cdot (1 - r) \cdot (M - c \cdot M) && \text{wegen } D = M - C = M - c \cdot M \\
&= M - a(i) \cdot (1 - r) \cdot (1 - c) \cdot M \\
&= M \cdot \{1 - a(i) \cdot (1 - r) \cdot (1 - c)\}
\end{aligned}
$$

$$M = \frac{Z}{1 - a(i) \cdot (1 - r) \cdot (1 - c)}$$

$$\Delta M = \frac{1}{1 - a(i) \cdot (1 - c) \cdot (1 - r)} \cdot \Delta Z$$

Der Geldschöpfungsmultiplikator gibt an, welches Geldvolumen bei gegebener Zentralbankgeldmenge und vorgegebenen Überschußreserven beim Geschäftsbankensystem maximal geschaffen werden kann. Ob dieses Potential ausgeschöpft wird, hängt von der Kreditnachfrage der Nichtbanken ab.

c) Zur Analyse stehen die Größen:

Z: Alle Operationen, die insbesondere über die Offenmarktpolitik die Höhe der Zenralbankgeldmenge verändern.
Eine Erhöhung von Z führt zu einer Erhöhung von M

r: Mindestreservesystem mit in der Realität unterschiedlichen Sätzen für die Sichtdepositen, Termingelder und Spareinlagen; die Mindestreserve stellt aber im Prinzip kein ständiges Instrument zur Geldvolumensteuerung dar, sondern ist ein institutionelles Gebilde.

c: Bargeldkoeffizient der Privaten Nichtbanken; dieser Koeffizient variiert mit den Geldhaltungsgewohnheiten (barer - unbarer Zahlungsverkehr, Ausbreitung Kreditkarten etc.); also ebenfalls kein kurzfristiger Faktor für die Beeinflussung der Entwicklung des Geldvolumens

a(i): Verhaltensparmeter der Geschäftsbanken in bezug auf den Wunsch bei steigendem Zins mehr Kredite zu vergeben (Rentabilitätskalkül); ob die Geschäftsbanken dies auch stets maximal erreichen, ist auch von den Nichtbanken als Nachfrager der Kredite abhängig

Aufgabe 8

Aufgabenstellung:

a) In welchem Zusammenhang stehen der Entwurf einer geldpolitischen Strategie und das Transmissionsproblem ?

b) Geben Sie zwei Beispiele für theoretische Transmissionsprozesse im Falle eines expansiven monetären Impulses.

Lösung:

a) Der geldpolitische Instrumenteneinsatz unterliegt dem Transmissionsproblem. Das bedeutet, daß es zeitlich und inhaltlich sehr unklar ist, in welcher Form ein geldpolitischer Impuls letztendlich im realen Sektor Wirksamkeit eintfaltet und dadurch bei den volkswirtschaftlichen Endzielvariablen (Beschäftigung, etc.) ankommt. Die Geldpolitik hat deshalb zu der Hilfslösung bzw. Strategie gefunden, sog. geldpolitische Zwischenziele und Indikatoren zu bestimmen und danach die Wirkungsweise und -kraft der Geldpolitik zu beurteilen. Der Sinn einer Strategie der Formulierung von Zwischenzielen und Indikatoren der Geldpolitik ist die damit gewonnene Sicherheit, über Zielgrößen und Meßgrößen zu verfügen, die tatsächlich nur den jeweiligen Maßnahmen der Geldpolitik zuzuordnen sind und nicht durch autonome Rückwirkungen aus dem realen Sektor beeinflußt werden.

Aus diesem Grunde liegen diese Zwischenziele und Indikatoren auch im Bereich der Geschäftsbanken, die mit der Zentralbank über die geld–politische Steuerung verbunden sind. Die folgende Graphik zeigt zunächst den abstrakten Vorgang des Transmissionsprozesses:

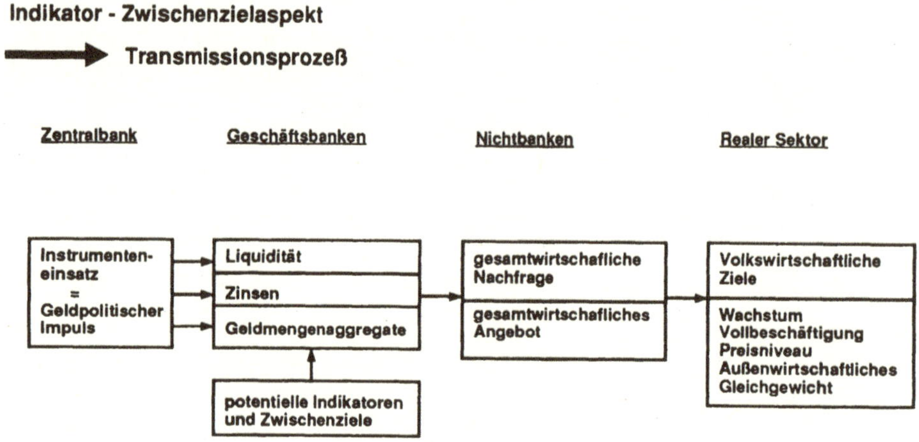

b) Als Beispiel für theoretische Transmissionsmechanismen werden hier der keynesianische und der monetaristisch-vermögenstheoretische Transmissionsgedanke vorgestellt.

Betrachtungsebene	Keynesianscher TRM	Monetaristisch -vermögenstheoretischer TRM
Zentralbank = Instrumenteneinsatz	Senkung Refinanzierungssätze/ Erhöhung Refinanzierungskontingent	Expansive Offenmarktpolitik: Ankauf von Wertpapieren des Geschäftsbankensektors Anreiz: Hohe Kaufkurse
Reaktionen und Effekte im Geschäftsbankensektor	Anstieg Freie Liquiditätsreserve; Erhöhung des Kreditangebots; Tendenzielle Senkung des Zinsniveaus	Verkauf Wertpapiere an die Zentralbank bei gleichzeitiger Entstehung von Überschußliquidität; Störung des Portfoliogleichgewichtes; Anpassung: Kauf neuer Wertpapiere von inländischen privaten Wirtschaftssubjekten
Reaktionen im Nichtbankensektor	Anstieg der Kreditnachfrage; Anstieg der kreditabhängigen Ausgaben; Investition und Konsum; Expansiver Multiplikator - Akzeleratorprozeß	Verkauf Wertpapiere an Geschäftsbanken mit gleichzeitiger Enstehung von Überschußkasse; Störung des Portfoliogleichgewichtes; Anpassung: Kurse steigen, Renditen sinken bei Finanzaktiva; Erwerb von Sachaktiva und Neuerstellung von Sachaktiva (Investitionen)
Gesamtwirtschaftliche Effekte	Anstieg der Gesamtnachfrage; Erhöhung der Produktion; Abbau der Arbeitslosigkeit	Kapitalstock erhöht sich; Produktion erhöht sich; Beschäftigungslage verbessert sich
Prämissen für Wirksamkeit des jeweiligen Transmissionsprozesses	Zinselastizität der Investitionen ist nicht gering oder gleich Null	Anpassung über portfoliotheoretische Mechanismen

Es wird deutlich, daß die keynesianische Vorstellung der Übertragung monetärer Impulse auf den realen Sektor sehr einfach und unproblematisch aufgebaut ist. Im Mittelpunkt steht die Zinsabhängigkeit der Investition. Die Geldpolitik kann somit aus keynesiansicher Sicht relativ problemlos auf den realen Sektor einwirken: Über Zinsveränderungen kann die Investitionsnachfrage stimuliert oder gedämpft werden.

Der monetaristisch-vermögenstheoretische Transmissionsgedanke erscheint hierzu wesentlich langwieriger und im Endeffekt durch die vielen Portfolio-Reaktoinen auf den einzelnen Stufen kaum richtig prognostizierbar.

Die Monetaristen haben daraus den Schluß gezogen, daß unter der Annahme, daß der private Sektor grundsätzlich stabil sei, die ständig und häufig wechselnde Einflußnahme durch die Geldpolitik auf die privaten Wirtschaftssubjekte nicht sinnvoll sei. Durch die detaillierten Portfolio-Anpassungen, die bei jeder Rendite - oder Mengenveränderung ausgelöst werden, käme durch eine stop- and go-Geldpolitik Instabilität in den privaten Sektor und zwar aufgrund staatlicher Maßnahmen. Dies ist aus monetaristischer Sicht natürlich nicht gewollt.

Aus diesem Grund gelangten die Monetaristen zu der Forderung einer stetigen, nur die langfristigen Rahmenbedingungen des Potentialwachstums beeinflußenden Geldmengensteuerung.

Aufgabe 9

Aufgabenstellung:

a) Erläutern Sie die Zuordnung der unterschiedlichen Formen der Geldpolitik (Zinspolitik, Liquiditätspolitik, Geldmengenpolitik) zu den verschiedenen Instrumenten der Zentralbank.

b) In welcher Form wird die sog. Geldmengenpolitik in der Bundesrepublik gestaltet ? Wie wird das jährliche Zwischenziel bestimmt und welche Funktion übernehmen die Geldmengenaggregate als Indikatoren ?

Lösung:

a) Den Zusammenhang zwischen den Instrumenten der Zinspolitik, Liquiditätspolitik und Geldmengenpoiltik zeigt die folgende Graphik:

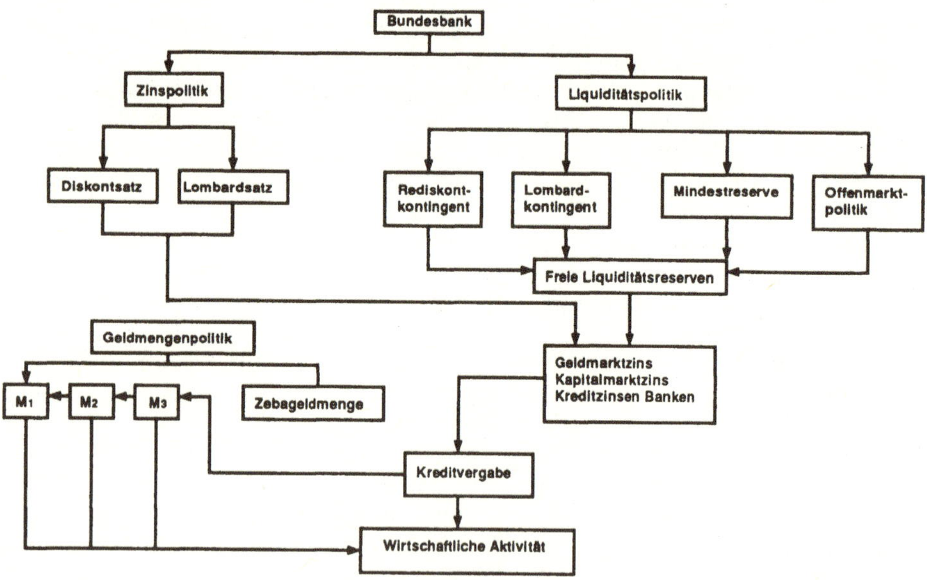

Die Abbildung zeigt, daß gemäß den traditionellen Instrumenten der Zentralbank die Zinspolitik und die Liquiditätspolitik die zentralen Instrumente darstellen. In diesem Zusammenhang sei festgestellt, daß eine liquiditätssteigernde Maßnahme stets auch Zinseffekte hat, da der Zins stets auf Mengenvariationen reagiert.
Die Geldmengensteuerung ist tatsächlich ohne wirkliche Instrumentierung, die für den prozeßpolitischen Ablauf geldpolitischer Maßnahmen notwendig wäre. Insofern scheint die Geldmengenpolitik eher ein Etikett, das bei Einführung dieser Politik in den Jahren 1973/4 Gestalt annahm.

b) Die Geldmengenpolitik der deutschen Bundesbank hat zu einem wesentlichen Teil das monetaristische Konzept der potentialorientierten Steuerung der Geldmenge als theoretischen Hintergrund. Basis hierfür ist die Quantitätsgleichung in der Form: $M \cdot V = Y \cdot P$

Die unter der Annahme der kurzfristigen Konstanz von V und Y zur Aussage der Quantitätstheorie gelangt:

$$\Delta M \rightarrow \Delta P$$

Danach wird die Quantitätstheorie zu einer Inflationstheorie, die aussagt, daß Geldmengensteigerungen zu Preissteigerungen führen. Empirisch hat die Bundesbank in ihrem Monatsbericht 1/1992 dies gezeigt:

Längerfristige Geldmengen- und Preisentwicklung

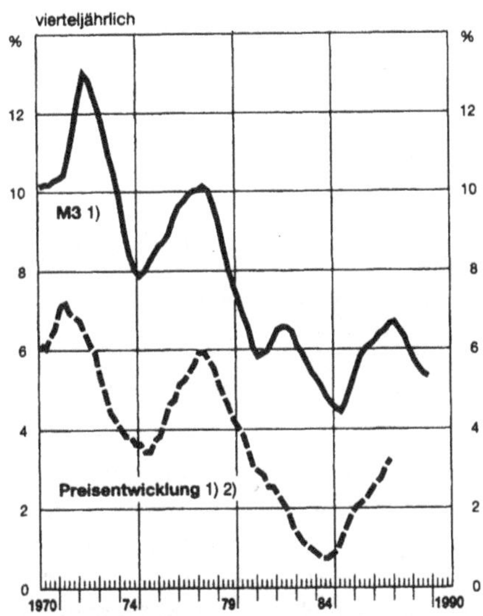

1) Veränderung gegen Vorjahr, geglättet mit einem 10-Periodendurchschnitt.- 2) Deflator der Inlandsnachfrage, geglättete Wachstumsraten um 10 Quartale zeitlich zurückverschoben.

BBk

Diese enorme Analogie zwischen der Entwicklung der Geldmenge M_3 und der Preisniveauentwicklung tritt mit einer Zeitverzögerung von 1o Quartalen ein, d.h., die monetären Schübe oder Restriktionen wirken auf das Preisniveau mit einer Verzögerung von 2 1/2 Jahren.

Das jährliche Zwischenziel einer Wachstumsrate vom M_3 sieht in der graphischen Umsetzung wie folgt aus:

Wachstum der Geldmenge M3 *)

Ziel und laufende Entwicklung

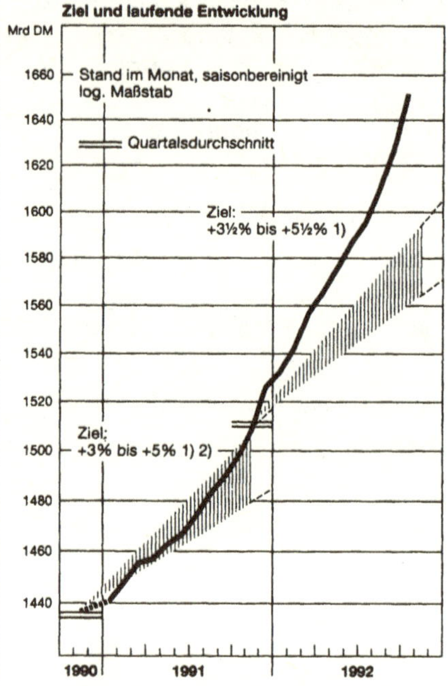

*) Gemittelt aus fünf Bankwochenstichtagen; dabei Ultimostände jeweils zur Hälfte angerechnet.- 1) Jeweils vom vierten Quartal des vorangegangenen Jahres bis zum vierten Quartal des laufenden Jahres.- 2) Gemäß der Adjustierung des Geldmengenziels im Juli 1991.

BBk

So wurde im Dezember 1991 bereits für das Jahr 1992 das monetäre Zwischenziel eines Wachstums der Geldmenge M_3 von 3,5% - 5,5% als die "richtige" Dosierung der Versorgung der gesamtdeutschen Wirtschaft vorgegeben. Nach Ablauf des Jahres kann dann mit der realisierten Größe "Zuwachs M_3" festgestellt werden, ob das gesetzte Ziel erreicht wurde (Indikatorfunktion). Im Jahre 1992 scheint es der

Bundesbank nicht mehr zu gelingen die reale Entwicklung der Geldmenge im Korridor zu halten.

Es ginge zu weit hier eine umfangreiche Ursachenforschung für das Verfehlen des Korridors anzustellen. Es gibt aber stets eine Reihe von Möglichkeiten, die bereits auch schon früher ein derartiges Ergebnis herbeiführten:

1. Außenwirtschaftlich bedingte Geldschöpfung durch die Intervention Im EWS oder gegenüber dem US-Dollar

2. Ausweitung der Bargeldhaltung der privaten Wirtschaftssubjekte (z.B. in Konsequenz der Zinsbesteuerung des Jahres 1993)

3. Kurzfristig nicht kontrollierbare Kreditgewährung der Banken

4. Ausweitung von Bankeinlagen, die zur Geldmenge zählen (z.B. Termingelder)

Zu der häufig geäußerten Kritik gegenüber der Bundesbank, nämlich daß sie nicht in der Lage sei, die Geldmenge und ihr Wachstum zu kontrollieren seien zwei Aspekte festgehalten:

1. Es kann im Konjunkturverlauf eines Jahres geradezu sinnvoll sein das Geldmengenziel zu verfehlen, da sich die Konjunkturentwicklung wesentlich besser oder schlechter darstellt als im Dezember des Vorjahres absehbar.

2. Es kann sich um die Ausweitung von Teilmengen der Geldmenge M_3 handeln, die nicht inflationär wirken müssen, da diese erhöhten Geldbestände nicht für Ausgaben genutzt werden (Ausweitung der DM als internationale Reservewährung)

Die von der Bundesbank verwendete Formel zur Bestimmung des Zwischenzieles "Wachstum der Geldmenge" beruht auf folgenden Faktoren:

1. Wachstum des Produktionspotentials

Die Geldmenge soll die Ausweitung der Produktionsmöglichkeiten finanzieren (Wachstumsaspekt).

2. Veränderung des Auslastungsgrades des Produktionspotentials

Die Geldmenge orientiert sich auch an konjunkturellen Veränderungen in der Wirtschaft, da im Falle einer Rezession das Wachstum der Geldmenge zurückgenommen werden kann und muß, da sich ansonsten für die nächste Periode zu hohe Bestände angesammelt haben.

3. Veränderung der Umlaufgeschwindigkeit der Geldmenge

Nach der Formel $M \cdot V = Y \cdot P$ ist es sehr sinnvoll, das Produkt aus Geldmenge und Umlaufgeschwindigkeit zur Kalkulationsbasis zu machen, da sich die Umlaufgeschwindigkeit auch im Konjunkturverlauf ändert (Boom: V steigt an, Rezession: V sinkt ab). Entsprechend kann im Boom der Anstieg von M_3 gedrosselt werden.

4. Berücksichtigung der unvermeidlichen Preissteigerungsrate

Würde die Bundesbank diese Größe bei der Bestimmung des Zielkorridors nicht einbeziehen, wäre die Gefahr einer zu geringen Versorgung der Volkswirtschaft mit Liquidität zu groß.

VII IS-LM-Modell

Lernziel

* Entwicklung der für das Gesamtmodell notwendigen Gleichgewichtsfunktionen (IS-Funktion, LM-Funktion)

* Verständnis des IS-LM-Modells als keynesianisches Nachfragemodell

* Analyse und Systematisierung der Modellbestandteile (Modellüberblick, Verhaltensfunktionen, Gleichgewichtsdefinition, Ungleichgewichtslagen und Anpassungsprozesse)

* Darstellung der Multiplikatoranalyse im IS-LM-Modell (Effekte wirtschaftspolitischer Maßnahmen in quantitativer Form, Multiplikatorvergleich mit den Multiplikatoren des Einkommen-Ausgaben-Modells)

* Darstellung grundsätzlicher Maßnahmen der Fiskalpolitik und Einführung des Finanzierungsaspektes

* Effizienzvergleich geld- und fiskalpolitischer Maßnahmen in unterschiedlichen Konjunktursituationen

* Darstellung und Verständnis der crowding-out-Hypothese

* Analyse der Auswirkungen unterschiedlicher Veränderungen von wirtschaftspolitischen und exogenen Variablen

Aufgabe 1

Aufgabenstellung:

a) Leiten Sie graphisch die IS-Kurve ab! Erläutern Sie die dazu notwendigen Annahmen und Vorgehensweise.

b) Welche Situation beschreiben die Punkte auf der IS-Kurve? Bestimmen Sie die über und unterhalb der Funktion liegenden Punkte ökonomisch und erläutern Sie mögliche Anpasssungsprozesse an die Gleichgewichtsloci auf der Funktion!

c) Wie wirken sich eine Änderung
   - der marginalen Sparneigung,
   - der Ertragserwartungen der Unternehmer und
   - des Marktzinses auf die IS-Kurve aus?

Lösung:

a) Graphische Ableitung:

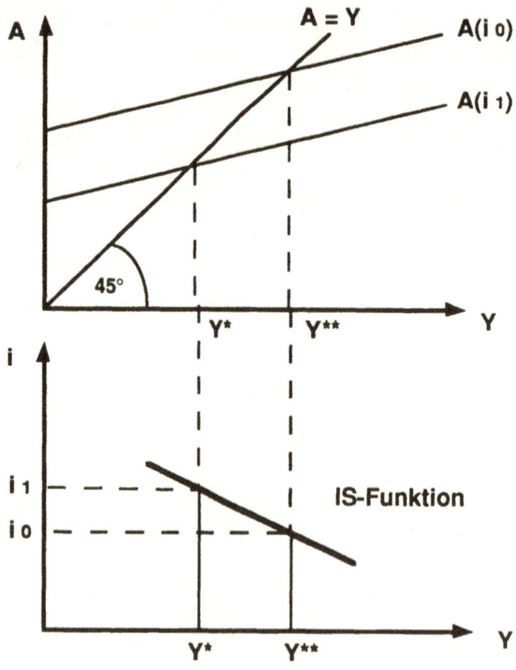

Die Ableitung erfolgt auf der Basis der gesamtwirtschaftlichen Ausgabenfunktion im Einkommen-Ausgaben-Modell. Jeder Ausgabenfunktion kann eine zinsabhängige Investitionsfunktion derart zugeordnet werden, daß hinter der flacheren Ausgabenfunktion ein niedrigeres Investitionsniveau mit höherem Zinssatz steht. Überträgt man die entsprechenden Sozialprodukt- und Zinsniveauwerte in den Parameterraum (Y, i), ergeben sie die Konstruktionspunkte für die IS-Funktion. Sie repräsentiert unendlich viele mögliche Gütermarktgleichgewichte (i, Y - Kombinationen), bei denen die Verhaltensfunktionen I = I(i), S = S(Y) und C = C(Y) mit der Gleichgewichtsbedingung I = S kompatibel sind.

Eine alternative Möglichkeit zur Ableitung der IS - Funktion besteht in der noch klareren Darstellung dieses Prozesses über das 4 - Quadrantenschema. Hierzu werden die einzelnen Verhaltensfunktionen nochmals spezifiziert:

I = I(i) mit: $dI / di < 0$
S = S(Y) mit: $dS / dY > 0$

Als Gleichgewichtsbedingung:

I = S Diese Gleichgewichtsbedingung beschreibt die Situation einer geschlossenen Volkswirtschaft ohne staatliche Aktivität

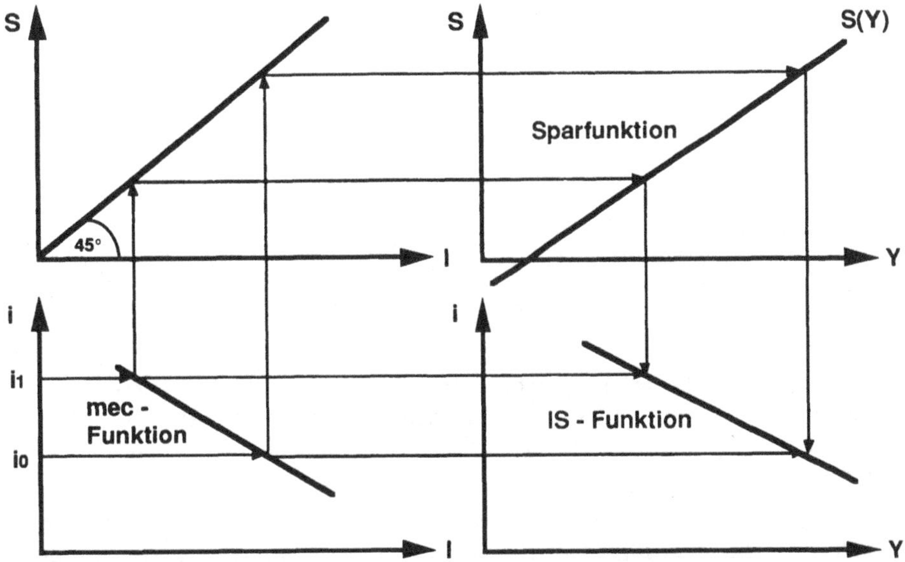

Die Ableitung im 4 - Quadrantenschema verläuft wie folgt:
Bei alternativen Zinssätzen (i_0, i_1) wird der zugehörige Wert auf die Investitionsfunktion projiziert. Die ermittelten Investitionsvolumina legen über die Gleichgewichtsbedingung im I = S - Quadranten die zugehörigen Sparvolumina fest. Die Projektion der Zins- und Investitionswerte (horizontal) und der Sparwerte ergeben zwei Schnittpunkte zur Konstruktion der IS - Funktion. Die IS - Funktion stellt demgemäß unendlich viele Gleichgewichte auf dem Gütermarkt dar.

b) Zusätzlich zu der verbalen Feststellung, daß durch die IS - Funktion unendlich viele potentielle Gütermarktgleichgewichte gegeben sind, gilt für die Gleichgewichtslage:

$Y = C + I$	Nachfragegleichung
$Y = C + S$	Einkommensverwendungsgleichung
$I = S$	Gleichgewichtsbedingung

Die Gleichgewichtsbedingung beschreibt neben dem Gütermarktgleichgewicht auch das Gleichgewicht auf dem Kapitalmarkt, denn die Bedingung I = S sagt ebenfalls aus, daß die private Ersparnis (Kapitalaufkommen einer Periode) gleich der privaten Investition (Kapitalnachfrage einer Periode) ist. Graphisch ergibt sich daraus:

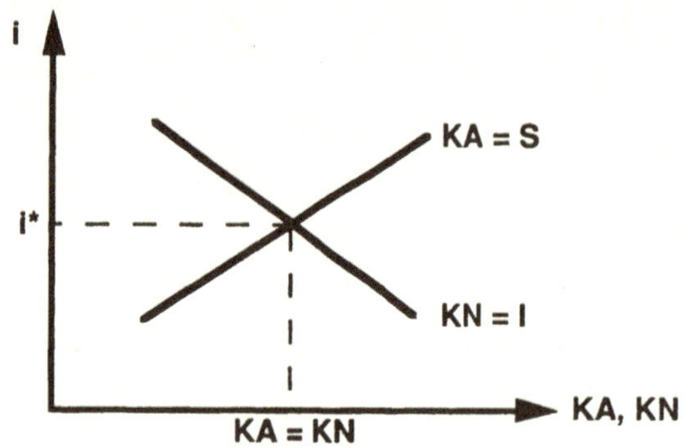

Das Gütermarktgleichgewicht und das dahinter stehende Kapitalmarktgleichgewicht, die die IS-Funktion repräsentieren, gelten in dieser Form nur für die geschlossene Volkswirtschaft ohne staatliche Aktivität!

Eine analytisch sinnvolle Begründung der Ungleichgewichtslagen bei isolierter Betrachtung der IS - Funktion muß auf die erste Konstruktion der IS - Funktion zurückgreifen:

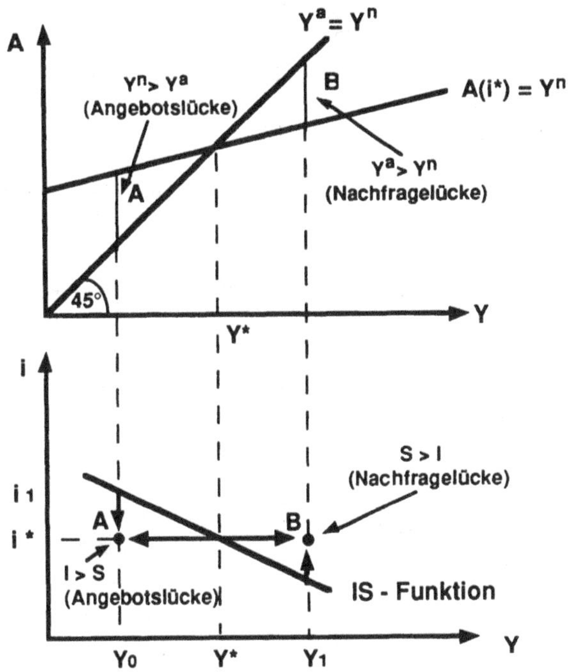

Situation A: Aus der oberen Graphik wird deutlich, daß die Nachfrage über dem Angebot (den produzierten Gütern) liegt. Der Punkt A unterhalb der IS - Funktion bedeutet dann: Beim Zins i* liegt die Investitionsnachfrage über dem Angebotspotential. Beim Wert Y_0 ist die Investition größer als die Ersparnis. Erst über eine Erweiterung der Produktionsmöglichkeiten kommt eine Anpassung des Angebots an die Nachfrage auf dem Niveau Y* zustande.
Situation B: Wiederum durch die obere Graphik wird deutlich, daß nun die effektive Nachfrage (Y_n) unterhalb des Angebots liegt. Im Quadranten der IS - Funktion bedeutet dies, daß bei dem Zins i* die Investitionsnachfrage zu gering ist, um beim Wert Y_1 das Angebot auszulasten. Die Ersparnis ist größer als die Investition.

c) Eine Veränderung der Verhaltensfunktion und ihre Auswirkungen auf die IS - Funktion ist stets durch das 4 - Quadrantenschema nachzuvollziehen. Am Beispiel der Erhöhung der marginalen Sparneigung wird dies vorgeführt:

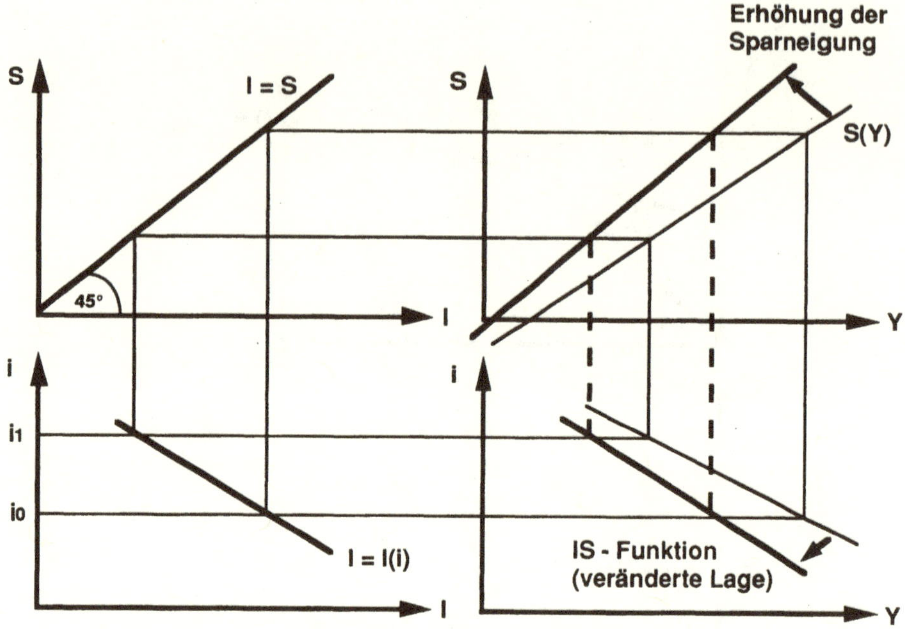

Ökonomisch zeigt sich durch die Erhöhung der marginalen Sparneigung eine tendenziell nachfragereduzierende Wirkung auf die potentiellen Sozialproduktwerte, die durch die IS - Funktion repräsentiert werden.

Änderungen der Ertragserwartungen der Unternehmen spiegeln sich in der Lage der mec - Funktion wieder. Eine Verbesserung verlagert die mec - Funktion nach rechts mit einer entsprechenden Verlagerung der IS - Funktion auf potentiell höhere Sozialproduktwerte.

Eine Änderung des Marktzinssatzes führt stets zu einer Bewegung auf der mec - Funktion und zu potentiell anderen Gütermarktgleichgewichten, also einer Bewegung auf der IS - Funktion.

Vorsicht: Veränderungen von Achsenvariablen (Y, i) führen stets zu Bewegungen auf der IS - Funktion!

Aufgabe 2

Aufgabenstellung:

a) Leiten Sie graphisch die LM Funktion ab! Erläutern Sie die dazu notwendigen Annahmen und Vorgehensweisen.

b) Bestimmen Sie die über und unterhalb der Funktion liegenden Punkte ökonomisch und erläutern Sie mögliche Anpassungsprozesse an das Gleichgewicht!

c) Wie verändert sich die Lage der Funktion, wenn
- die Zentralbank die Geldmenge erhöht,
- sich die Geldnachfrage bei konstanter Geldmenge erhöht,
- sich das Preisniveau verringert.

Lösung:

a) Als Verhaltensgleichungen am Geldmarkt gelten:

$L = L(Y, i)$ mit: $dL / dY > 0$ und $dL / di < 0$ Geldnachfragefunktion

$M = M^{ex}$ (exogen = Geldmenge von der Zentralbank fixiert) oder:

$M = M(i)$ mit: $dM / di > 0$

$L = M$ Gleichgewichtsbedingung

Die graphische Ableitung kann wiederum in zweifacher Weise erfolgen:

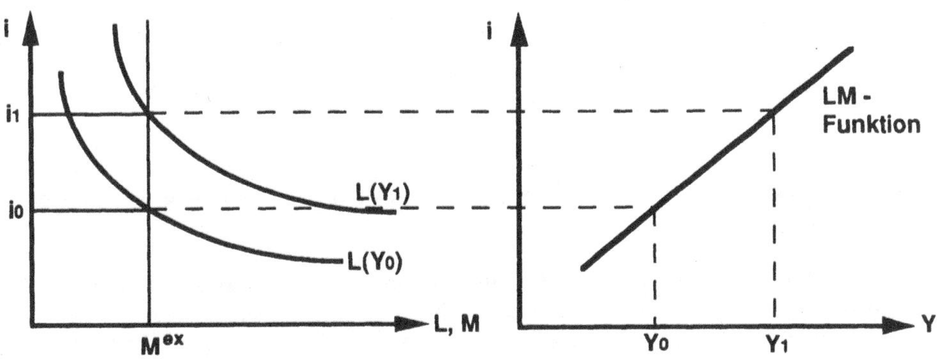

In der Ableitung im 2 - Quadrantenschema ist der linke Quadrant mit der Kombination von Geldangebot und Geldnachfrage der Ausgangspunkt: Die Geldnachfragefunktion wird in ihrer Gestalt durch die Zinsabhängigkeit bestimmt (fallender Verlauf). Die Lage der Funktion ist

vom Sozialprodukt bzw. Einkommen abhängig. Hier entspricht die weiter rechts liegende Geldnachfrage einem höheren Sozialprodukt als Ausdruck einer notwendigen höheren Transaktionskasse. Wählt man zwei unterschiedliche Zinsniveaus (i_0, i_1) kann zur Konstruktion der LM - Funktion in zwei Punkten durch die Kombination mit den Sozialproduktwerten (Y_0, Y_1) im rechten Quadranten der ansteigende Verlauf der LM - Funktion abgeleitet werden. Die derart konstruierte LM - Funktion als Ausdruck unendlich vieler Geldmarktgleichgewichte ergibt die Summe der Zins- und Sozialproduktkombinationen, in denen sich der monetäre Sektor der Volkswirtschaft im Gleichgewicht befindet.

Ableitung der LM-Funktion über das 4 -Quadrantenschema:

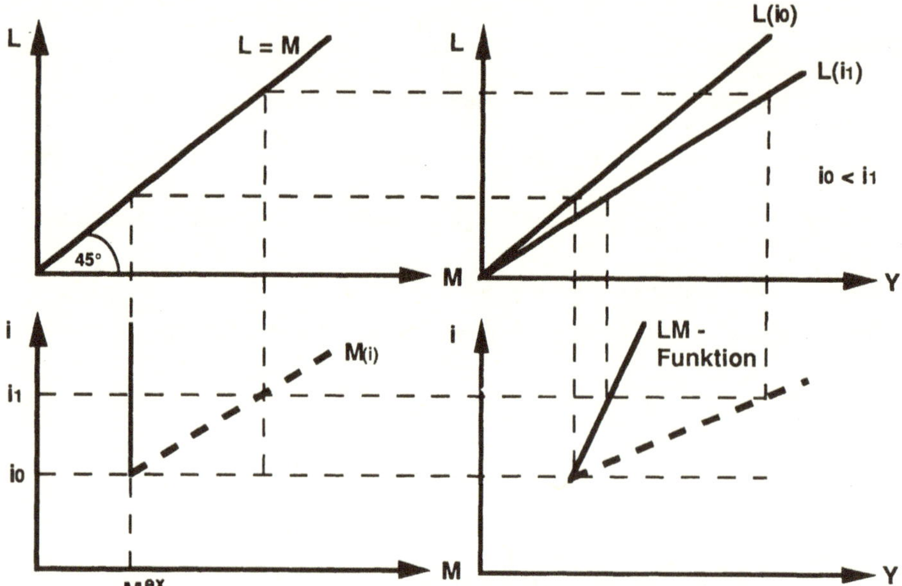

Wesentlicher Unterschied der graphischen Darstellung ist in dieser Form die Umsetzung der Geldnachfragefunktion. Bestimmend für den Verlauf der Funktion ist hier das Sozialprodukt bzw. das Einkommen. Der Aspekt der Transaktionskasse (proportionaler Verlauf zu Y) dominiert die Zeichnung. Dem variablen Zins wird durch die unterschiedliche Lage der Liquiditätspräferenzfunktion zu unterschiedlichen Zinssätzen Rechnung getragen. Hierbei ist die flachere Funktion (mit geringeren Werten der Kassenhaltung) durch den höheren Zins bestimmt.

Die Ableitung erfolgt über die Wahl zweier Zinswerte und die Projektion auf das Geldangebot, das wahlweise exogen (senkrechter Verlauf) oder zinsabhängig verläuft. Der zinsabhängige Verlauf ist durch den Geldschöpfungsprozeß des Geschäftsbankensystems bestimmt. Dahinter steht die Prämisse, daß die Geschäftsbanken bei steigendem Zins über eine Kreditexpansion die Geldmenge ausdehnen wollen. Entsprechend ergibt sich für diesen Fall eine flachere LM - Funktion, die indiziert, daß zu gleichem Zins ein höheres Sozialprodukt finanzierbar ist.

b) Die Ungleichgewichtspunkte des monetären Sektors, die nicht auf der LM - Funktion liegen, können graphisch wie folgt abgeleitet werden:

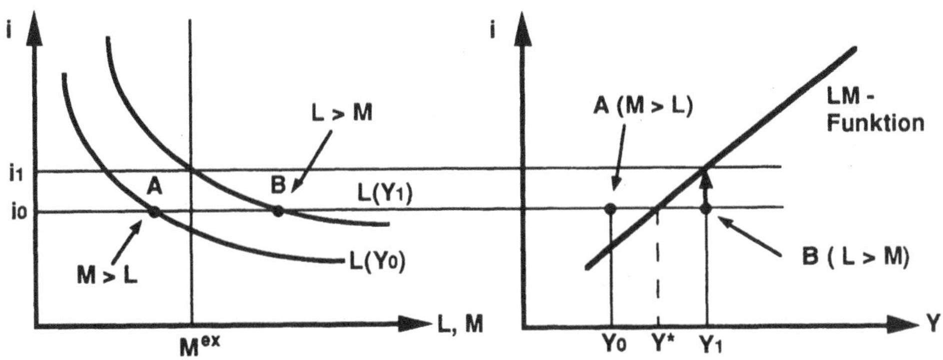

In Punkt A gilt $M^{ex} > L(Y_O)$: Das Geldangebot ist größer als die Geldnachfrage auf dem Sozialproduktlevel Y_0. Die Wirtschaftssubjekte versuchen die durch das zu hohe Geldangebot gegebene Überschußkasse in Wertpapieren anzulegen, wodurch die Kurse steigen und die Zinsen (Rendite) fallen.

In Punkt B ist für den Sozialproduktlevel Y_1 die Geldnachfrage größer als das vorhandene Geldangebot: $M^{ex} < L(Y_1)$ Die Wirtschaftssubjekte versuchen über Wertpapierverkäufe die notwendige Kasse zu erhalten, wodurch die Kurse sinken und die Zinsen (Rendite) steigen.

c) Eine Erhöhung der Zentralbankgeldmenge führt ceteris paribus zu einer Rechtsverlagerung der LM - Funktion.

Eine Erhöhung der Geldnachfrage führt bei konstanter Geldmenge i. d. R. zu einer Bewegung auf der LM - Funktion, falls die Erhöhung der Geldnachfrage durch eine Ausweitung güterwirtschaftlicher Aktivitäten bestimmt ist. Im rein theoretischen Fall einer autonomen Erhöhung der Geldnachfrage bewegt sich die LM - Funktion nach links.

Eine Senkung des Preisniveaus ist ökonomische vergleichbar mit einer Erhöhung der Geldmenge (Rechtsverschiebung der LM - Funktion), da bei geringeren Preisen das vorhandenen Geldangebot ein höheres Transaktionsvolumen bzw. Sozialproduktniveau erlaubt. Bei unterschiedlichen Preisniveaus ergibt sich die Lage der LM - Funktion wie folgt:

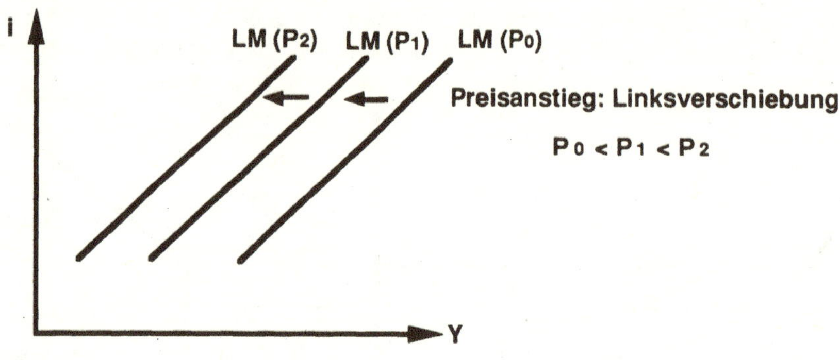

<u>Aufgabe 3</u>

Aufgabenstellung:

a) Erläutern Sie, in welcher Weise das IS-Gleichgewicht von der Situation der Beschreibung der geschlossenen Volkswirtschaft ohne staatliche Aktivität um die letztgenannten Aspekte erweitert werden kann. Ziehen sie daraus auch für die Definition des Kapitalmarktgleichgewichtes die entsprechenden Konsequenzen!
b) Systematisieren Sie für das IS-LM-Modell graphisch alle potentiellen wirtschaftspolitischen Maßnahmen!

Lösung:

Der Begriff IS-Gleichgewicht bezieht sich auf die Ableitung des Gütermarktgleichgewichtes einer geschlossenen Volkswirtschaft ohne staatliche Aktivität. In dieser Situation gilt folgendes Gleichungssystem:

$Y = C + I$ Nachfragegleichung
$Y = C + S$ Einkommensverwendungsgleichung
$I = S$ Gleichgewicht

Die Umsetzung dieses Gütermarktgleichgewichtes für das dahinter stehende Kapitalmarktgleichgewicht ist wie folgt zu interpretieren:

$I = S$

Die rechte Seite der Gleichung steht für das Kapitalangebot in einer Volkswirtschaft, die linke Seite für die Kapitalnachfrage. In diesem Fall der geschlossenen Volkswirtschaft ohne Staat wird die Nachfrage nach Investitionskapital durch die inländische private Ersparnis befriedigt.

Im Falle der offenen Volkswirtschaft mit staatlicher Aktivität erweitert sich die gesamtwirtschaftliche Nachfragegleichung:

$Y = C(Y - T) + I + CS + X - M$

Die Gleichungsbedingung am Kapitalmarkt lautet nun:

$K_{ex} + BD + I = S + K_{im}$

Als Quellen für Finanzkapital stehen somit zur Verfügung: $S + K_{im}$
Verwendet wird das Kapital durch: I, BD und K_{ex}

Graphische Umsetzung:

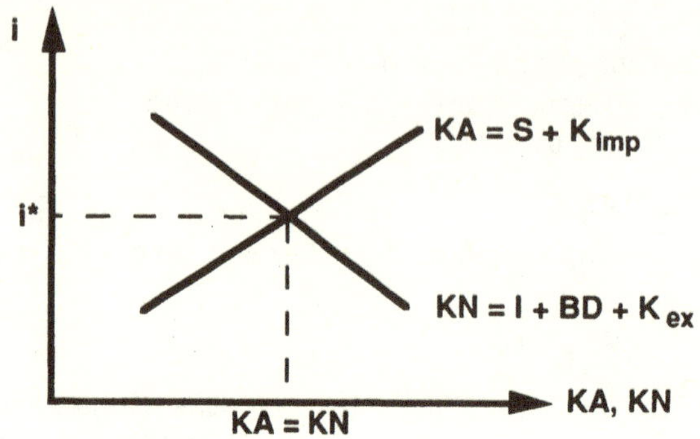

Aus dem gesamten Aufkommen an Kapital aus Ersparnis und Kapitalimport werden die privaten Investitionen, das staatliche Budgetdefizit und der Kapitalexport finanziert. Die zusätzlichen Variablen stehen in folgender Beziehung zu den Größen der Nachfragegleichung:

BD = Budgetdefizit, wenn CS >T
Falls der Staat Überschüsse in der Betrachtungsperiode erwirtschaftet (in der Realität eher der seltene Fall), wird auf der rechten Seite die Größe BÜ zum Kapitalaufkommen addiert, auf der linken Seite verschwindet dann das Budgetdefizit. (BÜ: T > CS)

X > M: Leistungsbilanzüberschußsituation, in der aus der Differenz K_{ex}-K_{im} ein Nettokapitalexport wird, denn das Ausland muß Kapital (vom Inland) erhalten, um die Güterimporte zu finanzieren.

b) Wirtschaftspolitische Instrumente, die im Rahmen des IS-LM-Modells diskutabel sind:

Fiskalpolitik: Staatsausgaben, Transfers, Steuern
Geldpolitik: Geldmengenvariationen

In der folgenden Graphik werden alle genannten Instrumente expansiv genutzt, also zur Erhöhung der Nachfrage und damit des Güter- und Geldmarktgleichgewichtes:

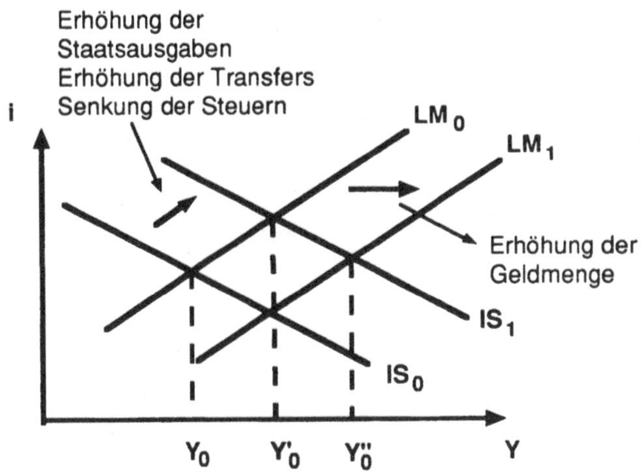

Aufgabe 4

Aufgabenstellung

a) Systematisieren Sie das IS-LM-Modell nach den Modellgleichungen der beiden Märkte und definieren Sie das Gleichgewicht !

b) Verdeutlichen Sie formal und begründen Sie verbal
   b1) die Steigung der IS-Kurve
   b2) die Steigung der LM-Kurve

c) Nennen Sie einige Vereinfachungen, die im Rahmen der IS-LM-Modells gegenüber der Realität gemacht werden !

Lösung:

a) Gütermarkt: $Y = C + I + A$ mit:

$C = C(Y)$ mit: $dC/dY = C_Y > 0$
$S = S(Y)$ mit: $dS/dY = S_Y > 0$
$I = I(i)$ mit: $dI/di = I_i < 0$
A = autonome Komponente, die für CS oder autonome Veränderungen von Nachfragegrößen steht.

Geldmarkt: $L(Y, i) = M$ mit:
$dL / dY = L_Y > O$ und $dL / di = L_i < O$
$M = M^{ex}$

Gleichgewicht auf dem Gütermarkt und Geldmarkt

IS-Funktion:
Geometrischer Ort aller (Y,i)-Kombinationen, an dem unter Gültigkeit der Verhaltensfunktion $C = C(Y)$, $S = S(Y)$ und $I = I(i)$ Gleichgewicht auf dem Gütermarkt herrscht.

LM-Funktion:
Geometrischer Ort aller (Y,i)-Kombinationen, an dem unter Gültigkeit der Verhaltensfunktionen $M = M^{ex}$ und $L = L(Y,i)$ Gleichgewicht auf dem Geldmarkt herrscht.

Die Teilhypothesen über die Bestimmungsgründe der partiellen Gleichgewichtgewichte am Gütermarkt und Geldmarkt können nun zu einem simultanen Gleichgewichtsmodell zusammengeführt werden:

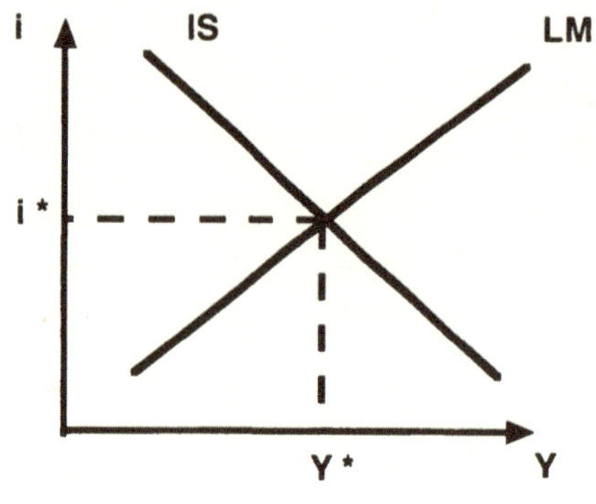

Die graphische Darstellung dieses Modells ist das von J.R. Hicks (1939) entwickelte IS-LM-Diagramm in Fortentwicklung der Analyse von Keynes. Der Schnittpunkt beider Funktionen repräsentiert das Gleichgewicht von Güterkreislauf und Geldversorgung .

b) Die Steigung der IS-Funktion und LM-Funktion wird im Parameter-Raum (i, Y) über das totale Differential ermittelt. Eine Auflösung des Gleichungssystems hat nach den Achsenvariablen di / dY zu erfolgen. Ist der ermittelte Wert positiv, hat die jeweilige Funktion eine positive Steigung, ist der Wert negativ, hat die Funktion einen fallenden Verlauf.

b1) IS-Funktion: $Y = C(Y) + I(i) + A$

Totales Differential:

$$dY = (dC / dY) \cdot dY + (dI / di) \cdot di$$

$$dY = C_Y \cdot dY + I_i \cdot di$$

$$dY \cdot (1 - C_Y) = I_i \cdot di$$

$$\frac{di}{dY} = \frac{1 - C_Y}{I_i} = \frac{> 0}{< 0}$$

Die Steigung der IS-Funktion ist negativ, da mit sinkenden Zinssätzen die Investition ansteigt und dadurch höhere Sozialproduktwerte entstehen.

b2) LM-Funktion: $L(Y,i) = M$

Totales Differential:

$$(dL / dY) \cdot dY + (dL / di) \cdot di = 0$$

$$L_Y \cdot dY + L_i \cdot di = 0$$

$$\frac{di}{dY} = \frac{L_Y}{-L_i} = \frac{> 0}{> 0}$$

Die Steigung der LM-Funktion ist positiv, da steigende Sozialproduktwerte eine höhere Geldnachfrage und damit ein höheres Geldangebot benötigen.

c) Das IS-LM-Modell ist ein reines "Nachfrage"-Modell: Eine Berücksichtigung der Angebotsseite einer Volkswirtschaft (Produktionsbedingungen, Arbeitsmarkt) erfolgt im Rahmen der kurzfristigen Analyse der Nachfrageentwicklung nicht. Die zentrale Variable im IS-LM-Modell ist der Zinssatz. Erklärt werden hierdurch die Geld- und Kapitalmarktentwicklungen. Vernachlässigt wird insbesondere die Betrachtung von Preisniveaueffekten bzw. der Inflationsrate.

Aufgabe 5

Aufgabenstellung:

Eine Modellwirtschaft sei durch folgende Gleichungen beschrieben:

$C = 30 + 0{,}7 \cdot Y$
$I = 150 - 15 \cdot i$
$L = 100 + 0{,}5 \cdot Y - 10 \cdot i$
$M = 225$
(i in Prozent; alle andere Größen in Mrd. Geldeinheiten)

a) Wie lauten die Gleichgewichtsbedingungen für den Geld- und den Gütermarkt?
b) Berechnen Sie die Gleichgewichtswerte für i und Y!
c) Erläutern Sie die hinter den Funktionen stehenden Verhaltensfunktionen ökonomisch!

Lösung:

a) Es gilt ex post:

Gütermarkt:	$I = S$	(Investitionen = Ersparnis)
Geldmarkt:	$L = M$	(Geldnachfrage = Geldangebot)

b) Zur Vorbereitung der Ermittlung der Gleichgewichtswerte ist für den Gütermarkt aus der Konsumfunktion die Sparfunktion abzuleiten:
$C = 30 + 0{,}7 \cdot Y \longrightarrow S = -30 + 0{,}3 \cdot Y$

Gleichungssystem:	Gütermarkt (1):	$150 - 15 \cdot i = -30 + 0{,}3 \cdot Y$
	Geldmarkt (2):	$100 + 0{,}5 \cdot Y - 10 \cdot i = 225$
Aus (1) ergibt sich:	$Y = (180 - 15 \cdot i) / 0{,}3 = 600 - 50 \cdot i$	
Einsetzen in (2):	$100 + 0{,}5 \cdot (600 - 50 \cdot i) - 10 \cdot i$	$= 225$
	175	$= 35 \cdot i$
	i^*	$= \underline{5}$
Einsetzen in (1):	$Y^* = \underline{350}$	

c) Als Verhaltensfunktionen ergeben sich in abstrakter Darstellung:

<u>Gütermarkt</u>:	$C = C^a + b \cdot Y$	mit:	$dC / dY > 0$
	$I = I_a - c \cdot i$	mit:	$dI / di < 0$
	$S = -C^a + s \cdot Y$	mit:	$dS / dY > 0$

Konsum und Sparen sind mit der autonomen Komponente der Einkommensentwicklung positiv korreliert, die Investitionen sind zinsabhängig und verhalten sich invers zur Entwicklung des Zinsniveaus.

Geldmarkt: $L = L^a + k \cdot Y - d \cdot i$ mit: $dL / dY > 0$

$M = M^a$ mit: $dL / di < 0$

Die Geldnachfrage besitzt neben der autonomen Komponente zwei Erklärungsvariablen: Sie ist einerseits positiv mit dem Einkommens- bzw. Sozialproduktniveau korreliert (Transaktionsmotiv), andererseits invers mit dem Zinsniveau verknüpft (Opportunitätskosten und Spekulationskasse).

Aufgabe 6

Aufgabenstellung:

Zeichnen Sie ein IS-LM-Modell!

a) Wie läßt sich in diesem Modell eine Erhöhung der autonomen Staatsausgaben darstellen?

b) Wie müßte man (zusätzlich zu a)) eine Finanzierung dieser Staatsausgabenerhöhung durch eine Geldschöpfung darstellen?

c) Wie müßte (alternativ zu b)) eine Finanzierung dieser Staatsausgabenerhöhung durch zusätzliche autonome direkte Steuern dargestellt werden?

d) Wie wirken sich also unterschiedliche Finanzierungsformen zusätzlicher Staatsausgaben auf die Höhe des Gleichgewichtseinkommens aus?

Lösung:

a)

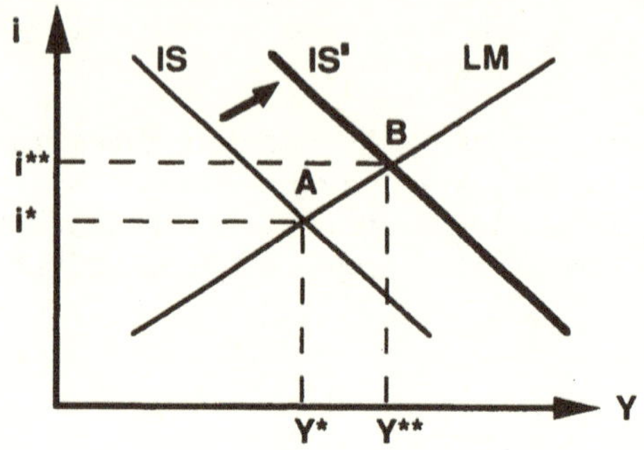

Die Erhöhung der Staatsausgaben führt zu einer Rechtsverschiebung der IS-Funktion. Effekte auf den Güter- und Geldmarkt: Das Sozialprodukt steigt auf Y** (Punkt B), das Zinsniveau erhöht sich auf i**.

b)

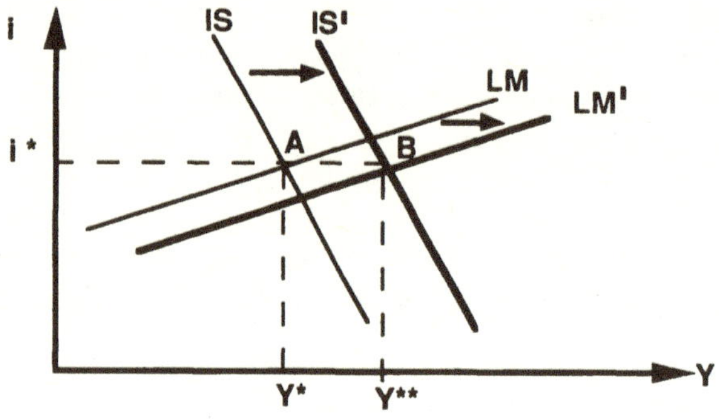

Erfolgt eine Finanzierung durch Geldschöpfung (Rechtsverschiebung der LM-Funktion), dann ergibt sich als Gleichgewicht der Punkt B. Der Effekt auf das Sozialprodukt ist durch die Geldpolitik verstärkt worden, der Zinssatz ist konstant. Dieses Ergebnis gilt natürlich nur kurzfristig. Langfristige Effekte wie z.B. eine Preisniveausteigerung bleiben unberücksichtigt, bzw. können in diesem Modellrahmen nicht analysiert werden.

c)

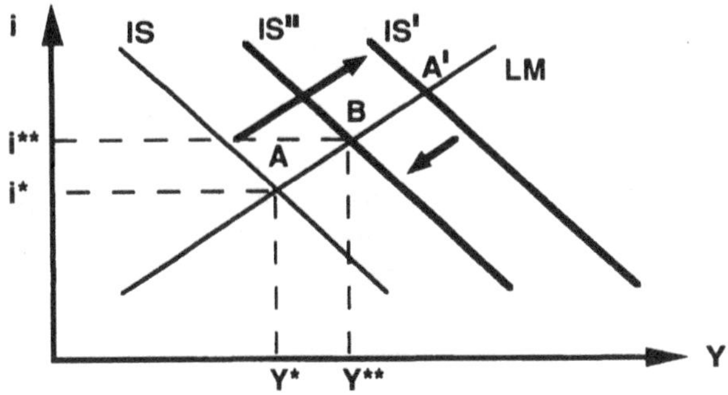

Eine Finanzierung des Staatsausgabenprogramms durch eine gleichzeitige Steuererhöhung führt zu einer Erhöhung des Sozialproduktes von Y* auf Y**. Beide Maßnahmen wirken auf den Gütermarkt. Staatsausgabenerhöhung: IS auf IS´ (Punkt A´); Steuererhöhung: IS´auf IS´´. Die Linksverlagerung der IS-Funktion ist das Ergebnis der Reduktion der verfügbaren Einkommen und der daraus resultierenden Reduktion der geamtwirtschaftlichen Nachfrage. Der Sozialproduktanstieg entsteht durch die Kombination einer expanisiven und einer kontraktiven Maßnahme (sogenanntes Haavelmo-Theorem: Ein steuerfinanziertes Zusatzbudget des Staates erhöht das Sozialprodukt in Höhe der Maßnahme ΔY (= Y** - Y*) = 1 • ΔG_{TN}. Der Multiplikatorwert beträgt 1 im Falle einer geschlossenen Volkswirtschaft.

d) Ergebnis der Darstellung unter b) und c) ist, daß eine Finanzierung der Staatsausagebenerhöhung durch Geldschöpfung eine stärkere Sozialprodukterhöhung hervorruft als durch Steuerfinanzierung. Durch die Geldschöpfungsfinanzierung ergeben sich zwei expansive Effekte, im Falle der Steuerfinanzierung ergibt sich ein expansiver, und ein gegenläufiger kontraktiver Effekt.

Aufgabe 7

Aufgabenstellung:

a) Durch welche Steuerungsmaßnahmen im Rahmen des IS-LM-Modells können Sie eine Erhöhung des Volkseinkommens bei gleichbleibenden Zinssatz herbeiführen?

b) Charakterisieren Sie kurz eine Situation, in welcher der unter a) angestrebte Steuerungserfolg ohne geldpolitische Maßnahme zu erreichen ist.

c) Im IS-LM-Diagramm sei folgende Situation gegeben: Im Schnittpunkt der IS mit der LM-Kurve ist diejenige Kurve, die das Gütermarktgleichgewicht indiziert, stärker geneigt als diejenige Kurve, die das Geldmarktgleichgewicht wiedergibt.
Ist unter dieser Bedingung zur Steigerung des Volkseinkommens die Fiskal- oder die Geldpolitik wirksamer? Erläutern Sie Ihre Argumente!

Lösung:

a) Als Ausgangssituation ist ein IS-LM-Modell mit normalen Kurvenverläufen (keine Liquiditätsfalle, keine zinsunelastischen Investitionen und keine allein einkommensabhängige Geldnachfrage) anzunehmen.

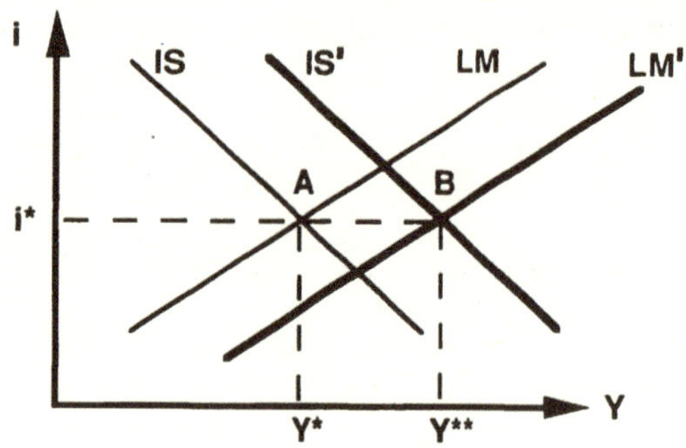

Ziel: Erhöhung von Y* ohne Zinseffekt.
Maßnahme: Expansive Fiskalpolitik (ΔCSA) bei expansiver Geldpolitik (ΔM).
Ergebnis: IS- und LM-Funktion bewegen sich auf das höhere Sozialproduktniveau Y** in Punkt B bei gleichzeitiger Konstanz des gesamtwirtschaftlichen Zinsniveaus.

b) Als Ausgangssituation ist eine Rezessionslage zu wählen, die dadurch gekennzeichnet ist, daß:

1) Der IS-LM-Schnittpunkt nahe am Ursprung liegt.
2) Die LM-Funktion einen horizontalen Teil aufweist.

In dieser Situation ist ausreichende Liquidität vorhanden, so daß die Durchführung eines Staatsausgabenprogramms (ΔCSA) folgende Konsequenzen hat: (a) Rechtsverschiebung der IS-Funktion; (b) gleichbleibender Zinssatz; (c) Sozialproduktsteigerung.

<u>Graphische Veranschaulichung:</u>

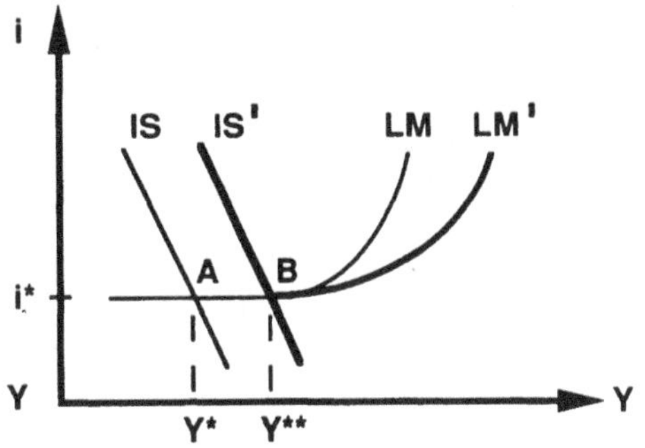

<u>Ziel:</u> ΔY ohne Δi .
<u>Maßnahme:</u> ΔCSA in der Situation der Rezession. Bewegung von IS auf IS′, das höhere Sozialprodukt wird ohne Zinssteigerung erreicht. (Liquiditätsfalle: Eine Erhöhung der Geldmenge (ΔM) würde das Sozialprodukt nicht steigern können, da jede zusätzliche Liquidität in die Spekulationskasse der Wirtschaftssubjekte fließt. LM auf LM′ ohne Effekt auf Y*).

c)

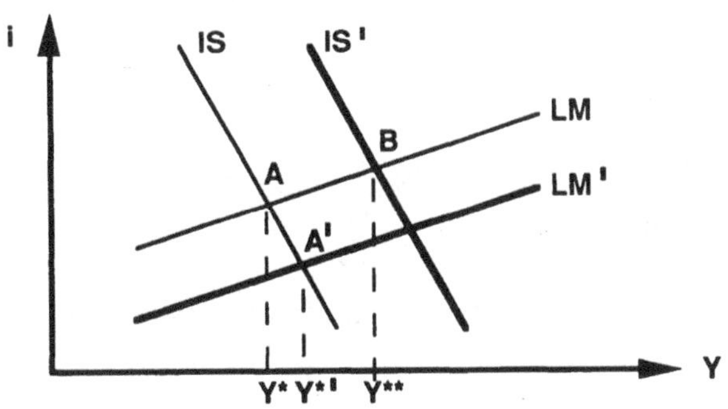

<u>IS:</u> Gütermarktgleichgewicht. <u>LM:</u> Geldmarktgleichgewicht

<u>Situation:</u> Steigung der IS-Funktion ist größer als die der LM-Funktion.

Ökonomischer Hintergrund: Relativ zinsunelastische Investitionen und zinsreagible Geldnachfrage.
In der vorliegenden Situation ist die Geldpolitik relativ ineffizient, da nur ein geringer Anstieg des Sozialproduktes (Y*′) erreicht wird, wenn die Geldmenge erhöht wird (A auf A′). Dies liegt daran, daß die steile IS-Funktion das Ergebnis einer steilen mec-Funktion ist. In diesem Falle regieren die Investitionen nur schwach auf eine Zinssenkung, die infolge der Geldmengenerhöhung eintritt.
Ein besseres Ergebnis in bezug auf das Ziel eines Anstiegs des Sozialproduktes ruft eine expansive Staatsausgabenpolitik hervor: Y** wird durch die Verschiebung von IS auf IS′ erreicht. Der relativ flache Verlauf der LM-Funktion begünstigt die Überwindung der Investitionsfalle (zinsunelastische Investitionen), Bewegung von A nach B.

Aufgabe 8

Aufgabenstellung:

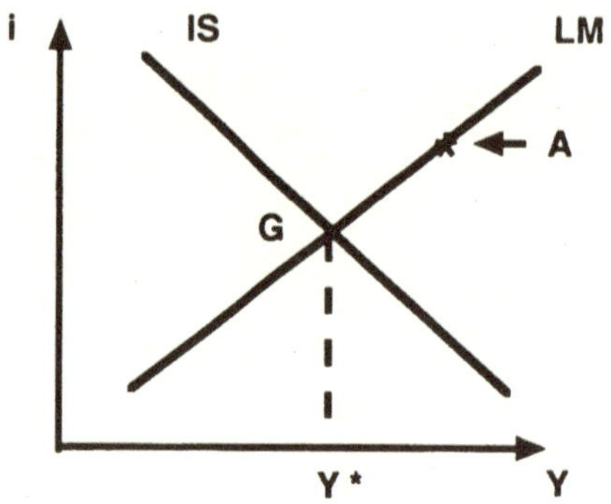

a) Die Wirtschaft befindet sich im Punkt A. Charakterisieren Sie die Situation auf beiden Märkten.

b) Erklären Sie den Anpassungsprozeß an das Gleichgewicht!

c) Wird sich bei diesem Anpassungsprozeß die Geldnachfrage ändern?

Lösung:

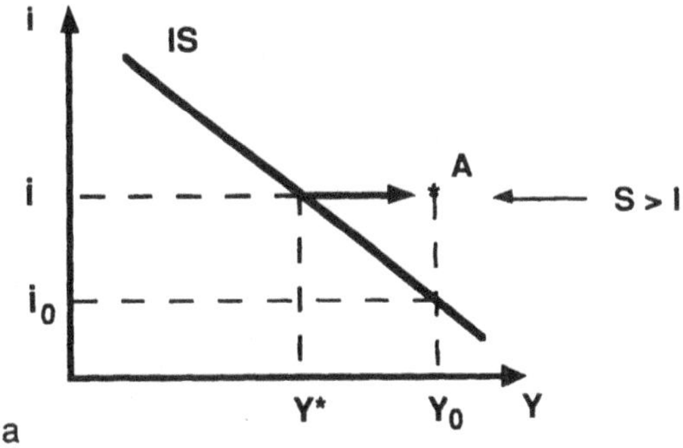

a

a) **Geldmarkt:** Punkt A liegt auf der LM-Funktion, d.h. es gilt die Gleichgewichtsbedingung L=M (Geldnachfrage = Geldangebot). Die von der Zentralbank zur Verfügung gestellte Geldmenge M (Liqudität) entspricht bei dem Sozialprodukt Y den Liquiditätswünschen der privaten Wirtschaftssubjekte L (Geldnachfrage).
Gütermarkt: Punkt A entspricht einer Ungleichgewichtslage am Gütermarkt, da die Gleichgewichtsbedingung I = S, die für alle Punkte auf der IS-Funktion gilt, nicht erfüllt ist. Es gilt vielmehr:

Y steigt bei i^* = konstant: I = konstant, S steigt, da $dS/dY > 0$.

Es gilt in Punkt A: **S > I** sowie **L = M**

b) Im Punkt A gilt ökonomisch in bezug auf die IS-Funktion:

S > I
Y > PAD
Output > Nachfrage

Die zum Zinsniveau i und Sozialprodukt Y_0 bestehende Nachfrage kann den produzierten Output Y_0 nicht absorbieren. Eine Anpassung an das IS-Gleichgewicht allein kann über Zinssenkungen auf i_0 beim Outputlevel Y_0 erfolgen oder durch eine Senkung des Angebots von Y_0 auf Y^* (Nachfragelücke).

c) Ein wie in b) beschriebener Anpassungsprozeß muß beide Gleichgewichtsloci berücksichtigen (IS, LM). Von Punkt A aus konnte eine Anpassung am Gütermarkt unterstellt werden, die zu Punkt G verläuft und zwar auf der LM-Funktion. Die Güternachfrage erhöht sich dabei mit sinkendem Zins, während das Güterangebot sich reduziert. Geldnachfrage und Geldangebot bleiben im Gleichgewicht (L = M), zeichnen sich aber durch geringere Werte aus, die zur monetären Versorgung des Sozialproduktes Y* notwendig sind.

Aufgabe 9

Aufgabenstellung:

Leiten Sie den Staatsausgabenmultiplikator und den Geldmengenmultiplikator im IS-LM-Modell unter Verwendung von zwei mathematischen Methoden ab.
Benutzen Sie zur Ableitung als eine Alternative die Cramersche Regel.
Zeigen Sie, daß der Staatsausgabenmultiplikator kleiner ist als im Einkommen-Ausgaben-Modell und begründen Sie dies ökonomisch.

Lösung:

Ableitung der Multiplikatoren im IS-LM-Modell:

Die Multiplikatoren werden nach Bildung des totalen Differentials der beiden Ausgangsgleichungen für die Märkte ermittelt, indem nach den jeweils zu untersuchenden Instrumentvariablen abgeleitet wird.
Die Ableitung kann nach drei Instrumenten erfolgen (autonomer Ausgabenmultiplikator, Geldmengenmultiplikator, Steuermultiplikator). In die Ausgangsgleichungen muß hierzu die Staatsaktivität integriert werden.

Autonomer Ausgabenmultiplikator (Gütermarkt):

IS-Funktion: Totales Differential der Funktionsgleichung und Ableitung nach A (Erhöhung der autonomen Ausgaben):

(1) $dY = C_Y \cdot dY + I_i \cdot di + dA$ (Vgl. auch Aufgabe 4 dieses Abschnittes)

LM-Funktion: Totales Differential

(2) $L_Y \cdot dY + L_i \cdot di = 0$ (dM wird 0, da die Geldmenge nicht verändert werden soll)

$$dY = C_Y \cdot dY + I_i \cdot \left(-\frac{L_Y \cdot dY}{L_i}\right) + dA$$

Gleichung (2) nach di auflösen und in (1) einsetzen

$$dY \cdot \left(1 - C_Y + \frac{I_i}{L_i} \cdot L_Y\right) = dA$$

$$\frac{dY}{dA} = \frac{1}{1 - C_Y + (I_i / L_i) \cdot L_Y}$$ **Autonomer Ausgabenmultiplikator**

Geldmengenmultiplikator:

$$L_Y \cdot dY + L_i \cdot di = dM$$

dM taucht auf, da jetzt die Auswirkung der Geldmengenveränderung betrachtet werden soll, dafür natürlich dA = 0

(2) nach di auflösen und in (1) einsetzen

$$di = \frac{dM - L_Y \cdot dY}{Li}$$

$$dY = C_Y \cdot dY + I_i \cdot \left(\frac{dM - L_Y \cdot dY}{L_i}\right)$$

$$dY \cdot \left(1 - C_Y + \frac{I_i}{L_i} \cdot L_Y\right) = \frac{I_i}{L_i} \cdot dM$$

$$\frac{dY}{dM} = \frac{I_i / L_i}{1 - C_Y + (I_i / L_i) \cdot L_Y}$$ **Geldmengenmultiplikator**

Ein kurzer Blick zeigt die enge Verwandtschaft des Staatsausgabenmultiplikators mit den Ergebnissen im Einkommen-Ausgaben-Modell mit Staat. Es gilt ja: $b = C_Y$ also 1 / (1 - b) als früher abgeleitetes Ergebnis.

Mathematischer Multiplikatorenvergleich der Werte im IS-LM-Modell zum Einkommen-Ausgaben-Modell:

Ein Vergleich des vorliegenden Multiplikatorwertes für den Ausgabenmultiplikator des IS-LM-Modells mit denen des einfachen Gütermarktmodells deckt sich mit den bereits oben graphisch beschriebenen Überlegungen. Die Erweiterung um den Geldmarkt verkleinert die Wirkung der Maßnahmen auf das Sozialprodukt.

Einkommen-Ausgaben-Modell: $dY = 1 / (1 - b) \cdot dA$ Es gilt: $b = C_Y$

Da die Größe $(I_i / L_i) \cdot L_Y$ positiv ist ($I_i < 0$; $L_i < 0$; $L_Y > 0$), wird im Nenner des Multiplikators eine positive Größe addiert - der Wert des gesamten Multiplikators sinkt somit gegenüber den Multiplikatoren des einfachen Gütermarktmodells. Unter folgenden Bedingungen sind die Werte jedoch gleich:

$I_i = 0$ zinsunelastische Investition (senkrechte IS-Funktion)
$L_i = \infty$ vollkommen zinselastische Geldnachfrage (waagrechte LM-Funktion)

Graphische Darstellung der Staatsausgabenerhöhung:

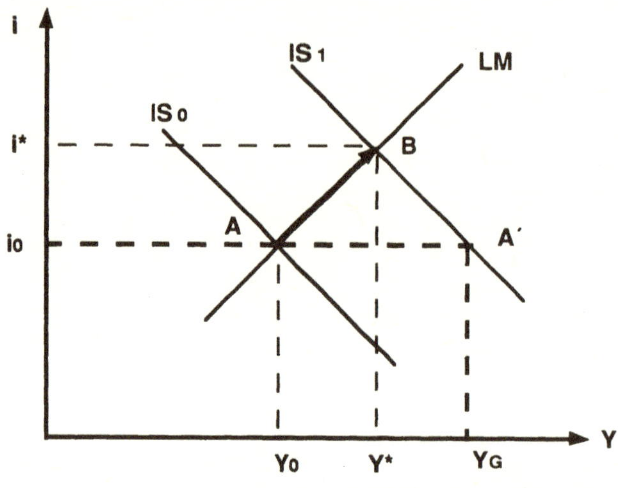

Eine Analyse der Staatsausgabenerhöhung hat im IS-LM-Modell der Integration von Güter- und Geldmarkt Rechnung zu tragen. Die resultierende Rechtsverschiebung der IS-Funktion entsteht aufgrund der Veränderung der gesamtwirtschaftlichen Nachfragegleichung:

$$Y = C + I + CSA + \Delta CSA + X - M$$

Als Resultat ergibt sich aber nicht das Bruttosozialprodukt in Höhe von Y_G (Punkt A') mit den Multiplikator $\Delta Y = 1 / (1 - b) \cdot \Delta CSA$, des Gütermarktes, sondern der IS-LM-Multiplikator.

Graphisch erfolgt eine Bewegung auf der LM-Funktion zu Punkt B und einem Sozialprodukt Y*. Durch das Staatsausgabenprogramm erhöht sich die gesamtwirtschaftliche Nachfrage, die verfügbaren Einkommen steigen, der Konsum steigt. Am Geldmarkt erhöht sich durch das höhere Transaktionsvolumen die Geldnachfrage (L_Y), die nur zum Teil aus der Spekulationskasse gespeist wird. Es kommt zu Zinssteigerungen, die sich negativ auf die privaten Investitionen (I_i) auswirken. Durch diesen interdependenten Prozeß auf Güter- und Geldmarkt erfolgt die Bestimmung der neuen Gleichgewichtswerte (Y^*, i^*)

Ableitung der Multiplikatoren über die Cramersche Regel:

Modell in Gleichungsform darstellen:

1) $Y = C(Y) + I(i) + A$ $\quad I_i < 0 \quad C_Y > 0$
2) $L(Y,i) = M$ $\quad L_Y > 0 \quad L_i < 0$

a) ΔA (= Staatsausgabenmultiplikator)

1. Schritt: Differentation nach A

Ergebnis: 2 lineare Gleichungen in Y_A, i_A

1) $C_Y \cdot Y_A + I_i \cdot i_A + 1 = Y_A$
2) $L_Y \cdot Y_A + L_i \cdot i_A + 1 = O$

2. Schritt: Anordnung für die Verwendung der Cramerschen Regel

$$(C_Y - 1) \cdot Y_A + I_i \cdot i_A = -1$$
$$L_Y \cdot Y_A + L_i \cdot i_A = 0$$

3. Schritt: Bildung der Koeffizientendeterminante

$$\Delta = \begin{vmatrix} C_Y - 1 & I_i \\ L_Y & L_i \end{vmatrix} = L_i \cdot (C_Y - 1) - L_Y \cdot I_i$$

4. Schritt: Bildung der Zählerdeterminante nach Cramer

$$\Delta Y_A = \begin{vmatrix} -1 & I_i \\ 0 & L_i \end{vmatrix} = -L_i + I_i \cdot 0 = -L_i$$

<u>5. Schritt:</u> Bestimmung der Multiplikatoren

$$Y_A = \frac{\Delta Y_A}{\Delta} = \frac{-L_i}{L_i \cdot C_Y - 1 - L_Y \cdot I_i} \qquad \text{(durch } L_i \text{ teilen)}$$

$$Y_A = \frac{1}{1 - C_Y + (I_i / L_i) \cdot L_Y} > 0$$

(Staatsausgaben-multiplikator)

b) ΔM (= Geldmengenmultiplikator)

1) $Y = C(Y) + I(i) + A$
2) $L(Y, i) = M$

<u>1. Schritt:</u> Differentation nach M

Ergebnis:
1) $Y_M = C_Y \cdot Y_M + I_i \cdot i_M$
2) $L_Y \cdot Y_M + L_i \cdot i_M = 1$

<u>2. Schritt:</u> Anordung nach der Cramerschen Regel

$$(C_Y - 1)\, Y_M + I_i \cdot i_M = 0$$
$$L_Y \cdot Y_M + L_i \cdot i_M = 0$$

<u>3. Schritt:</u> Bildung der Koeffizientendeterminante

$$\Delta = \begin{vmatrix} C_Y - 1 & I_i \\ L_Y & L_i \end{vmatrix} = (C_Y - 1) \cdot L_i - I_i \cdot L_Y \qquad \text{(identisch zu a))}$$

<u>4. Schritt:</u> Bildung der Zählerdeterminanten nach Cramer

$$\Delta Y_M = \begin{vmatrix} 0 & I_i \\ 1 & L_i \end{vmatrix} = 0 - I_i$$

<u>5. Schritt:</u> Bestimmung der Multiplikatoren

$$Y_M = \frac{\Delta Y_M}{\Delta} = \frac{-I_i}{C_Y - 1 \cdot L_i - I_i \cdot L_i} \quad \Bigg| \; : -L_i$$

$$Y_M = \frac{I_i / L_i}{1 - C_Y + (I_i / L_i) \cdot L_Y} \qquad \text{(Geldmengenmultiplikator)}$$

Ohne Ableitung: Steuermultiplikator

$$dY / dTN = \frac{-C_Y}{1 - C_Y (1 - T_Y) + (I_i / L_i) \cdot L_Y}$$

Aufgabe 10

Aufgabenstellung:

a) Erläutern Sie, in welcher Weise durch den Verlauf der LM - Funktion in exemplarischer Form die konjunkturellen Situationen des Booms und der Rezession abgebildet werden können!

b) Aufgrund welcher theoretischer Aspekte wird in der Rezession der keynesianische Bereich, in der Boomphase der klassische Bereich abgebildet?

c) Nehmen Sie zu der Aussage "In der Rezession ist die Fiskalpolitik, in der Boomphase die Geldpolitik effizienter" Stellung!

Lösung:

a)

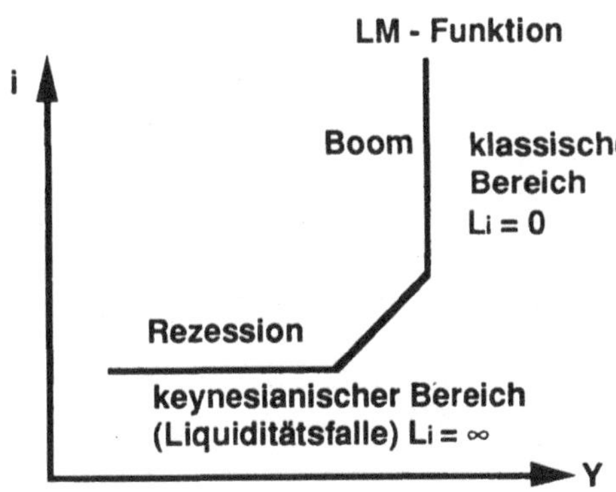

Im horizontalen Teil der LM - Funktion sind geringe Sozialprodukt- und Zinsniveauwerte repräsentiert. Dies sind die Indikatoren für eine Situation unausgelasteter Kapazitäten und nicht beanspruchter Liquidität am Geldmarkt. Dieser Bereich heißt deshalb u. a. auch keynesianischer Bereich, da die damit verknüpfte Situation der Unterbeschäftigung und des Nachfragemangels der Kern der keynesianischen Analyse war. In dieser Gütermarktsituation ist aus keynesianischer Sicht die Geldnachfrage unendlich zinselastisch, d.h. eine Erhöhung der Geldnachfrage durch die Zentralbank würde den schon niedrigen Zins nicht weiter senken können. Jede zusätzliche Geldmenge würde von den Wirtschaftssubjekten in die Spekulationskasse aufgenommen, da eine Anlage in Wertpapieren das Risiko von Zinssteigerungen und Kursverlusten enthält ($Li = \infty$, Liquiditätsfalle). Der Begriff Liquiditätsfalle bedeutet, daß in dieser Situation die Geldpolitik in bezug auf eine Nachfragestimulierung in einer nicht zu bewältigenden Dilemmasituation ist.

Im klassischen Bereich der LM - Funktion (senkrechter Teil) ist eine Sozialprodukt- und Zinslage dokumentiert, die durch vollausgelastete Kapazitäten und Nachfrageüberschuß gekennzeichnet ist. Im klassischen Sinne herrscht dann am Arbeitsmarkt Vollbeschäftigung und durch eine Erhöhung einer Nachfragekomponente kann keine Sozialproduktsteigerung mehr bewirkt werden, nur noch mehr Zinssteigerungen. Die Geldnachfragefunktion enthält in diesem Falle nur noch das Argument des Transaktionsmotivs, exakt so wie die Klassiker die Geldnachfrage sahen.

c) Zur Bewertung dieser Aussagen müssen die alternativen Möglichkeiten der wirtschaftspolitischen Steuerung geprüft werden, nämlich die Auswirkungen von Geld- und Fiskalpolitik in der Rezession und in der Boomphase.

Rezession: Ziel ist die Erhöhung des Sozialproduktes

Geldpolitik:
Erhöhung der Geldmenge

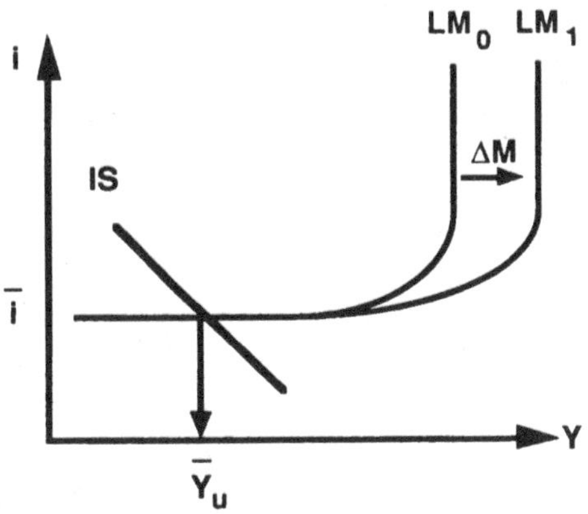

Geldpolitik ineffizient, da über eine Erhöhung der Geldmenge keine Zinssenkungen ausgelöst werden können, die die Nachfrage steigern könnten.

Fiskalpolitik:
Erhöhung der Staatsausgaben

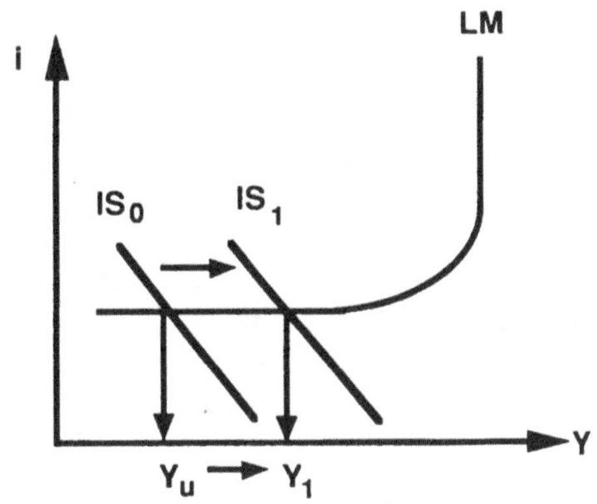

Fiskalpolitik effizient, da ohne Zinssteigerungen das Sozialprodukt kräftig steigt.

Boomphase: Ziel ist die Senkung des Sozialproduktes

Geldpolitik:
Senkung der Geldmenge

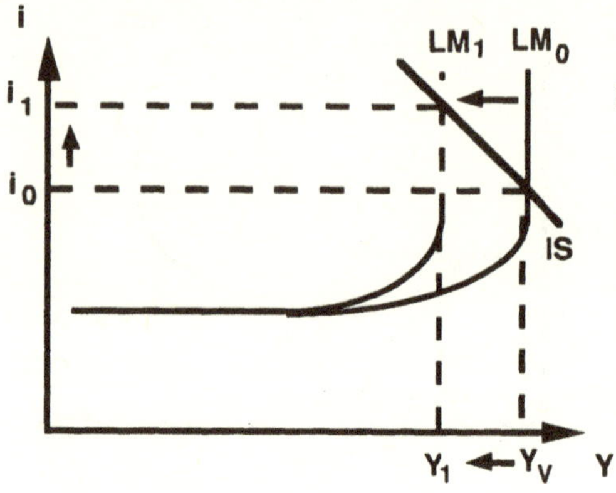

Geldpolitik effizient, da Sozialprodukt sinkt und ein steigender Zins zusätzlich die Nachfrage dämpft.

Fiskalpolitik:
Senkung der Staatsausgaben

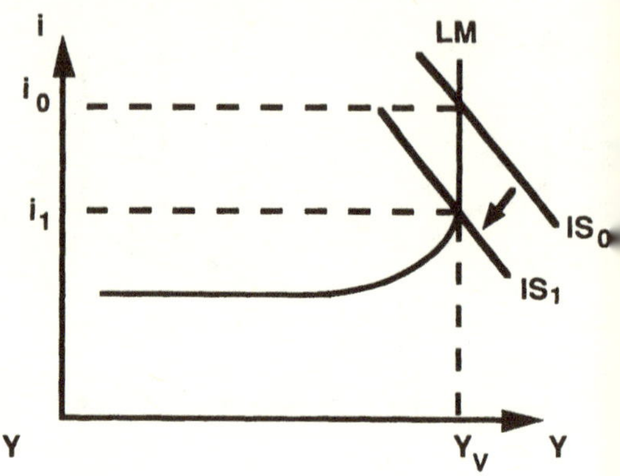

Fiskalpolitik ineffizient, da der Nachfragerückgang zu gering ist und durch die Zinssenkung zusätzliche private Investionen induziert werden, die die IS-Funktion wieder nach rechts verschieben (unerwünschte Nachfragesteigerung)

Aufgabe 11

Aufgabenstellung:

a) Welche Steigung hat die LM-Kurve bei vollkommen zinselastischer Geldnachfrage?

b) Erläutern Sie graphisch Situationen in einem einfachen IS-LM-Modell, in denen die Geldpolitik völlig wirkungslos in bezug auf das Gleichgewichtseinkommen ist.

Lösung:

a) Im Falle vollkommer zinselastischer Geldnachfrage ist ökonomisch die Situation der Liquiditätsfalle gegeben. Dieser Bereich der LM-Funktion wird als keynesianischer Bereich bezeichnet, da das von Keynes eingeführte Spekulationsmotiv der Kassenhaltung dominiert. Das Zinsniveau wird trotz möglicher Erhöhungen der Geldmenge nicht weiter sinken, da nach Keynes in dieser Situation jede zusätzliche Geldmenge von den privaten Wirtschaftssubjekten als Kasse gehalten wird. Es erfolgt kein Erwerb von Wertpapieren, da in dieser Niedrig-Zins-Situation mit Zinssteigerungen und damit Kursverlusten der festverzinslichen Wertpapiere gerechnet wird. Die Steigung der LM-Funktion ist in diesem Falle ($L_i \rightarrow \infty$) gleich Null, sie verläuft horizontal.

Im klassischen Bereich ist die Geldnachfrage dagegen nur noch von dem Transaktionsvolumen (Y) abhängig und damit zinsunelastisch. Die Steigung ist vertikal.

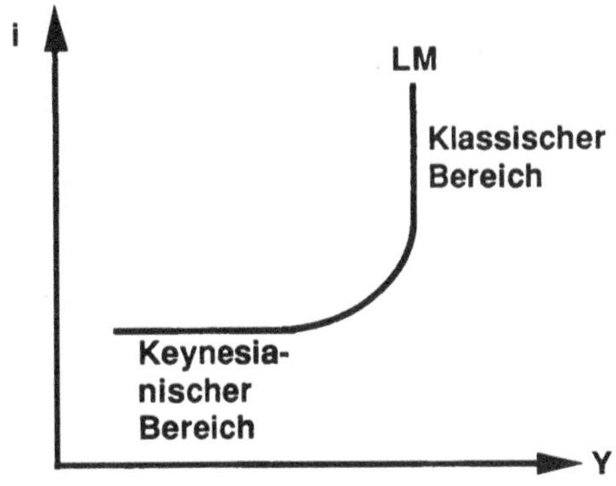

b) <u>Situationen der Ineffizienz der Geldpolitik:</u>

Ineffizienz bedeutet in diesem Falle, daß eine expansive oder restriktive Veränderung der volkswirtschaftlichen Geldmenge (z.B. M_3 oder B = Geldbasis) keine Sozialprodukt- und Zinswirkungen hervorrufen kann.

Liquiditätsfalle: $L_i = \infty$

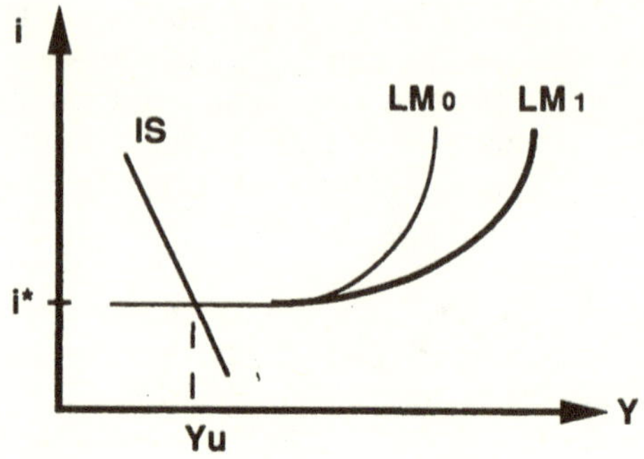

Wie unter Ziffer b) beschrieben, verändert in dieser Unterbeschäftigungslage eine expansive Geldpolitik (LM_0 -> LM_1) weder das Zinsniveau noch führt sie zu einer Erhöhung des Sozialproduktes.

Investitionsfalle: $I_i = O$

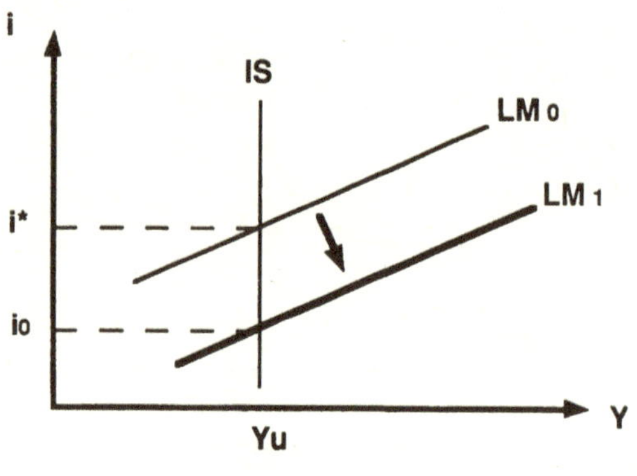

Die Situation der Investitionsfalle ergibt sich durch eine vollkommen zinsunelastische Investitionsfunktion, die zu einer senkrechten IS-Funktion führt. Das gesamtwirtschaftliche Investitionsvolumen ist hierbei nicht vom Zins abhängig. Zinsänderungen führen in dieser Situation nicht zu einer Erhöhung der Investitionen und somit der Güternachfrage.

Auch in diesem Fall kann eine Geldmengenexpansion die Unterbeschäftigungslage (Y^U) nicht durch eine Erhöhung des monetären Angebots verändern. Bei einer Rechtsverschiebung bleibt auch hier das Sozialproduktniveau konstant, die ausgelösten Zinssenkungen (i^* -> i_0)

haben keinen Einfluß auf die Investitionsnachfrage, da sie zinsunelastisch ist.

Aufgabe 12

Aufgabenstellung:

Die Deutsche Bundesbank bot den Geschäftsbanken Liquidität bis zu 4 Mrd. DM in Form eines Wertpapierankaufprogramms an. Geldmarkthändler kommentierten, daß die Bundesbankaktion darauf abziele, die Zinssätze bei etwa 10% zu halten, und Liquiditätsengpässe zu vermeiden, die die Zinssätze über 10,5% hinaustreiben würden.

a) Erläutern Sie verbal und graphisch (anhand des IS-LM-Modells) welche Argumentation dieser Reaktion der Bundesbank auf die erwähnte Entwicklung im Gütersektor zugrundeliegt.

b) Welche Auswirkungen auf das Gleichgewichtseinkommen sind im Rahmen des IS-LM-Modells zu erwarten?

Lösung:

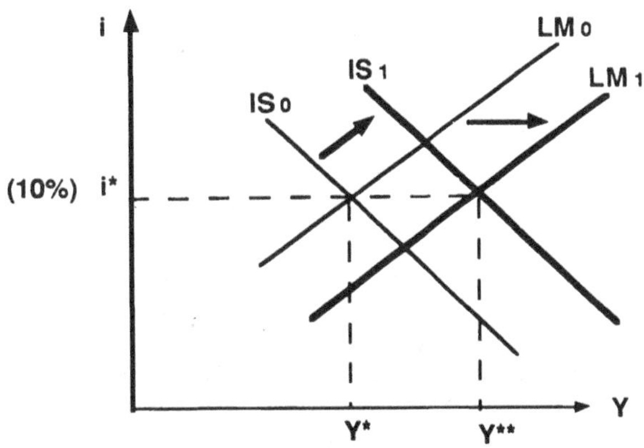

a) Durch den Ankauf von Wertpapieren führt die Bundesbank den Geschäftsbanken Liquidität zu. Im Modell wäre dies mit einer Rechtsverschiebung der LM-Funktion wiederzugeben: $LM_0 \rightarrow LM_1$.

Durch die liquiditätspolitische Maßnahme würde ohne Berücksichtigung des Gütersektors der Zinssatz sinken. Da die Bundesbank aber durch ihre Maßnahme den Zinssatz konstant halten will bzw. ein weiteres Ansteigen über 10,5% zu vermeiden sucht, muß am Gütermarkt gleichzeitig oder mit geringen zeitlichen Vorlauf eine Expansion der Nachfrage gegeben sein. Die IS-Funktion geht nach rechts. Die geldpolitische Maßnahme ist also die Reaktion auf eine Nachfragesteigerung am Gütermarkt, die für sich allein den Zinssatz erhöhen würde.

b) Das gesamtwirtschaftliche Gleichgewicht (Y*) erhöht sich auf Y**, das Zinsniveau bleibt (in etwa) konstant, wenn die geldpolitische Maßnahme der Bundesbank greift. Die gesamtwirtschaftliche Situation, die der Fragestellung zugrunde liegt, wäre durch eine Boomphase zu beschreiben. Ziel der Bundesbank ist es, aufgrund einer vom Gütermarkt vorgegebenen Nachfragesteigerung, durch die Geldmengenerhöhung keinen weiteren Zinsanstieg mehr zuzulassen. Diese Maßnahme ist, geht man über das IS-LM-Modell hinaus, als inflationsfördernd zu beschreiben.

Aufgabe 13

Aufgabenstellung:

Gegeben sei ein IS-LM-Modell mit folgenden Kurvenverläufen:

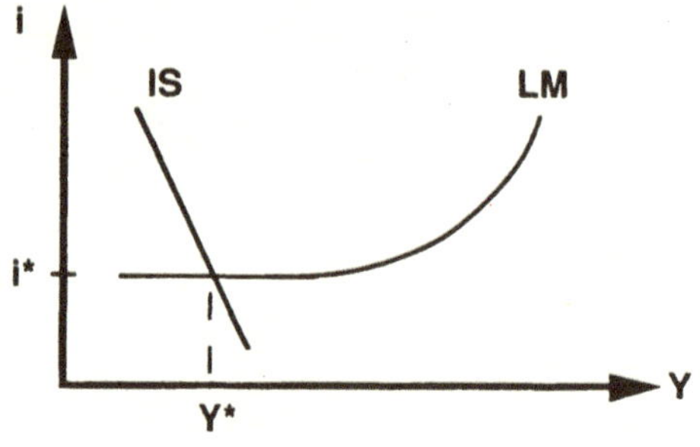

Wie ändern sich Gleichgewichtseinkommen und -zins, wenn ceteris paribus:

a) die autonomen Staatsausgaben gesenkt werden?

b) die Gewinnerwartungen der Unternehmen steigen?

c) die Konsumneigung zunimmt?

d) die Bundesbank den Mindestreservesatz erhöht?

Lösung:

Graphische Darstellung der Unteraufgaben a) - d):

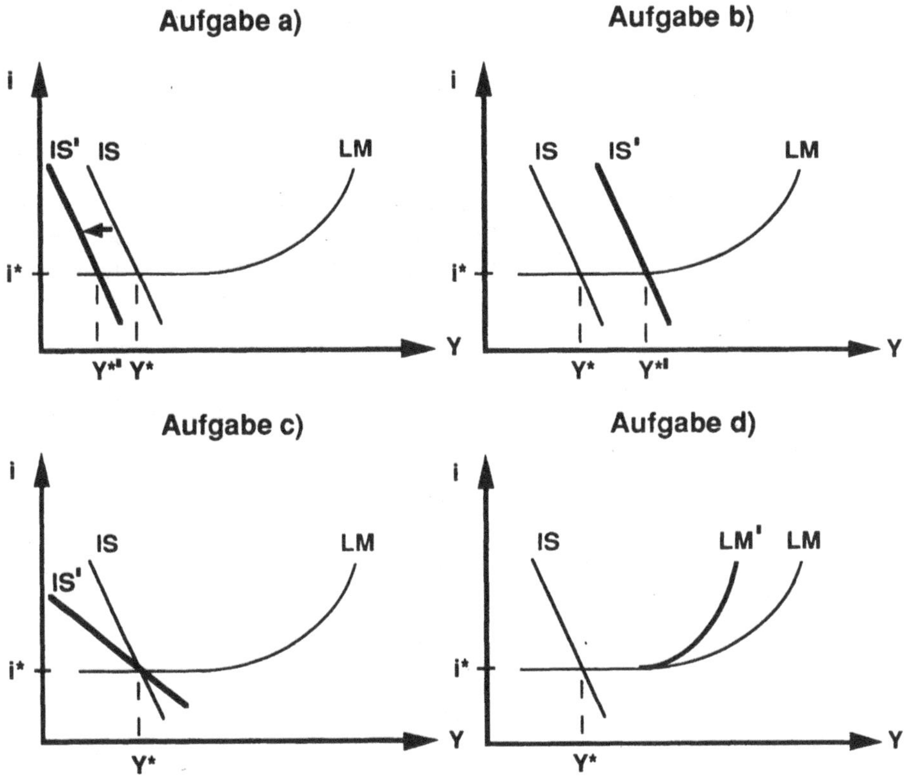

a) Eine Senkung der Staatsausgaben bedeutet eine Verminderung der gesamtwirtschaftlichen Nachfrage und damit eine Linksverschiebung der IS-Funktion. Y* sinkt und i* bleibt konstant. Konjunkturell gesehen eine Maßnahme, die in die falsche Richtung geht.

b) Eine Verbesserung der Gewinnerwartungen der Unternehmer könnte zu einer Rechtsverlagerung der mec-Funktion führen, wenn aus den gestiegenen Gewinnerwartungen der Unternehmer auch tatsächlich Investitionssteigerungen resultieren. Der daraus resultierende Nachfrageanstieg verschiebt die IS-Funktion nach rechts. Y* steigt und i* bleibt bis zur Knickstelle der LM-Funktion konstant.

c) Eine Erhöhung der Konsumneigung führt im Rahmen der Ableitung der IS-Funktion zu einem flacheren Verlauf der Sparfunktion (hierdurch ergibt sich für die Gestalt der IS-Funktion ebenfalls ein flacherer Verlauf). Es ergeben sich keine Auswirkungen auf die Parameterwerte (Y^*, i^*) ohne eine Änderung autonomer Variablen; nur der Verlauf der Funktion ändert sich, nicht der Ausgangsschnittpunkt.

d) Eine Erhöhung des Mindestreservesatzes bedeutet ceteris paribus für das Geschäftsbankensystem eine Einschränkung der Liquidität und kann als Indikator für eine restriktive Geldpolitik angesehen werden. Dadurch ergibt sich eine Linksverschiebung der LM-Funktion. In der Situation der Liquiditätsfalle ergeben sich aber keine Konsequenzen für Y^* und i^*, da auf den Geld- und Kapitalmärkten zuvor eine ausgiebige, sogar überschüssige Liquiditätsausstattung vorhanden war. In dieser Rezessionslage kommt keine weitere Sozialproduktsenkung in Gang und der Zinssatz steigt trotz der Verknappung der Geldmenge nicht an. Vom Ansatz her aber ebenfalls wie in Aufgabe a) eine wirtschaftspolitische Maßnahme in die falsche Richtung, obwohl beim gegebenen Verlauf der LM-Funktion auch eine Geldmengenerhöhung nichts erbringen würde. Das Sozialprodukt Y^* erhöht sich nur bei einer expansiven Fiskalpolitik.

Aufgabe 14

Aufgabenstellung:

a) Definieren Sie das crowding-out Phänomen im IS-LM-Modell verbal und graphisch !

b) Warum ist die crowding-out Hypothese als monetaristische Kritik an der keynesianischen Nachfragesteuerung zu verstehen ?

c) Nennen Sie zusätzliche Formen des crowding-out und erläutern Sie die Wirkungsketten !

Lösung:

a) Das crowding-out Phänomen beschreibt den Wirkungszusammenhang zwischen den Variablen Staatsausgaben, Sozialprodukt und Investition. Die crowding-out Hypothese besagt, daß bei einer Erhöhung der Staatsausgaben, die das Ziel einer möglichst starken Erhöhung des Sozialproduktes haben, Verdrängungseffekte auf die private Investition entstehen, sodaß letztendlich die Gefahr besteht, daß der Sozialproduktanstieg nicht im erwünschten Ausmaß erfolgt, da die privaten Investitionen zurückgehen. Im Falle einer vollkommenen Verdrängung der privaten Investition durch die Staatsausgaben steigt das Sozialprodukt nicht, die Zusammensetzung des Sozialproduktes verändert sich aber strukturell in Form einer Substitution der Investitionen durch die Staatsausgaben.

Graphik: Hicks`sches crowding-out

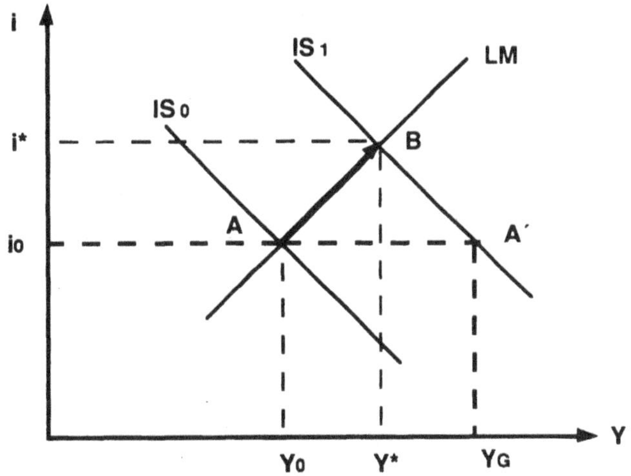

In der vorliegenden Graphik zeigt sich der crowding.out Effekt dadurch, daß durch die Staatsausgabenerhöhung nicht Punkt A´ mit Y_G erreicht wird, sondern nur Punkt B mit Y*. Diese Form des crowding-out wird Hicks´sches crowding-out genannt, da es durch die Integration des Geldmarktes in die Gütermarktebene auftritt. Diese Zusammenführung von Güter-und Geldmarkt wurde erstmals auf Basis der Überlegungen von Keynes von J. R. Hicks und A. H. Hansen dargestellt. Die über den Sozialproduktanstieg ausgelöste Erhöhung der Transaktionskasse führt zu Zinssteigerungen, die auf die private Investition dämpfend wirken.

Im Fall der Boomsituation und dem enstprechenden Verlauf der LM-Funktion lässt sich ein vollständiges crowding-out zeigen:

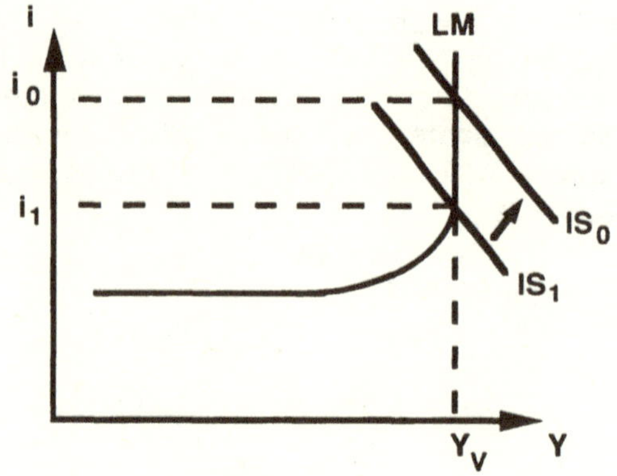

Das Sozialprodukt Y_V lässt sich in der Boomphase durch Staatsausgaben nicht mehr erhöhen, die Zinssteigerungen bewirken eine Verdrängung der privaten Investitionen zu Gunsten der Staatsausgaben.

b) Durch die crowding-out Hypothese wird die monetaristische Kritik an der keynesianischen Nachfragesteuerung fundiert, da Fiskalprogramme die Gefahr in sich bergen, negative Effekte auf die private Investition auszustrahlen und letztendlich das Sozialprodukt nicht zu erhöhen. In der hier geschilderten Situation wird durch die staatliche Aktivität der Zins erhöht und damit das für das langfristige Wachstum der Wirtschaft so wichtige private Investitionsverhalten gestört.

c) Zusätzliche Formen des crowding-out:

Portfolio-crowding-out: Im Falle anleihefinanzierter Staatsausgaben kann es zu einem partiellen oder sogar vollständigen crowding-out kommen. Die einzelnen Effekte unterscheiden sich durch den Primäreffekt der Staatsausgabenerhöhung und die Sekundäreffekte aufgrund der induzierten Vermögenseffekte, die sich auf den Konsum und die Transaktionskasse auswirken (Vgl. auch Aufgabe 6):

Graphik: Portfolio-crowding-out:

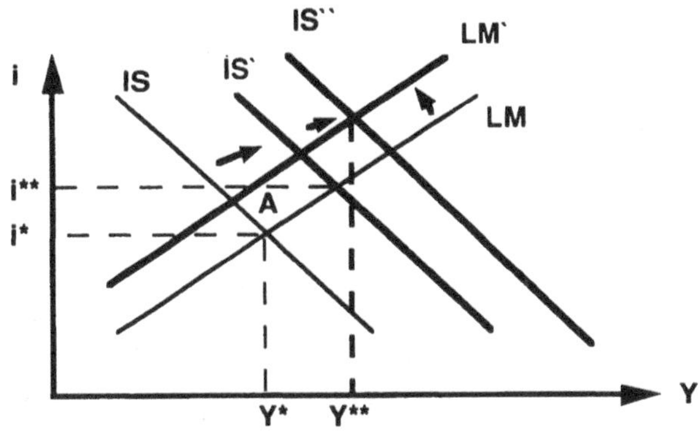

Der Primäreffekt der Staatsausgabenerhöhung führt zur Rechtsverschiebung der IS-Funktion. Über den Vermögenseffekt (Staatliche Wertpapiere im Portolio der Privaten) treten Sekundäreffekte auf:

1. Induzierter Konsumeffekt: IS`auf IS``
2. Induzierter Liquiditätseffekt wegen erhöhter Transaktionskasse: LM auf LM`.

Wechselkursbedingtes crowding-out: Durch das Staatsausgabenprogramm entsteht über die Kreditfinanzierung ein Zinsanstieg im Inland. Durch die ins Inland einfließenden Kapitalströme kommt es zu einer Aufwertung der Inlandswährung. Hierdurch erfolgt eine preisbedingte Verschlechterung der internationalen Wettbewerbsposition und ein Sinken der Exporte, wodurch das Ziel des Staatsaugabenprogrammes (maximale Erhöhung Y) nicht erreicht wird. Es tritt hier über die Exporte (!) wiederum ein partielles crowding out auf.

Erwartungsbedingtes crowding-out: Der Verdrängungseffekt bezieht sich hier wiederum auf die private Investition. Durch die Kreditfinanzierung der Staatsausgaben erwarten die privaten Investoren in der Zukunft zur Tilgung und Bedienung der Staatsschuld Steuererhöhungen. Über die Kaptalwertmethode kann gezeigt werden, daß dadurch die zukünftigen Nettoerlöse geschmälert werden, die Kapitalwerte im Investitionskalkül geringere Werte annehmen. Dadurch sinken die gegenwärtig geplanten Investitionsvorhaben, es entsteht das erwartungsbedingte crowding-out.

Preisbedingtes crowding-out: Als Ausblick auf das nachfolgende Kapitel können die Preiswirkungen des Staatsausgabenprogramm dargestellt werden:

Graphik: Preisbedingtes crowding-out:

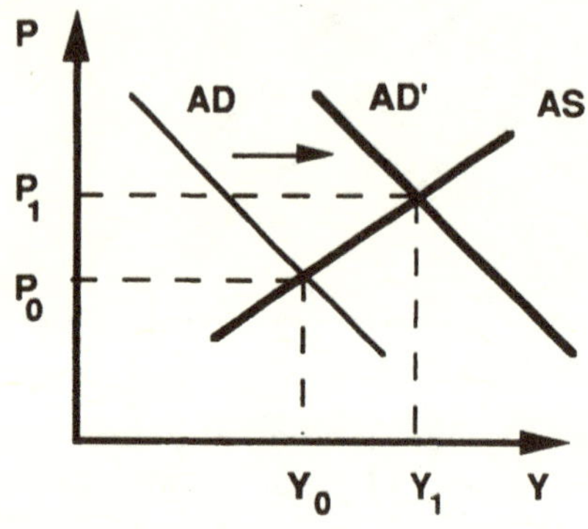

Aufgrund des Staatsausgabenprogrammes verschiebt sich die aggregierte Nachfragefunktion (AD) nach rechts. In Abhängigkeit vom Verlauf der aggregierten Angebotsfunktion ergeben sich nun Preissteigerungen, die auf den Gütermärkten die privaten Investoren von der Realiserung ihrer Vorhaben abhalten können.

VIII AD-AS-Modell (Aggregierter Gütermarkt)

Lernziel

* Grundlegende Kenntnis der Ableitung und Bedeutung der aggregierten Güternachfrage - und Angebotsfunktion

* Verständnis der Umsetzung von Parameteränderungen auf Güter- Geld- und Arbeitsmarkt auf Verlauf und Gestalt der aggregierten Nachfrage- und Angebotsfunktion

* Verständnis der Umsetzung der konjunkturellen Situation in spezifische Lagen und Schnittpunkte des Modells

* Verständnis des Zusammenspiels von Angebots- und Nachfragesektor unter dem Blickwinkel klassisch-neoklassischer oder keynesianischer Positionen

* Kenntnis der Prämissen und Fähigkeit der graphischen Darstellung des Gesamtmodells unter keynesianischen und klassischen Annahmen

* Analysefähigkeit der unterschiedlichen Instrumente der Nachfrage- und Angebotssteuerung im aggregierten Gütermarktmodell

* Kritische Auseinandersetzung mit der monetaristischen Kritik an der keynesianischen Nachfragesteuerung unter dem Blickwinkel des Zeithorizonts

Aufgabe 1

Aufgabenstellung:

a) Leiten Sie graphisch die Güternachfragefunktion ab und beziehen Sie sich hierbei insbesondere auf die zugrundeliegenden Preiseffekte bei der LM-Funktion. Begründen Sie ökonomisch den Verlauf der AD-Funktion.

b) Zeigen Sie ebenfalls graphisch den Zusammenhang zwischen der Güterangebotsfunktion und dem Verlauf und der Gestalt der Produktionsfunktion und den Arbeitsmarktbedingungen.

Lösung:

a) Die AD-Kurve zeigt die Kombination von Preis- und Outputniveaus, bei denen sich die Güter- und Geldmärkte in einem simultanen Gleichgewicht befinden. Sie basiert auf dem IS-LM-Modell.

Konstruktion der AD-Funktion:

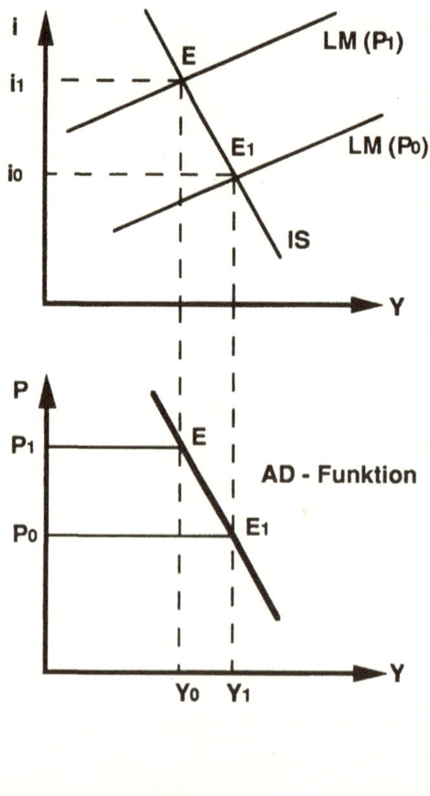

Das anfängliche Gleichgewicht befindet sich im Schnittpunkt der IS- und LM-Funktion bei einem Preisniveau P_1 im Punkt E. Bei einer Reduktion des Preisniveaus auf P_0 erhöht sich die reale Geldmenge von M/P_1 auf M/P_0. Es wird der Punkt E_1 realisiert. Um den Geldmarkt zu räumen, müssen entweder die Zinsen fallen, wodurch die Individuen mehr Bargeld halten, oder der Output muß steigen und deshalb auch die Nachfrage nach Geld. Deshalb verschiebt sich die LM-Funktion nach rechts unten auf $LM(P_1)$. Das neue Gleichgewichtsoutputniveau, das dem niedrigerem Preisniveau P_1 entspricht, ist Y_1. Eine Verminderung des Preisniveaus bei einer gegebenen Geldmenge führt deshalb zu einer Erhöhung des Gleichgewichtseinkommens und der Gleichgewichtsausgaben.

Ökonomische Begründung des Verlaufs der AD-Funktion:

Die AD-Funktion hat eine negative Steigung, da sich mit sinkenden Preisen der Bestand an Realkasse erhöht und dadurch auch das gleichgewichtige Einkommens- und Outputniveau.

b) Die Güterangebotsfunktion beschreibt die Kombinationen von Output- und Preisniveaus, bei denen die Unternehmen bereit sind, bei einem gegebenen Preisniveau die gegebene Outputmenge anzubieten. Die Funktion wird durch die Angebotsseite der Volkswirtschaft (Arbeitsmarkt, gesamtwirtschaftliche Produktionsfunktion) bestimmt.

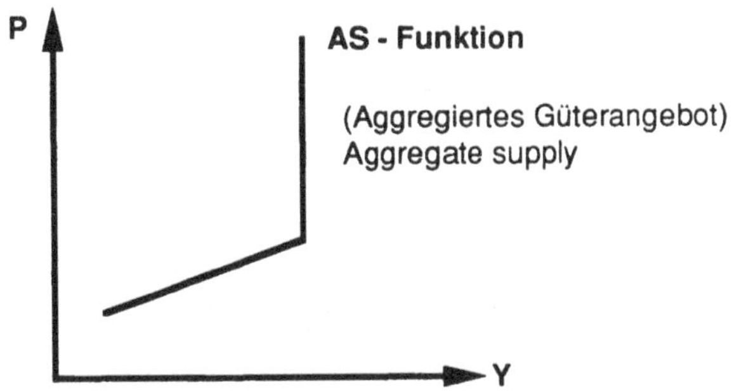

Am Arbeitsmarkt sind die Arbeitsnachfragefunktion der Unternehmen und die Arbeitsangebotsfunktion der Haushalte die konstitutiven Merkmale für die Konstruktion der AS-Funktion:

Die Arbeitsnachfragefunktion der Unternehmen stellt die Beziehung zwischen Reallohn und gewünschter Arbeitseinsatzmenge her.

Es gilt:

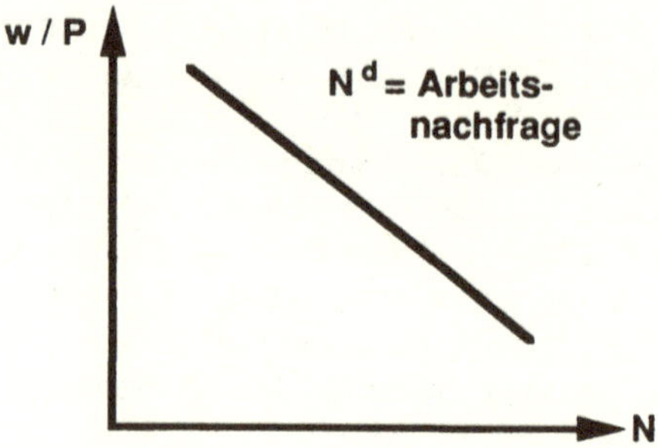

$$N = N\left(\frac{w}{p}\right) \quad \text{mit:} \quad \frac{dN^d}{d\left(\frac{w}{p}\right)} < 0$$

Die gesamtwirtschaftliche Theorie des Arbeitsangebotes liegt ebenfalls eine (real)lohnabhängige Arbeitsangebotsfunktion zugrunde. Zur Erklärung der realen Verhältnisse auf den Arbeitsmärkten (Tariflöhne etc.) wird aber differenziert in:

- einen horizontalen Teil
- einen reallohnabhängigen Teil und
- ein senkrechtes Segment des Arbeitsangebotes

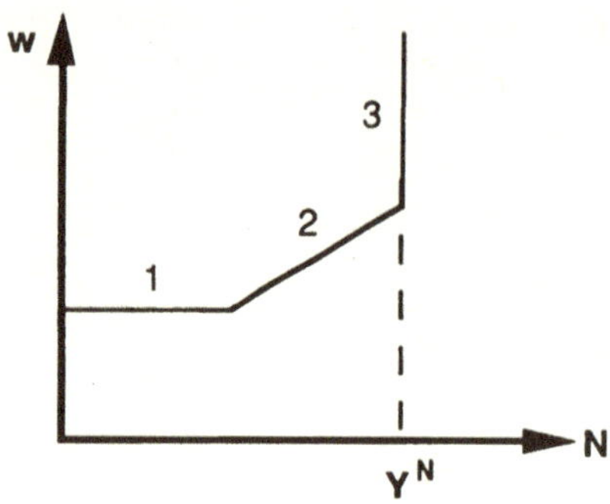

Es gilt: $N^S = f\ (w\ /\ p)$, wobei nur im angestiegenen Teil der Funktion gültig ist:

$$\frac{dN^S}{d\left(\frac{w}{p}\right)} > 0$$

Abschnitt 1 der Arbeitsangebotsfunktion:

Man geht von der Annahme aus, daß ein Teil des Arbeitsangebotes bei einem gewissen Mindestlohn vollkommen elastisch ist. Unter diesem Mindestlohn erfolgt kein Arbeitsangebot bzw. der Mindestlohn kann nicht unterschritten werden. Ein wesentlicher Teil des Arbeitsangebots kommt zum Mindestlohn auf den Markt. In der Realität wird diese Situation durch die Tariflöhne widergespiegelt, die von Gewerkschaften und Arbeitgeberverbänden vereinbart wurden. Eine Beschäftigung unter dem Tariflohnniveau ist nicht möglich. Von Interesse ist hier die Frage der sogenannten "Lohnstarrheit": Dies bedeutet, daß die Tariflöhne nicht sinken können, daß aber eine Erhöhung im Laufe der Zeit möglich ist. Die Lohnstarrheit bezieht sich also nur auf Veränderungen nach unten und ist als Lohninflexibilität zu bezeichnen.

Abschnitt 2 der Arbeitsangebotsfunktion:

In diesem Teil spiegelt sich die Reserve des Arbeitsmarktes wieder, die auf Reallohnsteigerungen reagiert, wenn auch unter Umständen in verschiedenen Richtungen.

Eine Gruppe von Arbeitsanbietern wird bei einer Reallohnerhöhung zusätzlich auf den Arbeitsmarkt kommen, ein anderer Teil wird sich aus dem gleichen Grund vom Arbeitsmarkt zurückziehen, weil das Einkommen der übrigen Haushaltsmitglieder gestiegen ist oder weil der eigene gute Verdienst eine Teilzeitarbeit ermöglicht.

Die Arbeitsangebotstheorie stellt nicht auf den tatsächlichen Reallohn sondern auf den von den Arbeitnehmern erwarteten Reallohn ab.

Abschnitt 3 der Arbeitsangebotsfunktion:

Die ökonomische Analyse dieses Teils der Funktion zeigt sofort, daß hier nicht die Entscheidungen der Wirtschaftssubjekte den Verlauf der Funktion bestimmen, sondern nur der Tatsache Rechnung getragen wird, daß über eine kurzfristig verfügbare Arbeitsmenge (N^{max}) in einer Volkswirtschaft der Arbeitseinsatz nicht erhöht werden kann. Die für die gesamtwirtschaftliche Produktionstätigkeit einsetzbare Arbeitsmenge ist also durch die maximale Höhe des Erwerbspersonenpotentials einer Volkswirtschaft limitiert. Das Erwerbspersonenpotential besteht hierbei aus allen Arbeitsanbietern nach Vollendung der Ausbildung und dem Eintrittsalter zur Pensionierung. Eine Erhöhung des Erwerbspersonenpotentials könnte kurz- und auch langfristig durch Wanderungen von Arbeitskräften zwischen Volkswirtschaften erfolgen.

Beispiel hierfür ist die Zuwanderung von Arbeitskräften in die Bundesrepublik in den Jahren 1960 - 1970.

Als mögliche Gleichgewichte auf dem Arbeitsmarkt können sich nun folgende Situationen ergeben:

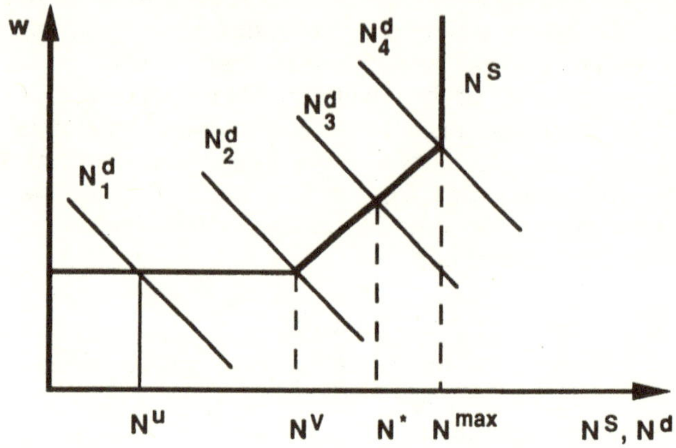

Die Lage der jeweiligen Arbeitsnachfragefunktion ($N^d{}_{1-4}$) der Unternehmen ist Ergebnis des mikroökonomischen Kalküls zur Optimierung des Arbeitseinsatzes. Je weiter die Funktion nach rechts außen verschoben ist, um so höher ist die Auslastung des Arbeitsangebotes bzw. Erwerbspersonenpotentials.

N^u: Gleichgewicht bei Unterbeschäftigung. Das starre Segment des Arbeitsangebotes ist nicht vollbeschäftigt zum herrschenden Lohnsatz. Die Differenz N^u und N^v ist die typische keynesianische konjunkturelle Arbeitslosigkeit.

N^v, N^*: Gleichgewichtslösungen, bei denen mindestens das starre Segment beschäftigt ist. Von Unterbeschäftigung kann nicht mehr gesprochen werden. Allerdings ist nicht das gesamte, maximal verfügbare Arbeitsangebot beschäftigt.

N^{max}: Gleichgewicht bei Vollbeschäftigung im klassischen Sinne. Das gesamte Arbeitspotential ist beschäftigt, eine Ausdehnung der Produktionstätigkeit ist wegen der Beschränkung des Faktors Arbeit nicht mehr möglich. Diese Situation entspricht der klassischen Vollbeschäftigungssituation. Auf der Basis der ermittelten Gleichgewichtspunkte am Arbeitsmarkt kann nun in Verbindung mit einer gesamtwirtschaftlichen Produktionsfunktion die aggregierte Güterangebotsfunktion abgeleitet werden. Dabei ist das Verständnis der Bedeutung der Güterangebotsfunktion von erheblichem Gewicht: Sie stellt das gesamtwirtschaftliche Produktionspotential dar, also die aufgrund der Produktionsfaktoren möglichen Sozialprodukte, die in einer Volkswirtschaft in einer Periode erzeugt werden können. Welches Produktionsvolumen in einer Periode tatsächlich erzeugt wird, hängt allein von der gesamtwirtschaftlichen aggregierten Nachfrage ab.

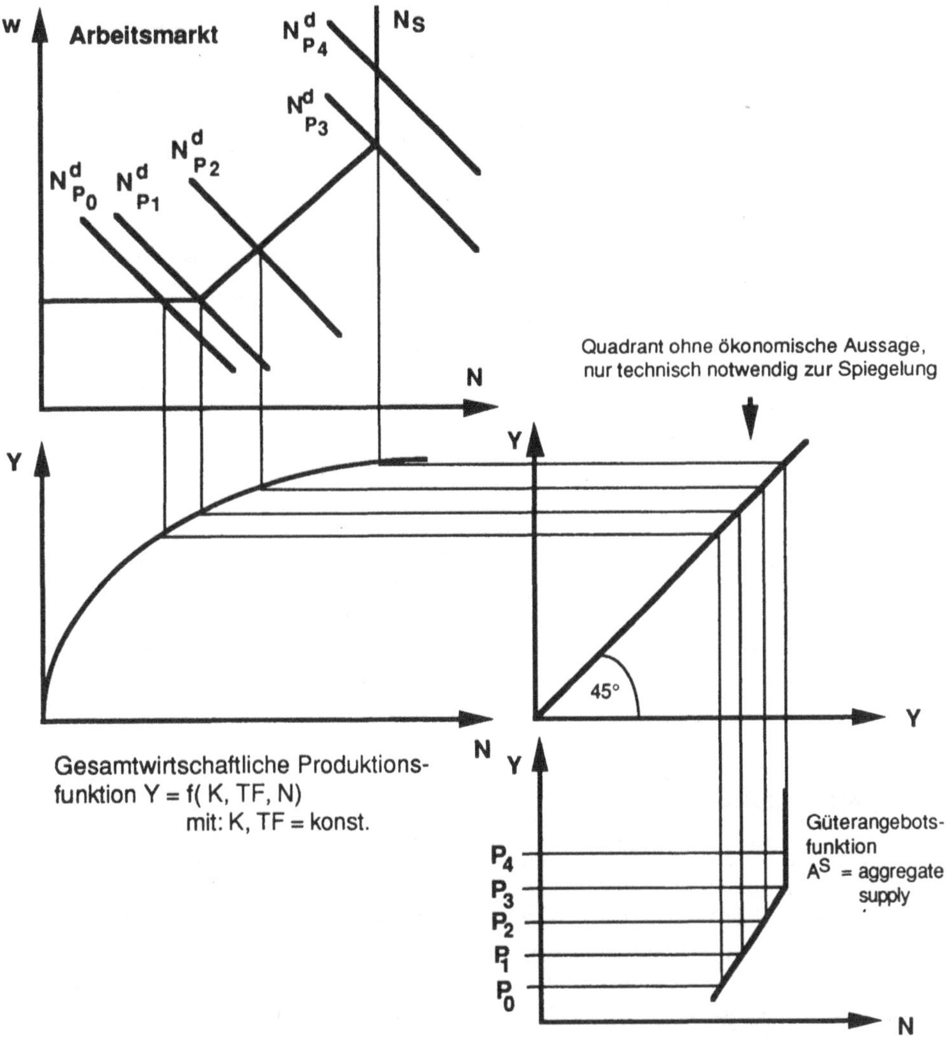

Bei der Konstruktion der Güterangebotsfunktion sind folgende Aspekte von Bedeutung:

* Die Arbeitsnachfragefunktion der Unternehmen ist darstellbar in Abhängigkeit vom Reallohn, wenn auf der Ordinate im Arbeitsmarkt der Nominallohn steht, jeder Nachfragefunktion gleichzeitig aber ein bestimmtes Preisniveau zugeordnet wird. Steigt das Preisniveau, verlagert sich die Arbeitsnachfrage der Unternehmen nach rechts und erhöht sich, da der Reallohn (w/p) fällt, wenn w = konstant und p steigt. Dies ist auch ökonomisch plausibel, da die Unternehmen mit fallendem Reallohn mehr Arbeit als Inputfaktor nachfragen. Dieser Aspekt ist solange gültig, wie für die Mehrheit der Arbeitsanbieter Geldillusion unterstellt wird, d.h., daß sich die Preisniveausteigerungen nicht in einer Veränderung der Arbeitsangebotsfunktion niederschlagen.

* Die gesamtwirtschaftliche Produktionsfunktion ist durch die Inputfaktoren Kapital (K), Arbeit (N) und Technischen Fortschritt (TF) bestimmt. Wobei die Größen TF und K in dieser Situation als konstant gesetzt werden. Diese Annahme entspricht auch der Realität, da Veränderungen des Kapitalstockes und des Technischen Fortschritts sich nicht unbedingt in einer Betrachtungsperiode auswirken müssen.

* Der Verlauf der Güterangebotsfunktion zeigt eine erhebliche Abhängigkeit von dem variablen Inputfaktor Arbeit: Solange der Faktor Arbeit nicht vollständig ausgelastet ist, kann der gesamtwirtschaftliche Output (Y) bei Preissteigerungen noch erhöht werden; schneidet die Arbeitsnachfragefunktion das Arbeitsangebot im senkrechten Teil, ist kein höheres Sozialprodukt mehr erstellbar, die Güterangebotsfunktion wird senkrecht.

Aufgabe 2

Aufgabenstellung:

a) Welche Aussagekraft besitzt der Schnittpunkt zwischen der aggregierten Güterangebotsfunktion und der aggregierten Güternachfragefunktion? Welche Rolle spielt hierbei das Preisniveau?

b) Wie wäre der Funktionsverlauf der Güterangebotsfunktion zu präzisieren, wenn von einer typisch keynesianischen bzw. einer klassischen Güterangebotsfunktion gesprochen wird?

c) Welche Implikationen haben die beiden unterschiedlichen Verläufe für das Inflationsphänomen?

Lösung:

a)

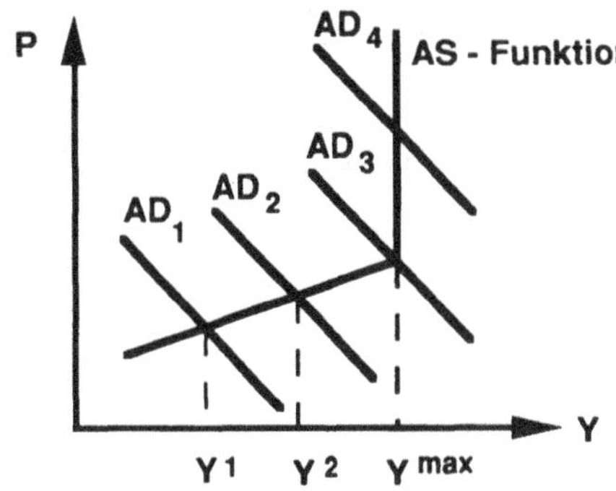

Der Schnittpunkt zwischen den beiden Funktionen erhält seine Aussagekraft durch die ökonomische Bedeutung der Funktionen und die jeweilige Lage der AD-Funktion

* Die AS-Funktion liegt kurzfristig im Parameterraum (P,Y) fest und stellt die Summe aller möglichen produzierbaren Sozialproduktvolumina dar.

* Die AD-Funktion ist kurzfristig in ihrer Lage je nach der Entwicklung der gesamtwirtschaftlichen Nachfrage verschiebbar. Eine Position nahe des Ursprungs indiziert ein geringes Nachfrageniveau in dieser Periode (Rezession), eine Position rechts außen zeigt ein hohes Nachfragevolumen (Boomphase).

* Der Schnittpunkt der beiden Funktionen zeigt den Auslastungsgrad des gesamtwirtschaftlichen Produktionspotentials, also aller Produktionsmöglichkeiten dieser Volkswirtschaft in dieser Periode. In diesem Schnittpunkt ist das nachgefragte Sozialprodukt (AD) gleich der tatsächlichen Produktion (AS).

Das Modell der aggregierten Güternachfrage und des -angebots bietet einen guten theoretischen Hintergrund für die Analyse und Darstellung von Preisniveauveränderungen, die aufgrund der Nachfrage- oder Angebotsveränderungen in einer Volkswirtschaft entstehen. Durch die vorliegende Graphik wird deutlich, daß durch eine Ausweitung der gesamtwirtschaftlichen Nachfrage (AD-Funktion geht nach rechts) zunächst eine Ausweitung der Produktionstätigkeit möglich ist. Das Sozialprodukt steigt, wenn auch von leichten Preissteigerungen begleitet. Erfolgt dagegen eine

Ausweitung der gesamtwirtschaftlichen Nachfrage über den Wert Y(max) hinaus, erhöhen sich nur noch die Preise; das Sozialprodukt kann aufgrund der kurzfristigen Begrenzung der Produktionsfaktoren nicht weiter ausgedehnt werden.

b) Der Verlauf der AS-Funktion ist abhängig von der jeweiligen Idee, die man der Angebotskurve zugrundelegt (Arbeitslosigkeit, oder Vollbeschäftigung). Es gibt zwei Extremfälle:

1. Keynesianische AS-Funktion

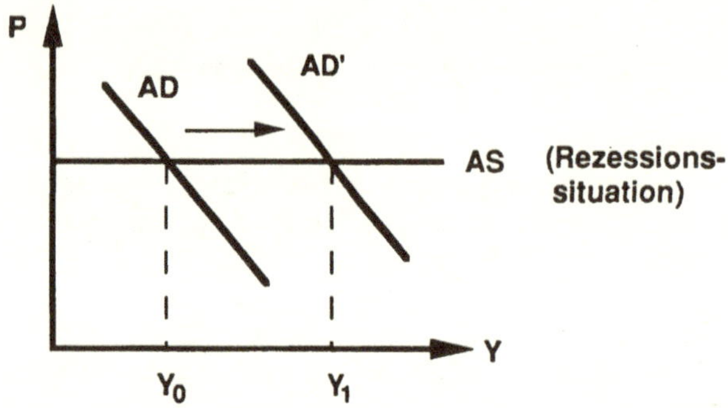

Die keynesianische Idee beruht darauf, daß die Unternehmer wegen der bestehenden **Arbeitslosigkeit** jeden gewünschten Arbeitsinput zu den Mindestlöhnen erhalten können. Gleichzeitig herrscht eine Unterauslastung der Kapazitäten, d.h. zusätzlicher Output ist ohne Preissteigerung erstellbar.

2. Klassische AS-Funktion

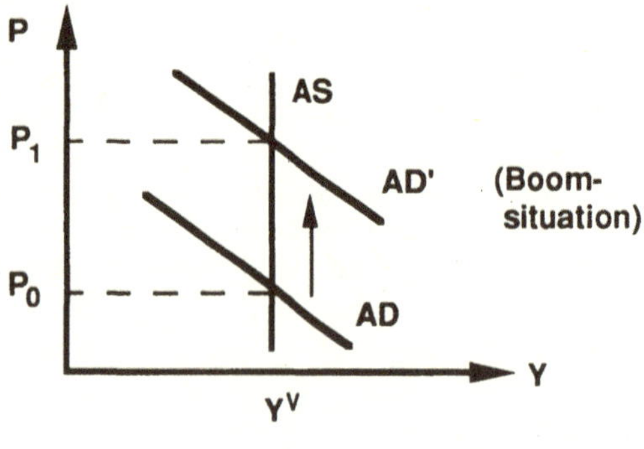

Die klassische Idee geht davon aus, daß sich der Arbeitsmarkt immer in einem **Vollbeschäftigungsgleichgewicht** befindet. Wenn nun in einer solchen Situation die Nachfrage steigt, ist es den Unternehmern nicht möglich, die Produktion zu steigern, da keine Arbeitskräfte mehr verfügbar sind. Der Konkurrenzkampf nach Arbeitern treibt die Löhne und somit auch die Preise nach oben, ohne den Output zu erhöhen.

Die theoretische Fundierung dieser unterschiedlichen Funktionsverläufe der AS-Funktion ist durch die Arbeitsmarktbedingungen gegeben:

So entspricht der horizontale Teil der Funktion (starres Arbeitsangebot beim Mindestlohn $(w/p)^{min}$ der keynesianischen Sicht der Arbeitsmarktlage: Es herrscht **Unterbeschäftigung**, d.h. das Segment 1 ist nicht vollständig ausgelastet, es herrscht unfreiwillige Arbeitslosigkeit beim Mindestlohn $(w/p)^{min}$.

Im Gegensatz dazu gingen die Klassiker stets von einer **vollbeschäftigten Wirtschaft** im Gleichgewicht aus, also Schnittpunkt N^d und N^s im senkrechten Teil der N^s-Funktion:

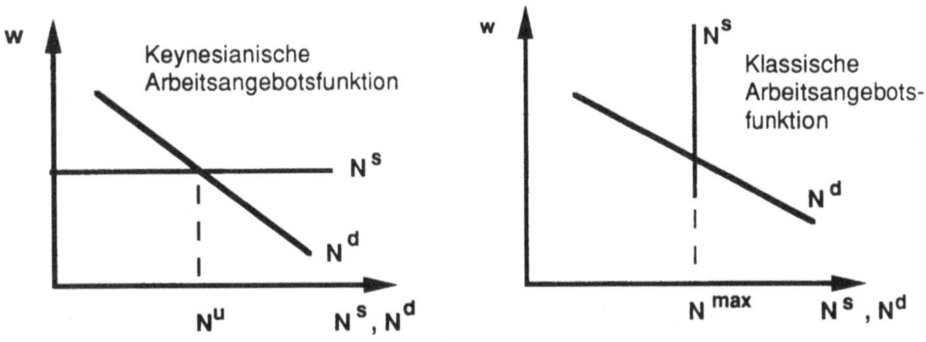

c) Die Standpunkte zum Inflationsphänomen ergeben sich aus den möglichen Konsequenzen einer Nachfrageerhöhung. Wie aus den beiden unterschiedlichen Funktionsverläufen leicht ersichtlich, führt bei den Klassikern jede Nachfrageerhöhung zu einer Preissteigerung. Dieses Ergebnis ist durch die Vollbeschäftigungsannahme der Volkswirtschaft vorbestimmt.

Die Keynesianer dagegen gehen von der realistischeren Annahme aus, daß es aufgrund des Konjunkturphänomens auch eine Situation geben kann, in der eine Unterauslastung des Produktionspotentials vorliegt. In diesem Falle wäre eine Ausweitung der Produktion aufgrund einer Nachfrageerhöhung zunächst ohne Preiswirkungen. Es scheint plausibel, daß in der keynesianischen Theorie aufgrund der genannten Annahme der Analyseschwerpunkt nicht im Inflationsphänomen liegt, sondern bei der Frage, ob das realisierte Nachfragevolumen in einer Volkswirtschaft am Arbeitsmarkt für Vollbeschäftigung sorgt.

Die klassische Idee der Vollbeschäftigung und Markträumung wurde von den Neoklassikern und Monetaristen fortgeführt. Die monetaristische Idee sieht somit die Gefahr der Inflationsentstehung im Vordergrund.

Aufgabe 3

Aufgabenstellung:

a) Vergleichen Sie im Rahmen des Gesamtmodells zur Ableitung des aggregierten Güterangebotes und der Güternachfrage das sogenannte klassische Modell mit dem keynesianischen Mindestlohnmodell.

b) Stellen Sie graphisch die Situation am Gütermarkt dar, wenn die Bedingungen der Investitionsfalle bzw. der Liquiditätsfalle vorliegen.

Lösung:

a) Das sogenannte klassische Modell ist hier die Darstellung der klassischen Vollbeschäftigungsannahme im Gesamtmodell. Das Arbeitsangebot liegt bei N^{max} und ist unabhängig vom Reallohn. Die Arbeitsnachfrage ist die N^d-Funktion. Gleichgewicht am Arbeitsmarkt ergibt sich im Schnittpunkt beider Funktionen. Der Anpassungsprozeß der Reallöhne bringt den Arbeitsmarkt stets ins Vollbeschäftigungsgleichgewicht und das Beschäftigungsniveau auf die Höhe des maximal nachgefragten Arbeitsangebotes der Haushalte. Durch die Produktionsfunktion wird der Vollbeschäftigungsoutput Y^V bestimmt. Dies führt zu der vertikalen, preisunabhängigen Angebotsfunktion.

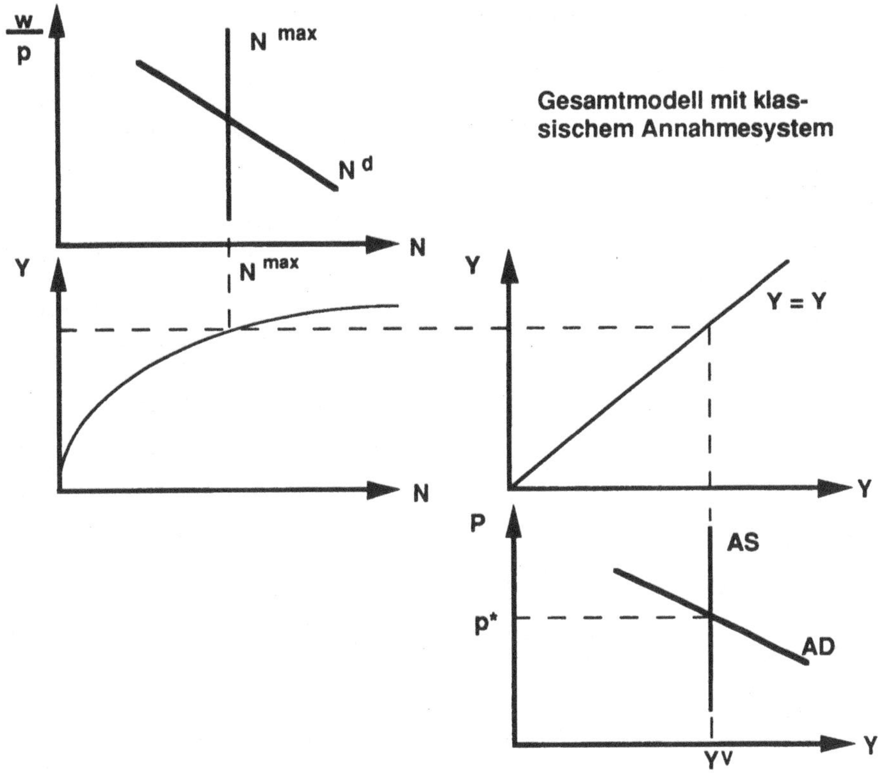

Aggregiertes Angebot (AS) und aggregierte Nachfrage (AD) bestimmen das Vollbeschäftigungs-Gleichgewichtspreisniveau P*. Es muß jedoch klar gesagt werden, daß diese Situation einer langfristigen Vollbeschäftigungslage nur unter sehr restriktiven Bedingungen zustande kommt:

- Die Güterpreise fallen/steigen, um den Gütermarkt zu räumen.
- Die Nominallöhne fallen/steigen ebenfalls ohne Zeitverzögerung, um den Arbeitsmarkt ins Gleichgewicht zu bringen.
- Die Unternehmer reagieren in ihren Produktionsentscheidungen schnell auf veränderte Bedingungen und die Arbeitskräfte wechseln schnell den Arbeitsplatz, wenn einzelne Unternehmen oder Branchen expandieren oder schrumpfen.
- Jede exogene Störung des Systems schlägt sich in einer Veränderung von Löhnen und Preisen nieder, wodurch das Gleichgewicht bei Vollbeschäftigung wiederhergestellt wird.

Keynesianisches Mindestlohnmodell

Die Realität der Volkswirtschaften der zweiten Hälfte des 20. Jahrhunderts ist leider dadurch gekennzeichnet, daß der beschriebene Anpassungsprozeß von Preisen und Löhnen nicht immer erfolgte. Ursache dafür können sein:

Informationsprobleme bei der Arbeitsplatzsuche oder Lohn- und Preisstarrheiten aufgrund vertraglicher Vereinbarungen. Das keynesianische Modell erklärt durch die Mindestlohnannahme die in der Realität zu betrachtende Arbeitslosigkeit. Die Mindestlohnannahme als Marktunvollkommenheit am Arbeitsmarkt besagt, daß die Nominallöhne nach unten starr und nach oben flexibel sind.

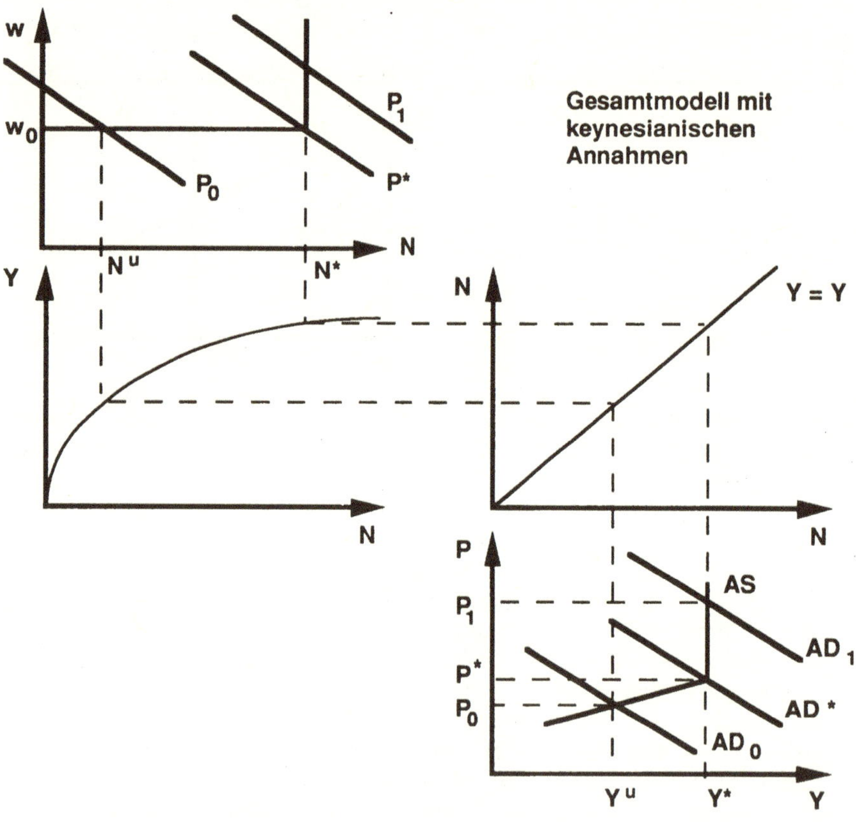

Das Arbeitsangebot ist dann eine Funktion des Nominallohnes. Unterhalb der Vollbeschäftigung N* verläuft die Angebotsfunktion auf dem Lohnniveau w_0. Unabhängig davon wie hoch die Arbeitslosigkeit ist, die Arbeiter werden nicht zu einem niedrigeren Nominallohn arbeiten. Da der Lohn nach oben flexibel ist, wird sich der Lohn sofort erhöhen, wenn mehr Arbeit als N* nachgefragt wird. Die Nominallohnstarrheit am Arbeitsmarkt führt bei steigendem Preisniveau (P_0 -> P_1) zu einem sinkenden Reallohn. Solange die Arbeitsanbieter der Geldillusion unterliegen - was der Fall ist, wenn die Tarifverträge nicht nach oben angepaßt werden - fallen die Reallöhne. Darauf reagieren die Unternehmer mit zusätzlicher Arbeitsnachfrage (N^d) und steigender Produktion. Aus diesem Grunde steigt das Angebotsvolumen mit steigendem Preisniveau auf die Höhe des maximal erstellbaren volkswirtschaftlichen Angebotsvolumens (AS bei Y*). Bei Gültigkeit des Mindestlohnsatzes hat die gesamtwirtschaftliche Angebotsfunktion einen Knick: Wenn das Preisniveau unter den Wert an der Knickstelle fällt, sind die Preise im Verhältnis zum Mindestlohn w_0 zu niedrig, die Unternehmer senken Beschäftigung und Output. Dadurch entsteht Arbeitslosigkeit,die sich aufgrund des nach unten starren Nominallohns nicht abbaut. Der ansteigende Teil der AS-Funktion zeigt also das volkswirtschaftliche Angebotsvolumen bei Unterbeschäftigung. Y_u liegt z.B. unter dem Vollbeschäftigungsoutput Y*.

b) Investitionsfalle und Liquiditätsfalle

Keynes hat neben der Mindestlohnannahme noch zwei weitere Marktunvollkommenheiten - jetzt auf Güter- bzw. Geldmarkt - als potentielle Mechanismen für die Nichtbeseitigung eines stabilen Unterbeschäftigungsgleichgewichts beschrieben.
Vor der Darstellung der beiden Graphiken zur Investition- und Liquiditätsfalle sei noch einmal betont, daß die von Keynes genannten Marktunvollkommenheiten (Mindestlohnstarrheit, zinsunelastische Investitionen, vollkommen zinselastische Geldnachfrage) nicht die eigentlichen Ursachen der stabilen Unterbeschäftigung darstellen. Ursache der Arbeitslosigkeit bei Keynes ist immer ein konjunkturell bedingter Nachfragemangel am Gütermarkt. Die Marktunvollkommenheiten führen dazu, daß die Lohn-, Zins-, oder Preisreaktionen gestört sind und sich so automatisch kein Vollbeschäftigungsgleichgewicht im klassischen Sinne ergibt.

Investitionsfalle: Zinsunelastische Investitionen

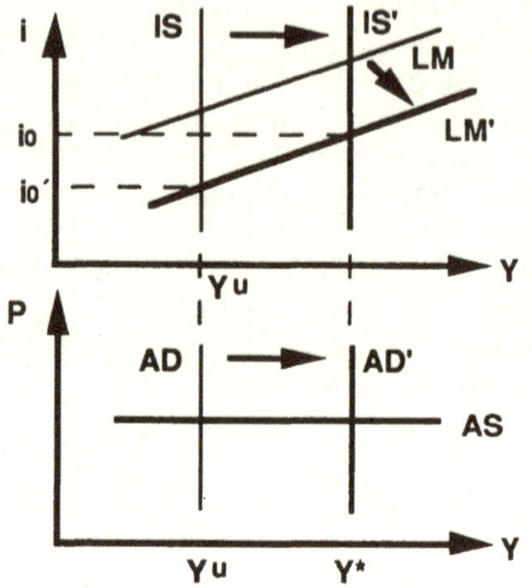

Aufgrund einer zu geringen Nachfrage am Gütermarkt liegen die IS- bzw. die AD-Funktion auf dem Niveau Y^u, das am Arbeitsmarkt Unterbeschäftigung hervorruft. Aufgrund der zinsunelastischen Investitionen bringt auch eine Geldmengenerhöhung mit Zinssenkungseffekt (io -> io´) keine Erhöhung der Nachfrage: Die IS- bzw. AD-Funktion verharren auf dem Unterbeschäftigungsniveau Y^u.

Liquiditätsfalle: Vollkommen zinselastische Geldnachfrage

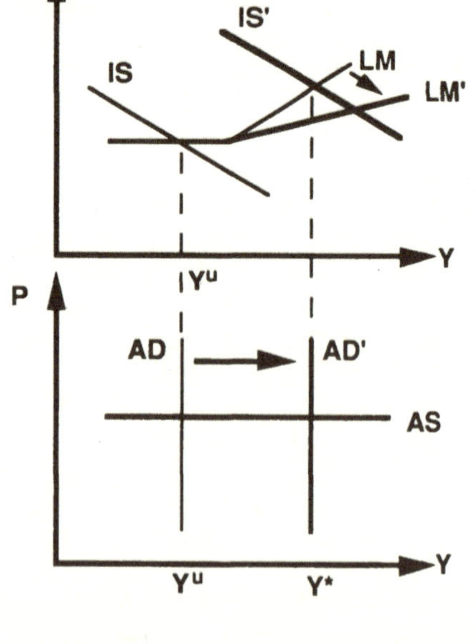

Ein analoges Ergebnis ergibt sich durch die Annahme einer vollkommen elastischen Geldnachfrage der Haushalte. Während bei der Investitionsfalle die Investitionen nicht auf Zinssenkungen reagieren, kann es bei der Liqiditätsfalle trotz einer Geldmengensteigerung nicht zu Zinssenkungen und einem Nachfrageanstieg kommen. Eine Deflation hätte ebenfalls keine Nachfrageeffekte, es entsteht wiederum ein stabiles Unterbeschäftigungsgleichgewicht bei Y^u.

Der keynesianische Vorschlag zur Überwindung eines möglichen Gleichgewichtes bei Unterbeschäftigung, das durch die Mindestlöhne, die unendlich elastische Geldnachfrage und die zinsunelastischen Investitionen hervorgerufen werden könnte, liegt in der expansiven Fiskalpolitik durch den Staat. Eine Staatsausgabenerhöhung in der rezessiven Lage würde die gesamtwirtschaftliche Nachfrage erhöhen und die AD-Funktion nach rechts auf ein Nachfrageniveau verschieben, das hoch genug ist, durch die entstehende Produktionstätigkeit am Arbeitsmarkt die Unterbeschäftigung zu beseitigen.

Aufgabe 4

Aufgabenstellung:

a) Zeigen Sie im AD-AS-Modell die Auswirkungen folgender wirtschaftspolitischer Parameteränderungen (ceteris paribus):
   * Erhöhung der Staatsausgaben
   * Senkung der autonomen Steuern
   * Erhöhung der Transferleistungen an die privaten Haushalte

b) Erläutern Sie, aufgrund welcher Variablen der Angebotsseite der Wirtschaft die Lage der AS-Funktion verändert wird. Berücksichtigen Sie hier insbesondere den Aspekt des Zeithorizontes!

Lösung:

a) Die genannten Variablenveränderungen wirken primär auf der Nachfrageseite der Wirtschaft. Über die ausgelöste Verschiebung der IS-Funktion können die Parameteränderungen auf der AD-Funktion weiteranalysiert werden: Die AD (aggregate demand)-Funktion stellt im (P, Y)-Diagramm eine bestimmte Situation des Nachfrageniveaus dar: Analog zur Lage der IS/LM-Funktionalisierung sind niedrige Y-Werte einer Rezessionsphase zuzuordnen, weiter rechts außen liegende Werte einer Boomphase.
Es sollte hier nochmal betont sein: Die AD-Funktion spiegelt im Modell die tatsächlich **realisierte Nachfrage** in der Volkswirtschaft dar, wie sie sich aus güterwirtschaftlichen und gleichzeitig monetären Abläufen ergibt. Durch die AD-Funktion wird das Nachfrageniveau der betrachteten Modellvolkswirtschaft repräsentiert. Gleichzeitig - man denke an die Güterebene ($Y = C + I + CSA + X - M$) wird jede Art von staatlicher Nachfragebeeinflussung durch wirtschaftspolitische Variablen durch die AD-Funktion wiedergegeben. Das Nachfrageniveau und damit die Lage der AD-

Funktion ist somit durch Maßnahmen wie Staatsausgaben, Steuern und Transferleistungen bestimmt. Dabei soll deutlich werden, daß alle expansiven Maßnahmen die AD-Funktion nach rechts außen verschieben, alle kontraktiven Maßnahmen näher zum Ursprung.

Rechtsverschiebung von AD und AD' durch:

* Erhöhung der Staatsausgaben
* Senkung der Steuern
* Erhöhung der Transfers
* Erhöhung der nominalen Geldmenge

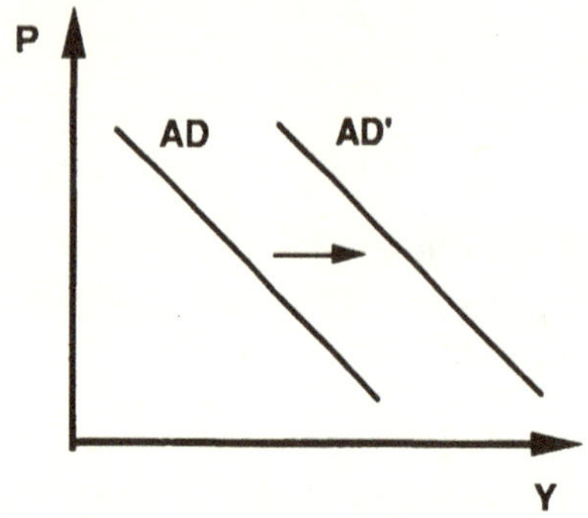

Im Modellzusammenhang ergäbe sich für die genannten expansiven Maßnahmen bei linearem Verlauf der AS-Funktion:

* Eine Erhöhung des Sozialproduktwertes von Y
* Eine gleichzeitige Erhöhung des Preisniveaus von P_0 auf P_1

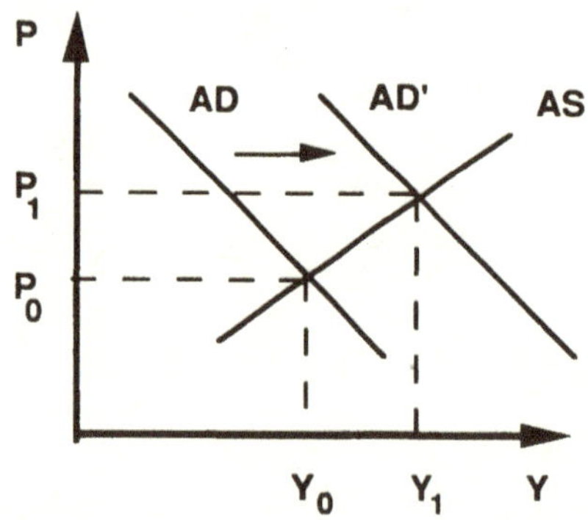

Hierbei ist als Prämisse festzuhalten, daß der lineare ansteigende Verlauf der AS-Funktion eine bestimmte ökonomische Situation auf der Angebotsseite beschreibt: Es liegt weder eine Rezessionslage

(Unterauslastung der Kapazitäten) noch eine Boomphase (Vollbeschäftigung und Vollauslastung der Kapazitäten) vor.

Die Anpassungen auf der Angebotsseite könnten wie folgt beschrieben werden: Durch den Nachfrageanstieg am Gütermarkt erfolgt eine höhere Auslastung der Kapazitäten. In einigen Industriezweigen, die bereits an der Kapazitätsgrenze arbeiten, kommt es zu Preissteigerungen, da die Produktionsmenge nicht mehr ausdehnbar ist. In anderen Industriezweigen trifft der Nachfrageschub auf noch unausgelastete Kapazitäten und es entstehen noch keine Preiswirkungen. Gesamtwirtschaftlich ist somit eine Ausweitung der Produktion bei Preissteigerungen möglich.

b) Die Lage der AS- (aggregate supply) Funktion ist von den Angebotsbedingungen der Modellvolkswirtschaft bestimmt. Es wäre nochmals in Erinnerung zu rufen, daß die supply-Funktion eine Abbildung der **Produktionsmöglichkeiten** darstellt. Nur der effektive Schnittpunkt mit der AD-Funktion zeigt das gültige nachgefragte und in der Betrachtungsperiode produzierte Sozialprodukt.

Welche Variablen der Angebotsseite der Wirtschaft bestimmen nun die Lage der AS-Funktion?
Die Lage wird bestimmt durch die Inputfaktoren - hier im makroökonomischen Modell - durch Arbeit, Kapital und technologischen Stand. Alle Formen eines Anstiegs dieser Inputfaktoren ermöglichen bei konstantem Preisniveau eine Rechtsverlagerung der AS-Funktion und dadurch eine Erhöhung der Produktionsmöglichkeiten. Die AS-Funktion stellt somit den theoretischen Ansatzpunkt für die sogenannte Angebotspolitik dar: Wenn die wirtschaftspolitischen Maßnahmen sich auf eine Verbesserung der Angebotsbedingungen (Förderung des technischen Fortschritts, Investitionsförderung zur Effizienzsteigerung der Produktivität des Kapitalstockes, Abbau staatlicher Investitionshemmnisse ect.) beziehen und die Wirtschaft dies annimmt, kommt es mittelfristig zu einer Rechtsverlagerung der AS-Funktion.

Rechtsverschiebung der AS-Funktion von AS auf AS' durch:
* Erhöhung des technischen Fortschritts
* Verbesserung der langfristigen Investitionsbedingungen = Erhöhung des volkswirtschaftlichen Kapitalstockes
* Zuwanderung von Arbeitskräften

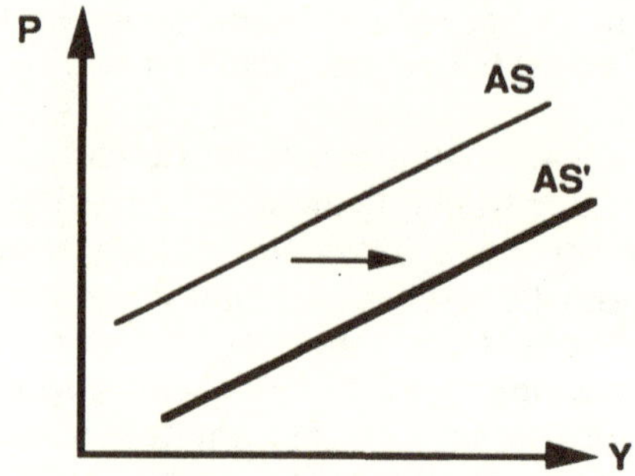

Zum besseren Verständnis sollen die dargelegten Variablenveränderungen noch einmal im Detail auf der Angebotsseite der Wirtschaft in ihrer Entstehung geschildert werden:

Gesamtwirtschaftliche Produktionsfunktion $Y^S = f(K, TF, N)$

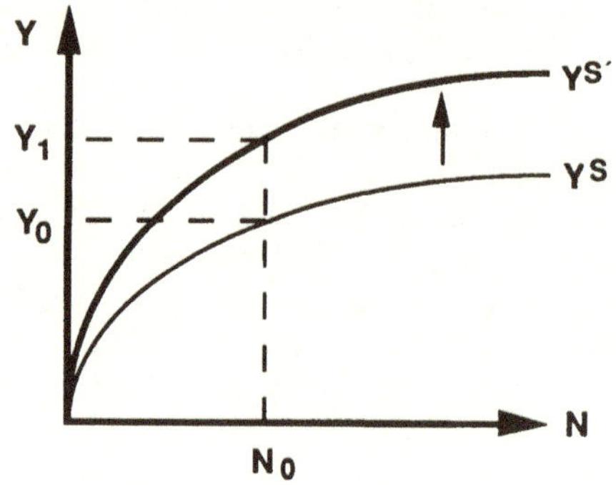

Eine Erhöhung des technischen Fortschritts ermöglicht bei konstantem Arbeitseinsatz (N_0) die Herstellung eines höheren Sozialproduktes. Die gesamtwirtschaftliche Produktionsfunktion dreht sich nach oben. Das gleiche Ergebnis zeigt sich bei einer Erhöhung des Kapitalstockes (Produktivvermögen) aufgrund einer Verbesserung der Investitionsbedingungen. Die beiden Maßnahmen entsprechen sich natürlich im Ergebnis, da auch die Umsetzung und Anwendung des technischen Fortschrittes nur über die Erweiterung des Kapitalstockes erfolgen kann.

Zum Aspekt des Zeithorizontes:

Während die expansiven oder kontraktiven Effekte auf der Nachfrageseite der Volkswirtschaft (über die AD-Funktion dargestellt) direkt und schnell zu einer Veränderung des Einkommens, des Sozialproduktes und der Produktionstätigkeit führen, sind die Auswirkungen, die von Parameterveränderungen auf der Angebotsseite ausgehen mittelfristig und langfristig zu sehen. Der volkswirtschaftliche Kapitalstock erhöht sich durch die laufenden Investitionen im Verhältnis zum vorhandenen Bestand nur sehr langsam. Das gesamtwirtschaftliche Produktionspotential reagiert somit nur in geringem Umfang und zeitlich verzögert. Die Zuwanderung von Arbeitskräften ist durch eine Rechtsverlagerung der Arbeitsangebotsfunktion am Arbeitsmarkt zu kennzeichnen.

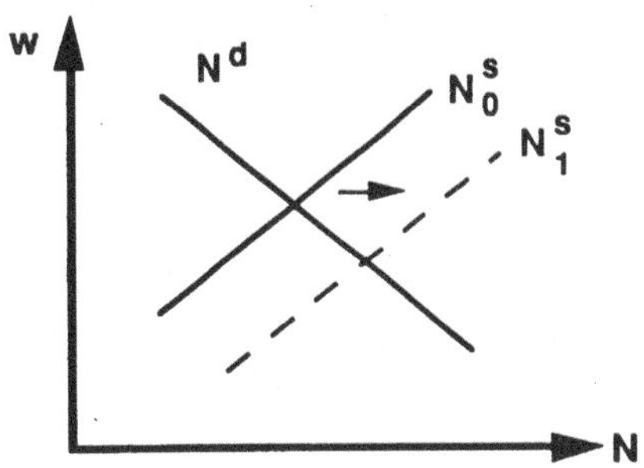

alternativ:

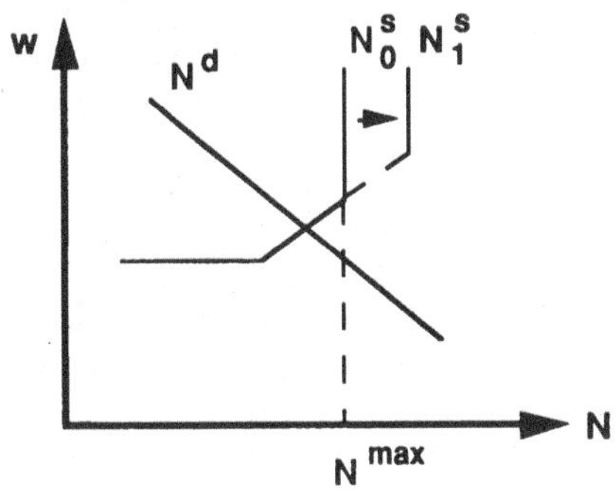

Hierdurch erhöht sich die maximal verfügbare Arbeitsmenge in einer Volkswirtschaft mit dem Resutat, daß die aggregierte Angebotsfunktion sich ebenfalls nach rechts verlagert.

<u>Aufgabe 5</u>

Aufgabenstellung:

a) Ordnen Sie zur keynesianischen Sichtweise und zur klassisch-neoklassischen Position die Begriffe Nachfragesteuerung bzw. Angebotspolitik zu.

b) Formulieren Sie innerhalb des AD-AS-Modells die monetaristische Kritik an einer expansiven Fiskalpolitik.

c) Nennen Sie mögliche Bedingungen, unter denen trotz der monetaristischen Kritik mit gesamtwirtschaftlich positiven Auswirkungen einer expansiven Fiskalpolitik gerechnet werden kann!

Lösung:

a) Wirtschaftspolitische Positionen

Die Wirtschaftspolitischen Ansatzpunkte im AD/AS-Modell sind entsprechend der Vorüberlegungen klar trennbar:

* **Keynesianische Wirtschaftspolitik** konzentriert sich auf die Fiskalpolitik zum kurzfristigen Ausgleich des Konjunkturzyklus. Diese Politik ist stets nachfrageorientiert, da sie schnell wirken muß und dies über die Komponenten der Nachfrage (C, I, CS) gewährleistet ist. Das theoretische Konzept dafür stellt die Multiplikatoranalyse dar. Über die IS-Funktion (Gütermarkt) werden die Wirkungen auf die AD-Funktion ausgeübt. Ausgangspunkt ist stets eine Unterbeschäftigungslage.

* Die **neo(klassisch)-monetaristische Position** ist stets langfristig angelegt und konzentriert sich auf eine positive Beeinflussung der privaten Wirtschaftsaktivität. Der Staat soll - wenn überhaupt - die langfristigen Produktionsbedingungen verbessern und somit die Wachstumsmöglichkeiten der Volkswirtschaft optimieren. Diese Effekte werden also durch die Angebotsfunktion bzw. ihre Lage dargestellt. Erfolgreiche staatliche Wachstumsförderung würde sich in der Rechtsverlagerung der AS-Funktion zeigen. Wichtig ist hier aber die Erkenntnis, daß dies ein langfristiger Prozeß sein muß, denn die Verbesserung des volkswirtschaftlichen Sachkapitalbestandes benötigt Zeit, denn es sollen ja die gewinnoptimalen privaten Produktionsbedingungen verbessert werden. Angebotspolitik im Sinne der Monetaristen ist demgemäß langfristig orientiert und soll ein stetiges Wachstum des Produktionspotentials fördern. Die Monetaristen sind der Ansicht, daß eine Stop And Go - Nachfragepolitik die Erwartungen der privaten Wirtschaftssubjekte destabilisiert und damit die Ausschläge der Konjunktur verstärkt.

b) **Die monetaristische Kritik an der expansiven Fiskalpolitik**

Die Wirtschaft befindet sich in einem Ausgangsgleichgewicht A, das als gesamtwirtschaftliches Gleichgewicht durch den Schnittpunkt von der AD- und AS-Funktion determiniert wird. Die Keynesianer-Monetaristen-Kontroverse wird nun am Beispiel eines expansiven fiskalischen Impulses dargestellt:

Wirtschaftspolitische Maßnahme: Expansive Fiskalpolitik
Effekt: AD geht nach rechts auf AD'

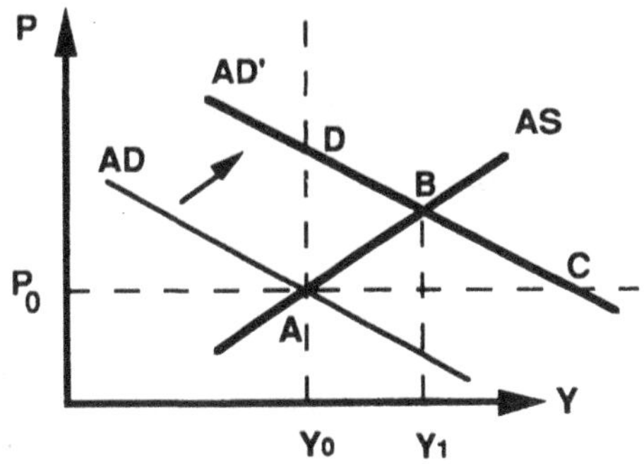

B: Neues temporäres Gleichgewicht durch Erhöhung des Sozialproduktes bei gleichzeitiger Preissteigerung

Die Analyse des Impulses beginnt in Ausgangspunkt A. Unterstellt ist weder ein typisch keynesianischer Verlauf der AS-Funktion (horizontal) noch ein typisch klassischer (vertikal). Durch den fiskalischen Nachfrageimpuls ergibt sich ein Nachfrageanstieg, der das Sozialprodukt erhöht. Als temporäres Gleichgewicht spielt sich Punkt B ein, bei dem aber wegen der steigenden Nachfrage und begrenzten volkswirtschaftlichen Kapazitäten schon gewisse Preissteigerungen auftreten. Klar ist, daß der Outputlevel von B niedriger ist als der mögliche in Punkt C; dies würde aber eine horizontale AS-Funktion voraussetzen, also eine typisch keynesianische, die aber nur die Rezession beschreiben kann.

Aus **keynesianischer Sicht** (kurzfristig) wäre also der Punkt B realisierbar, der Output steigt (auf Y_1), die Beschäftigung am Arbeitsmarkt erhöht sich (Verschiebung N^d nach rechts), das Ziel des fiskalischen Impulses ist erreicht.

Aus **monetaristischer Sicht** erfolgt nun die Analyse dieser Situation über den kurzfristigen Aspekt hinaus: Welche anderen Variablen werden nun mittelfristig Reaktion zeigen, ist Punkt B tatsächlich auch ein langfristiger Gleichgewichtspunkt des Systems?

Die Antwort lautet aus monetaristischer Sicht: Nein! Und die nachfolgende Begründung erscheint plausibel: Nach dem Preisanstieg sind kurzfristig die Löhne noch konstant geblieben, aber das wird nicht dauerhaft so sein. Nach einiger Zeit werden durch die Gewerkschaften die Löhne erhöht und die kurzfristig durch den Nachfrageanstieg und die Reallohnsenkung ausgelösten Produktionsanregungen auf der Angebotsseite entfallen wieder. Wenn die Löhne die Preise im Anstieg eingeholt haben, ist das profitmaximale Outputniveau für die Produzenten wieder auf dem alten Niveau von Y(0). Die AS-Funktion wird durch den Anstieg der Löhne mittelfristig nach links verschoben!

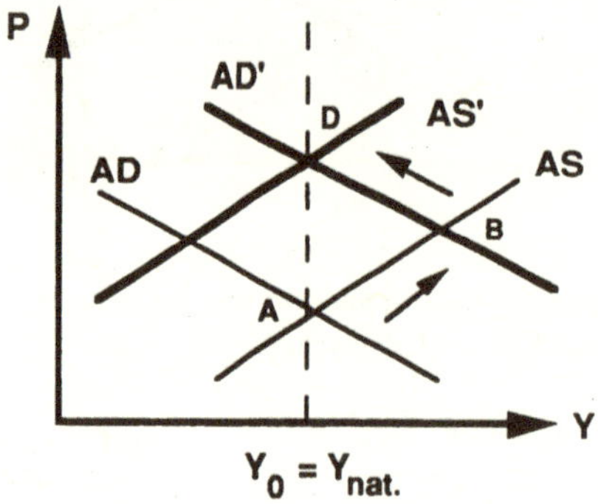

AS geht nach links auf AS' durch Lohnanstieg; damit Verschlechterung der gewinnmaximalen Angebotsposition mit dem Resultat, daß Punkt D das langfristige Gleichgewicht darstellt.

Y(0): Ist der natural level of output (das langfristig realisierbare gewinnmaximale Outputniveau einer Volkswirtschaft, das von den verfügbaren Inputfaktoren Kapital, Arbeit und technologischem Stand festgelegt ist).

Nach monetaristischer Meinung gibt es keinen dauerhaften Lohn-lag (verzögerte Anpassung der Löhne an die Preise). Damit wird die monetaristische Position - wie wäre es anders zu erwarten - sehr ähnlich zu der klassischen Sicht der Angebotsfunktion: Die AS-Funktion war stets senkrecht, es herrschte immer Vollbeschäftigung. Wirtschaftspolitisches Ergebnis dieser Position: Eine nachfrageorientierte Fiskalpolitik wird langfristig nur die Preise erhöhen, aber keinen Anstieg des Outputs der Volkswirtschaft hervorbringen. Konsequenz: Warnung vor jeder Art der Fiskalpolitik, da sie dann nur inflationär wirkt. Der Multiplikatoreffekt eines Fiskalimpulses wäre damit langfristig gleich Null.

c) Man konnte als Keynesianer tatsächlich eine Menge von den Monetaristen lernen, insbesondere: Eine zu kurzfristige Analyse kann schaden und die Berücksichtigung des Preisniveaus bzw. der Inflationsentwicklung ist für die modernen Volkswirtschaften sehr wichtig. Es verbleiben aber im Modell und natürlich auch in der Realität zwei Situationen für die expansive keynesianische Politik, in der sie weiterhin sinnvoll bleibt:

Fall 1: Die echte Rezession mit unausgelasteten Kapazitäten

Ist der Y(0)-level gekennzeichnet von einer Unterauslastung der Kapazitäten kann expansive Fiskalpolitikk bei (relativ) flachem Verlauf der AS-Funktion den Output ohne starke Preiseffekte dauerhaft auf Y(1) erhöhen.

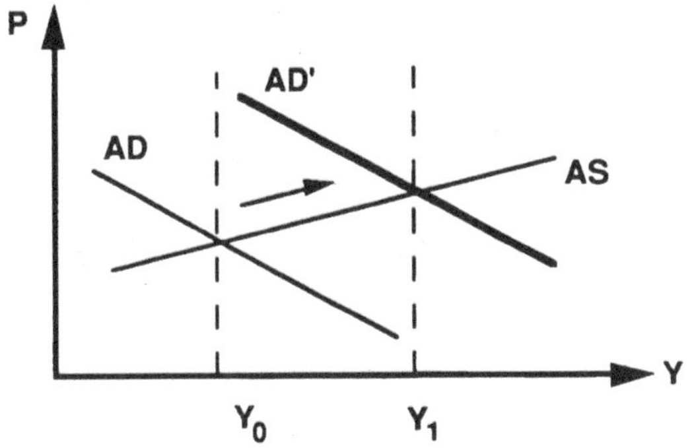

Fall 2: Auslösung eines Angebotseffektes durch die Fiskalpolitik (supply side effect of an expansionary fiscal policy)

Durch die Nachfragepolitik des Staates wird die private Investition positiv beeinflußt, d.h., durch die Investitionen erhöht sich der volkswirtschaftliche Kapitalbestand. Das langfristige gewinnmaximale Outputniveau verschiebt sich nach rechts; der negative Effekt der Lohnsteigerung wird z.T. kompensiert.

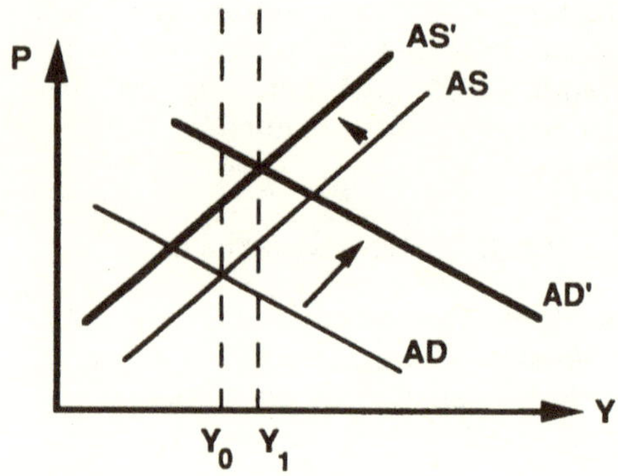

Vorsicht: Dier positive Effekt drückt sich graphisch darin aus, daß die lohnbedingte Linksverschiebung der AS-Funktion nicht auf Y_0 zurückgeht , sondern nur auf Y_1. Es liegt implizit eine Rechtsverschiebung der AS-Funktion (durch die positiven Wirkung der Fiskalpolitik auf die Investitionen) vor.

Aufgabe 6

Aufgabenstellung:

Stellen Sie im Modell der aggregierten Nachfrage und des Angebotes die Phänomene "Stagflation" und "supply shock" dar.

Lösung:

Stagflation ist definiert als die gleichzeitige Stagnation des Wachstums des Sozialproduktes bei trotzdem eintretenden Preissteigerungen. Der in den Jahren 1973 und 1979 eintretende Ölpreisschock ist als Auslöser für das Stagflationsphänomen das bedeutendste empirische Beispiel. Die Modelldarstellung des sogenannten **supply shock** kann ebenfalls im AS-AD-Diagramm vorgenommen werden:

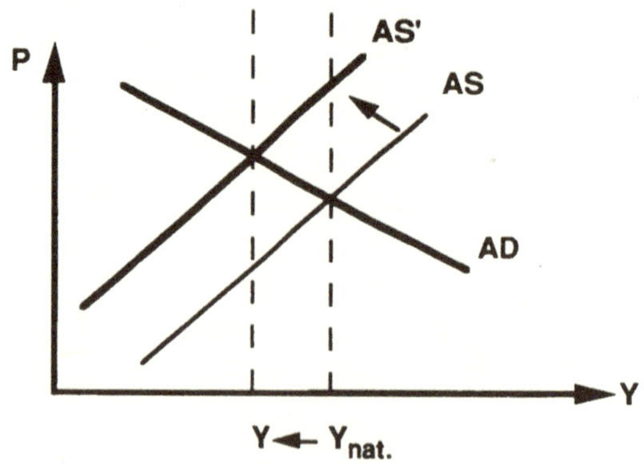

Durch den supply-shock (Angebotsschock) erfolgt eine drastische Verschlechterung der volkswirtschaftlichen Angebots- bzw. Produktionsbedingungen. Diese können hervorgerufen werden durch Ereignisse wie z.B.:

* Produktivitätsabfall
* erhebliche Inputfaktorenverteuerung
* Abnahme des technischen Fortschritts (Verschlechterung des Sachkapitalbestandes)

Der auf die Volkswirtschaft einwirkende supply-shock führt zu einer Linksverschiebung der AS-Funktion, wobei gleichzeitig der natural level of output sich nach links verlagert. Dadurch verringern sich die Produktionsmöglichkeiten dieser Volkswirtschaft. Durch die Parameterveränderungen (Y sinkt oder stagniert, P steigt) zeigt sich das Phänomen der Stagflation. Von Interesse ist hier natürlich die Frage, ob und in welcher Weise sich eine Volkswirtschaft von dem Angebotsschock erholen kann, d.h., ob dieser geringere Natural level of output erhalten bleibt?

Zunächst können sich die verursachenden Parameteränderungen (Preisanstieg) als nur vorübergehend zeigen. Dann wäre eine automatische Rückkehr möglich. Aber auch bei Konstanz der Preiserhöhung wäre durch starke Substitutionsanstrengungen (Ersatz von Öl durch andere Energieträger) eine moderne Volkswirtschaft in der Lage, sich mittelfristig auf die neue Parametersituation einzustellen und alsbald wieder ein höheres Outputniveau zu erreichen.

IX Phillipskurve

Lernziel

* Verständnis der grundlegenden Aussage der originären Phillipskurve und der modifizierten Phillipskurve (Historische Aspekte, Ableitung der modifizierten Phillipskurve)

* Kenntnis und wirtschaftspolitische Umsetzung des trade-off-Zusammenhangs zwischen Inflation und Arbeitslosigkeit aus der Sicht keynesianischer Nachfragesteuerung

* Verständnis der Entwicklung alternativer Erklärungsmuster des trade-off-Zusammenhangs nach einer Veränderung der Datenlage in den siebziger und achtziger Jahren

* Kenntnis der Auswirkung der Integration unterschiedlicher Formen der Erwartungsbildung auf den trade-off-Zusammenhang (adaptive, rationale Erwartungen)

* Fähigkeit zur Darstellung der keynesianischen und monetaristischen Sichtweise der Effizienz von Staatsausgabenprogrammen im Kontext der gesamtwirtschaftlichen Ziele Inflation und Arbeitslosigkeit

Aufgabe 1

Aufgabenstellung:

a) Zeichnen Sie die ursprüngliche (originäre) Phillipskurve und formulieren Sie dafür eine Funktion. Wählen Sie unterschiedliche Punkte auf der Funktion und erläutern Sie die ökonomischen Implikationen der Punkte!

b) Warum wird die originäre Phillipskurve häufig als modelltheoretisch unvollständiges Konzept bzw. Modell zur Beschreibung der Realität bezeichnet?

Lösung:

a)

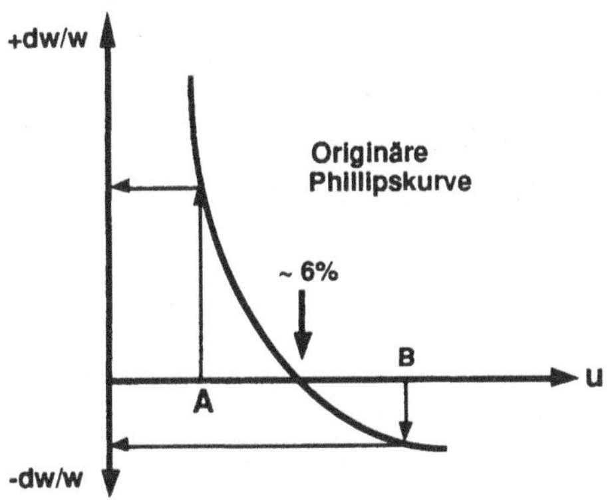

dw/w	=	Veränderungsrate Nominallöhne
u	=	Arbeitslosenquote
a, ε	=	Lageparameter der Funktion

Die von A. W. Phillips im Jahre 1958 statistisch ermittelte originäre Phillipskurve stellt den kausalen Zusammenhang zwischen der Arbeitslosenquote und der Veränderung der Nominallöhne dar. Die Situation am Arbeitsmarkt wird durch folgende Formel beschrieben:

$$dw/w = a - \varepsilon \cdot u$$

A. W. Phillips untersuchte die Daten für den Zeitraum 1861 - 1957 und ermittelte so den empirischen Verlauf der Funktion über eine Regressionsgleichung. Die theoretische und praktische Aussagekraft dieses Zusammenhanges zeigen in der Graphik die Punkte A und B.

A: Bei relativ geringer Arbeitslosigkeit besteht eine hohe Nachfrage nach dem Produktionsfaktor Arbeit. Die Unternehmen konkurrieren mit hohen Lohnzuwachsraten um die Arbeitnehmer. Die Gewerkschaften haben eine günstige Ausgangsposition in den Lohnverhandlungen und es kommt zu relativ hohen Lohnabschlüssen.

B: Am Arbeitsmarkt herrscht hohe Arbeitslosigkeit, der Faktor Arbeit ist reichlich vorhanden. Lohnzuwächse sind nicht notwendig um Arbeitskräfte zu finden. Die Verhandlungsposition der Gewerkschaften ist ungünstig. In dieser Situation zeigen sich in der Realität sogar sinkende Nominallöhne.

Die von A.W. Phillips abgeleitete Beziehung ist die empirische Bestätigung eines möglichen Angebotsüberschuß/-defizit-Modells des Arbeitsmarktes bei flexiblen Nominallöhnen. Die wesentlichen Merkmale der originären Philipskurve sind:

1) Negative Steigung
2) Hyperbolische Form
3) Abszissenabschnitt ungefähr bei 6%

Ökonomisches Resultat dieser Eigenschaften der originären Phillipskurve ist die Tatsache, daß sich stabile Nominallöhne bei einer Arbeitslosenquote von 6% ergeben. Der Wert dw / w ist dann gleich Null. Die Reaktionsmuster in den oben beschriebenen Punkten A und B wurden von R. G. Lipsey in theoretischer Form analytisch verfeinert, der Aussagegehalt blieb aber gleich.

b) Die theoretische Begründung der originären Phillipskurve beruht auf einem kurzfristigen Ansatz der Theorie der Nominallohnbildung am Arbeitsmarkt. Dieser Ansatz ist von Arbeitsmarktungleichgewichten (Angebots- bzw. Nachfageüberschüsse) geprägt. Da dies in der Realität nicht direkt (im theoretischen Sinne) beobachtbar ist, wurde als Näherungsgröße die Arbeitslosenquote benutzt. Theoretisch unbefriedigend ist der Ansatz der originären Phillipskurve unter dem Aspekt, daß die zugrundeliegende Lohnanpassungshypothese eine inflationsbedingte Reallohnsicherung als Strategie der Arbeitnehmer ausschließt. Unter einem langfristigen Blickwinkel scheint die Berücksichtigung der Entwicklung der Arbeitsproduktivität und die Orientierung an der Preisentwicklung mit dem Mechanismus einer Inflationsanpassung die nominale Lohnentwicklung besser zu beschreiben. Aus diesem Grunde wurde die originäre Phillipskurve später konzeptionell weiterentwickelt.

Aufgabe 2

Aufgabenstellung:

Leiten Sie aus der Funktion $dw / w = a - \varepsilon \cdot u$ unter Zuhilfenahme der Preisgleichung $\pi = dw / w - \phi$ die modifizierte Phillipskurve ab. Warum konnte sie für einen bestimmten Zeitraum als wirtschaftspolitische "Menü-Karte" bezeichnet werden ?

Lösung:

Die originäre Phillipskurve wurde von P. A. Samuelson und R. M. Solow im Jahre 1960 modifiziert. Auf der Basis der originären Phillipskurve mit dem nichtlinearen, inversen Zusammenhang zwischen der Veränderung der Nominallöhne und der Arbeitslosenquote, erfolgt die Erweiterung und damit Modifizierung durch die Berücksichtigung der volkswirtschaftlichen Preisgleichung:

$$\pi = dw / w - \phi$$

Die Gleichung beschreibt den aus angebotstheoretischer Sicht elementaren Zusammenhang zwischen der Veränderung der Nominallöhne (dw / w) und der Wachstumsrate der Arbeitsproduktivität (ϕ). Durch die Berücksichtigung des Zusammenspiels von Nominallohnentwicklung und der Veränderung der Arbeitsproduktivität kann der Blickwinkel der Analyse auf eine Beziehung zwischen Inflation und Arbeitslosigkeit ausgedehnt werden. Für das Verständnis entscheidend ist hier der Aspekt, daß die Entstehung von Inflation auf die Kostenseite der unternehmerischen Produktion analytisch begrenzt ist.

Es gelten folgende Situationen:

$$1) \quad dw / w > \phi \quad \Rightarrow \pi > 0$$

Übersteigt das Wachstum der Nominallöhne die jährliche Zunahme der Arbeitsproduktivität der Arbeitnehmer, entstehen Kostensteigerungen für die Unternehmen. Dies führt zur Überwälzung der gestiegenen Kosten auf die Preise. Gesamtwirtschaftlich entsteht eine lohnkostenbedingte Inflation.

$$2)\quad dw / w = \phi \quad \Rightarrow \pi = 0$$

Gelingt es den Tarifpartnern im Rahmen der Lohnpolitik in einem Jahr exakt den Zuwachs der Arbeitsproduktivität, der durch die Arbeitnehmer erwirtschaftet wurde, durch die Lohnzuwächse auszuschütten, ergibt sich bei den Unternehmern kein Anlaß aus Gründen der Lohnkosten höhere Preise zu fordern. Derartige Tarifabschlüsse sind demgemäß lohnkostenneutral und produktivitätsorientiert. Gesamtwirtschaftlich würde die Lohnpolitik nicht inflationär wirken.

$$3)\quad dw / w < \phi \quad \Rightarrow \pi < 0$$

Ein geringerer Zuwachs der Nominallöhne als der der Arbeitsproduktivität würde hier theoretisch zu einer Senkung des Preisniveaus führen. Die Unternehmer bekämen so eine Entlastung an der "Lohnkostenfront" und hätten nun auch einen Spielraum im Wettbewerb die Preise zu senken.

Der letztgenannte Aspekt zeigt die Einfachheit und damit Begrenztheit des Ansatzes, denn sowohl die Ursachen für die Preisniveauentwicklung als auch die Gesamtkosten der Unternehmen (Kapitalkosten, Vorleistungspreise, Lohnkosten) müssten in der Realität konzeptionell noch weiter gefaßt werden. Trotzdem besitzt der Ansatz wegen des engen Konnexes der Größen in der Realität und seiner Klarheit eine gute Verwendbarkeit. Im Rahmen der Phillipskurvendiskussion ist er damit der Baustein zur Ableitung der modifizierten Phillipskurve:

Es ergibt sich dann:

$$dw / w = a - \varepsilon \cdot u \qquad \text{mit:} \quad \pi = dw / w - \phi$$

$$\pi = a - \varepsilon \cdot u - \phi \qquad \text{(Modifizierte Phillipskurve)}$$

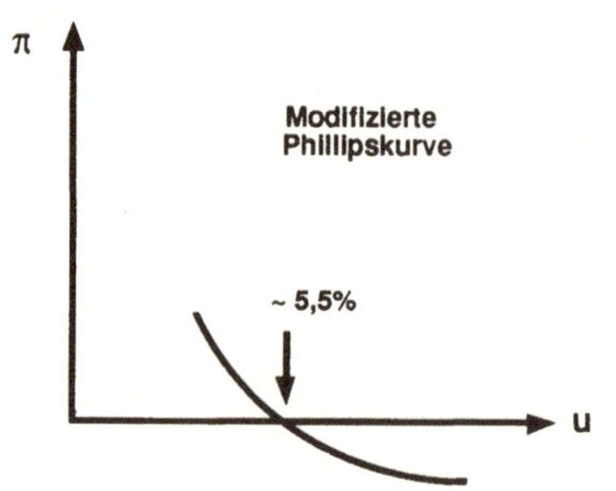

Die Inflationsrate wird hier durch die Arbeitsmarktlage bzw. durch die resultierende Nominallohnänderungen und die gleichzeitige Entwicklung der Arbeitsproduktivität erklärt. Der mathematische Zusammenhang bleibt nichtlinear und invers. Die Steigung der Funktion wird weiterhin durch den Parameter ε abgebildet.

Die modifizierte Phillipskurve war in den sechziger Jahren Grundlage für empirische Untersuchungen, die das durch ihren Verlauf implizierte Substitutionsverhältnis bzw. den Zielkonflikt (trade-off) der beiden Größen zu beweisen versuchten. Dabei schien einige Zeit tatsächlich die durch die modifizierte Phillipskurve beschriebene Substitutionsmöglichkeit für die Wirtschaftspolitik bestanden zu haben:

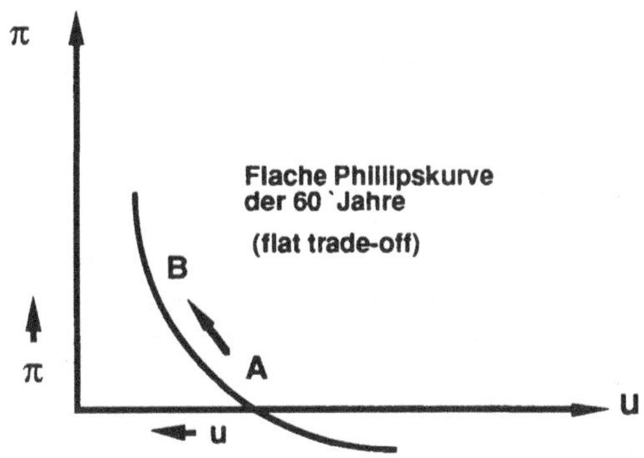

Vollbeschäftigung und Preisniveaustabilität sind zusammen nicht erreichbar. Man kann aber aus dieser negativ formulierten Zielkonfliktsituation für die Wirtschaftspolitik unter Umständen sehr nützliche Strategien ableiten:

Gelingt es durch den gezielten Einsatz wirtschaftspolitischer Instrumente die Datenlage in einer Volkswirtschaft von einer Situation **A** nach **B** zu verlagern, erfolgt ein Austausch im Zielerreichungsgrad, der für die Politiker sehr interessant sein kann: Stehen in einer Demokratie Wahlen bevor, ist es sinnvoll zur Stimmenmaximierung durch die Regierungspartei (Zielfunktion: Wiederwahl) die Arbeitslosigkeit zu senken und dafür einen (unmerklichen) Anstieg der Inflationsrate einzutauschen bzw. in Kauf zu nehmen. Eine stets in der gleichen Position befindliche (stabile) modifizerte Phillipskurve wäre somit für die Wirtschaftspolitik wie eine Menükarte der volkswirtschaftlichen Zielauswahl gewesen: Man könnte sich stets die optimale, gesellschaftlich erwünschte Zielkombination aus Inflation und Arbeitslosigkeit auswählen.

Zu klären bleibt, wie ein derartiger Trade-off durch die Wirtschaftspolitik instrumentell zu nutzen wäre. Als Prämisse ist hier festzuhalten, daß dieser Trade-off um so günstiger ist, je flacher die Phillipskurve verläuft: Man erhält bei der Verbesserung eines der beiden Ziele dann nur eine relativ geringe Verschlechterung des anderen Ziels. Instrumentell wäre die Bewegung auf der Funktion von Punkt A zu B wie folgt vorstellbar:

* Durch einen wirtschaftspolitischen Instrumenteneinsatz (Staatsausgaben oder Geldmenge) wird die volkswirtschaftliche Nachfrage erhöht; es kommt zu einer positiven Stimulierung von Konsum und Investition.

* In diesem Expansionsprozeß steigt das Sozialprodukt, es werden zusätzlich Arbeiter eingestellt, die Arbeitslosigkeit sinkt, da aus der Sicht der Unternehmen der Reallohn sinkt: $(\bar{W}/p \uparrow) \downarrow$

* Gleichzeitig entstehen wegen der erhöhten gesamtwirtschaftlichen Nachfrage am Gütermarkt Preissteigerungen.

In der beschriebenen Weise schien es tatsächlich möglich über die Nachfragesteuerung auf der Basis einer stabilen Lage der flachen Phillipskurve die Realisation der beiden wichtigen volkswirtschaftlichen Variablen (π, u) zu steuern. Die entscheidene Prämisse für einen Erfolg einer derartigen wirtschaftspolitischen Konzeption steht aber die Annahme, daß sich auch in der Zukunft dieser Zusammenhang nicht ändert, weder durch Veränderungen im Verhalten der Wirtschaftssubjekte als Reaktion auf die gewählte Wirtschaftspolitik, noch aufgrund struktureller Änderungen in der Wirtschaft selbst. Es war nun, um die weitere Entwicklung sowohl empirischer als auch theoretischer Art anzudeuten, von erheblicher Bedeutung, ob in einer Zeit eines sich (auch durch die Fiskalpolitik) stärker erhöhenden Preisniveaus dieses Prämissensystem zur Beschreibung der Realität aufrecht erhalten werden konnte.

Aufgabe 3

Aufgabenstellung:

Wie wurde in der theoretischen Entwicklung der Phillipskurve die Tatsache berücksichtigt, daß die Erwartungen über die zukünftige Inflationsentwicklung die Entscheidungen der Wirtschaftssubjekte mitbestimmen?

Aufgrund welcher empirischen Datenkonfiguration geschah dies (Zeichnung, Formel)?

Lösung:

Während für die von A. W. Phillips entwickelte originäre Phillipskurve und die von P. A. Samuelson abgeleitete modifizerte Phillipskurve für bestimmte historische Zeitabschnitte eine empirisch und theoretisch plausible Datenlage ermittelt werden konnte, veränderten sich im Laufe der siebziger und achziger Jahre die Datenrealisationen der Variablen π und u erheblich. Aufgrund einer diffusen Streuung der Jahreswerte mit den π und u Kombinationen war durch die Regressionsanalyse kein empirisch und theoretisch sinnvoller Zusammenhang mehr zu erkennen:

π, u - Kombinationen der 70`Jahre

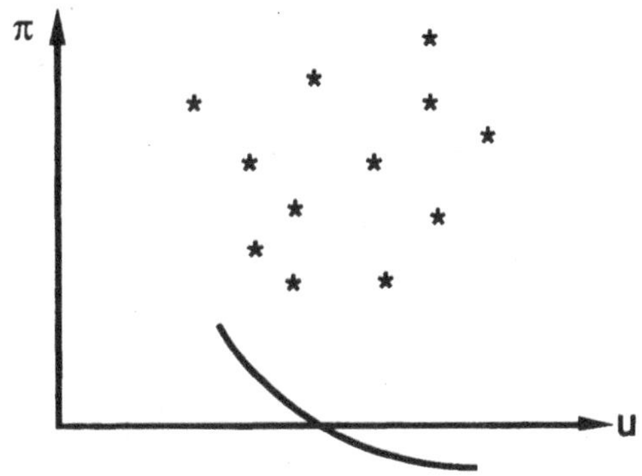

Es war klar: Der typische flache trade-off der sechziger Jahre und die stabile Lage der Phillipskurve konnten angesicht der neuen empirischen Daten nicht mehr als sinnvolle Abbildung gesehen werden. Ökonomisch gesehen zeigt sich in der neuen Datenkonfiguration das Phänomen der Stagflation.

M. Friedman und E. S. Phelps (1967ff.) lieferten zur Erklärung der neuen Datenlage ein Konzept, das sich gleichzeitig als Modell zur Inflationserklärung und -entstehung verwenden läßt. Prämisse des Ansatzes ist der Aspekt, daß die Wirtschaftssubjekte nicht mehr der Geldillusion unterliegen und über die Bildung von Erwartungen über die zukünftige Inflationsentwicklung die Strukturen und Abläufe wirtschaftlichen Handelns in einer Volkswirtschaft enorm verändern. Als sinnvolle Beschreibung der Erwartungsbildung in bezug auf das Inflationsphänomen haben sich die sogenannten adaptiven Erwartungen erwiesen.

Nach der Funktion: $p_t - p_{t-1} = \lambda \cdot (\pi_{t-1} - p_{t-1})$

$p_{t,\ t-1}$ = erwartete Inflationsrate der jeweiligen Periode
$\pi_{t,\ t-1}$ = tatsächliche Inflationsrate der jeweiligen Periode
$0< \lambda <1$ = Erwartungs-Anpassungskoeffizient

Der Ausdruck $\lambda \cdot (\pi_{t-1} - p_{t-1})$ steht für die Anpassung des Erwartungsirrtums Die erwartete Inflationsrate für die aktuelle Periode ist durch die Hypothese der adaptiven Erwartungsbildung dann wie folgt gegeben:

$$p_t = \lambda \cdot \pi_{t-1} + (1 - \lambda) \cdot p_{t-1}$$

Die erwartete Inflationsrate ist also abhängig von der tatsächlichen Inflationsrate der Vorperiode, der erwarteten Inflationsrate der Vorperiode und dem Anpassungskoeffizienten. Der Wert für λ liegt zwischen 0 und 1. Ein Wert von 1 würde bedeuten, daß die Erwartungsbildung vollständig auf die tatsächliche Inflationsrate der Vorperiode ausgerichtet wird (Vollanpassung). Alle Werte von kleiner 1 führen nur zu einer teilweisen Anpassung des Erwartungsirrtums (temporäre Geldillusion). Die Umsetzung der Hypothese der adaptiven Erwartungsbildung erlaubt nun auf der Basis der monetaristischen Ideen auch eine sinnvolle Interpretation der Veränderung der empirischen Datenkonstellationen.

$$\pi = a - \varepsilon \cdot u - \phi + \lambda \cdot p \quad \text{(Phillipskurve mit Inflationserwartungen)}$$

Es ergibt sich eine Schar von Phillipskurven, denen jeweils ein bestimmter, für die gesamte Funktion konstanter Wert der Erwartungsbildung zugeordnet ist. Offensichtlich ist, daß die jeweils weiter oben bzw. außen liegende kurzfristige Phillipskurve einen höheren erwarteten Inflationswert repräsentiert. Bei steigenden tatsächlichen Inflationsraten in der Realität der siebziger und achziger Jahre passten sich die Wirtschaftssubekte durch immer höhere erwartete Werte an und verstärkten gleichzeitig damit das Inflationsphänomen. Als sog. kurzfristige Phillipskurve (short run) ist dann jede einzelne Funktion mit einem jeweils konstanten Wert von p ausgestattet.

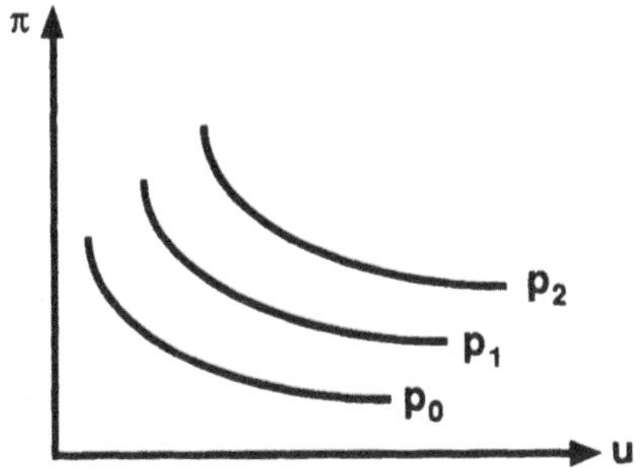

Es gilt: $p_2 > p_1 > p_0$ $0 < \lambda < 1$

Durch die Kombination der Schar der kurzfristigen Phillipskurven mit dem nachfrageerhöhenden fiskalischen Instrumenteneinsatz ergibt sich nun folgender Zusammenhang, der der Veränderung der Inflationserwartungen Rechnung trägt:

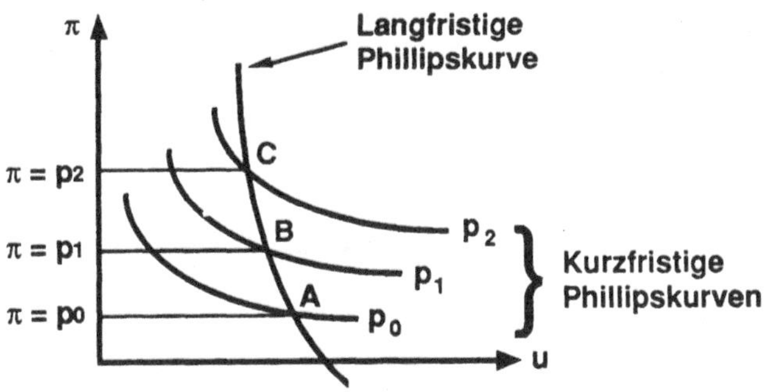

Änderungen in der tatsächlichen Inflationsrate schlagen sich auf die Dauer in veränderten Erwartungen über die zukünftige Inflationsrate nieder. Im langfristigen Prozeß (long run) müssen demgemäß tatsächliche und erwartete Inflationsrate gleich sein. In diesem langfristigen Gleichgewicht, das stabil ist, entsprechen sich tatsächliche und erwartete Inflationsrate und beide ändern sich nicht. Als Bedingung dafür steht:

Tatsächliche Inflationsrate (π) = Erwartete Inflationsrate (p)

Auf jeder der kurzfristigen Phillipskurven der obigen Graphik gibt es einen Punkt, der der Bedingung $\pi = p$ genügt. Dies gilt für die Punkte A, B und C, deren Verbindungslinie den langfristigen trade-off ergibt.

Setzt man die Bedingung $\pi = p$ in die Gleichung $\pi = a - \varepsilon \cdot u - \phi + \lambda \cdot p$ ein, dann ergibt sich die mathematische Lösung der langfristigen Phillipskurve (long run trade-off):

$$p = \frac{a - \phi}{1 - \lambda} - \frac{\varepsilon}{1 - \lambda} \cdot u$$

Es kann demgemäß gezeigt werden, daß die Phillipskurve auf der Basis adaptiver Erwartungsbildung den sog. flat trade-off (Linie AB) in richtiger Weise als nur vorübergehende Situationsbeschreibung des Zusammenhanges der Variablen π und u erklärt.

Unter langfristigem Blickwinkel wird der trade-off steiler (Linie DC):

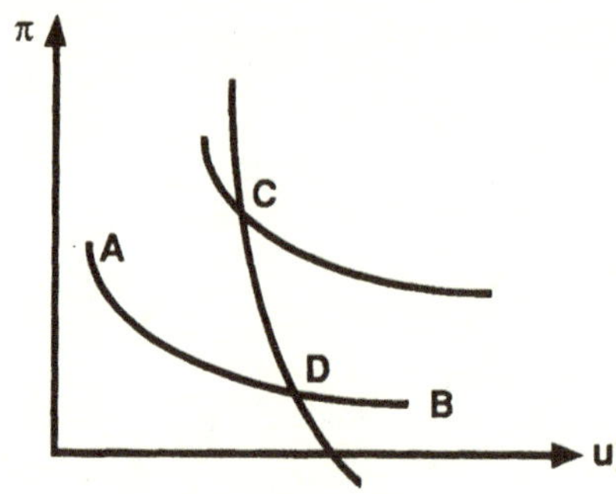

Dadurch verliert das wirtschaftspolitisch einsetzbare Substitutionsverhältnis von π und u an praktischer Relevanz.

Aufgabe 4

Aufgabenstellung:

Erläutern Sie ausführlich die Wirkungen und Anpassungsprozesse, die aus einer expansiven Nachfragepolitik resultieren, wenn ein langfristig steiler Verlauf der Phillipskurve angenommen wird!

Lösung:

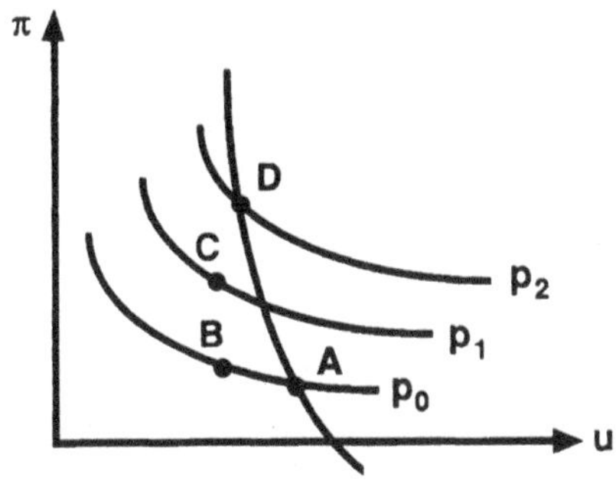

Die expansive Nachfragemaßnahme (z.B. Δ CSA oder Δ M) stimuliert die gesamtwirtschaftliche Nachfrage und über einen Multiplikatorprozeß erhöhen sich Produktion und Sozialprodukt, die Arbeitslosigkeit sinkt. Im Verlauf dieses Prozesses entstehen erste Engpässe bei den Produktionskapazitäten und beim Arbeitsangebot am Arbeitsmarkt. Das Ergebnis werden leichte Preissteigerungen sein, die gleichzeitig mit der Beschäftigungsverbesserung in der obigen Graphik den Pfad von A nach B markieren.

Wenn nun Inflation auftritt verändern sich auch die Inflationserwartungen und die kurzfristige Phillipskurve (p_0 - Werte) verschiebt sich nach aussen. Dies geschieht z.B. durch die Berücksichtigung der aufgetretenen Preissteigerungen bzw. des Erwartungsirrtums in den Lohnforderungen, die selbst wieder von der Kostenseite die Inflation beschleunigen. Die Wirtschaft expandiert weiter und die Inflation steigt ebenfalls an, man erreicht Punkt C. Dieser Prozeß setzt sich bis zum Erreichen von Punkt D fort. Hier ist die Anpassung der Inflationserwartungen vollständig. Die Linie AD zeigt noch einen langfristigen trade-off, der jedoch ein wesentlich schlechteres Substitutionsverhältnis indiziert als der Pfad der flachen Phillipskurve im keynesianischen Sinne.

Aufgabe 5

Aufgabenstellung:

Kennzeichnen Sie für die monetaristische Sicht der Phillipskurve die Höhe der "natürlichen Arbeitslosigkeit". Was ist daran natürlich? Gibt es hier noch einen trade-off (Zeichnung, Formel)?

Lösung:

Das durch die Hypothese der adaptiven Erwartungsbildung der Realität angepasste Phillipskurvenmodell aus der Sicht der Monetaristen wird durch den Aspekt der Bedingungen in einem langfristigen Gleichgewicht der "natürlichen" Kräfte von Angebot und Nachfrage am Arbeitsmarkt vervollständigt. In diesem Gleichgewicht ist von ständigen Fehlern im Rahmen der Erwartungsbildung über die Inflationsrate Abstand zu nehmen.

Da ständige Geldillusion ausgeschlossen ist, sind Abweichungen von nominalen und realen Größen nicht mehr gegeben. Die am Arbeitsmarkt agierenden Wirtschaftssubjekte passen sich in richtiger Weise an und es gilt im langfristigen Gleichgewicht stets:

$$\pi = p$$

Die erwartete Inflationsrate stimmt mit der tatsächlichen überein. Der Wert λ nimmt den Wert 1 an und die langfristige Phillipskurve wird zur Vertikalen über den Wert U^N. Damit ist die natürliche Arbeitslosenquote für eine beliebige Volkswirtschaft bestimmbar:

Modell der natürlichen Arbeitslosenquote (Natural level of unemployment):

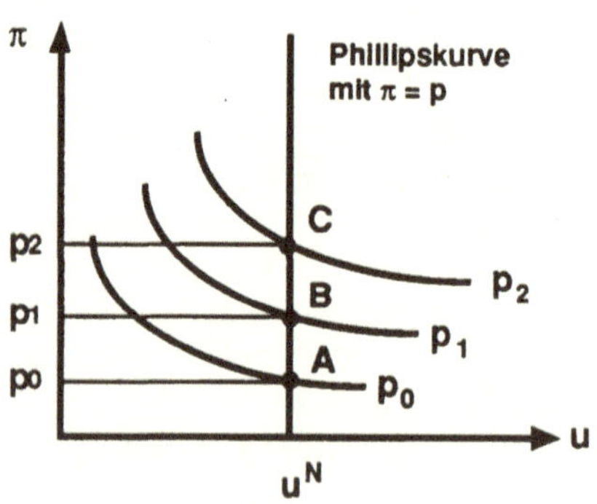

In dieser Situation herrscht keine Geldillusion mehr und es gibt keinen langfristigen trade-off zwischen Inflationsrate und Arbeitslosigkeit mehr. Es gilt:

$$\pi = a - \phi - \varepsilon \cdot u + p$$

$\pi = p;\ \lambda = 1$ eingesetzt:

$$\pi = p - \phi - \varepsilon \cdot u + \pi$$ (Phillipskurve mit vollständiger Erwartungsbildung)

Im langfristigen Gleichgewicht gilt: $$u = \frac{a - \phi}{\varepsilon}$$

Die Formel zeigt, daß in diesem Modell die Arbeitslosenquote nicht mehr von der Inflationsrate abhängig ist. Die Trade-off-Beziehung ist aufgelöst. Die langfristige Phillipskurve ist vertikal.

Jeder wirtschaftspolitische Versuch, die Arbeitslosenquote auf Dauer unter das natürliche Niveau zu senken, müsste zu einer sich ständig erhöhenden Inflation führen: Bewegung auf der vertikalen Phillipskurve von A nach B.

Stichwortverzeichnis — Seite

www.ingramcontent.com/pod-product-compliance
Lightning Source LLC
LaVergne TN
LVHW042235300926
849161LV00003B/357

* 9 7 8 3 4 8 6 2 2 0 6 8 1 *